新时代高等职业教育课证融合新形态一体化教材

高等应用数学简明教程

主　编　瞿正良

西安交通大学出版社
XI'AN JIAOTONG UNIVERSITY PRESS

图书在版编目(CIP)数据

高等应用数学简明教程/瞿正良编. —西安:西安交通大学出版社, 2014.8(2021.8 重印)

ISBN 978-7-5605-6580-4

Ⅰ.①高… Ⅱ.①瞿… Ⅲ.①应用数学—高等职业教育—教材 Ⅳ.①029

中国版本图书馆 CIP 数据核字(2014)第 189431 号

书　　名 高等应用数学简明教程
主　　编 瞿正良
责任编辑 王　宁　谭小艺

出版发行 西安交通大学出版社
(西安市兴庆南路 10 号　邮编 710049)
网　　址 http://www.xjtupress.com
电　　话 (029)82668357　82667874(发行中心)
(029)82668315　82669096(总编办)
传　　真 (029)82668280
印　　刷 河南理想印刷有限公司

开　　本 787mm×1092mm　1/16　**印张**　12.5　**字数**　294 千字
版次印次 2014 年 8 月第 1 版　　2021 年 8 月第 4 次印刷
书　　号 ISBN 978-7-5605-6580-4
定　　价 45.00 元

读者订购、书店添货,如发现印装质量问题,请与本社发行中心联系、调换。
订购热线:(029)82665248　(029)82665249
投稿热线:(029)82668803　(029)82668804
读者信箱:xjtumpress@163.com

前言

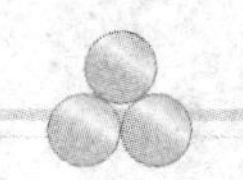

随着科学技术的日益发展,各学科之间互相渗透、互相依存的关系也日益密切.数学是自然科学的基础,为了适应自然科学的发展需要,数学知识的普及也变得尤为重要.这是编写《高等应用数学简明教程》的主要宗旨.

本书共9章,包括函数、极限与连续、导数与微分、导数的应用、不定积分、定积分、定积分的应用、微分方程以及线性代数.为使读者能够全面系统地掌握数学的基本知识、基本理论和实践应用,本书在编写中,力求突出以下特点.

1.紧扣高职高专人才培养目标的需要,以"够用、实用、必需"为原则,书中未对定理、性质进行过多的证明.但对必讲、必学的内容没有降低要求,亦无过高、不切实际的要求.

2.本书每章开头列出了"学习要点"和"重点内容"两部分,使读者在自学时,能按此学习要点,掌握重点,同时也使教师在授课时,针对性更强.

3.本书的编写,从读者了解的实际问题出发,提出问题,分析问题和解决问题.由浅入深,由具体到抽象,逐一提高读者学习数学的积极性和自觉性.有利提高数学教学质量.

4.本书内容线条清楚,语言通俗易懂,例题、习题有广泛的代表性,反映了各章节的基本要求.根据不同专业的学习要求,教师可选用不同的例题和习题.

本书由瞿正良担任主编.罗信富、金鑫全程参与了本书的校正.袁生、杨瑞林参加了分部积分法、定积分的应用的编写.林正海、徐亚飞、黄小朴、张玉淑、朱太平参加了校正.

本书在编写和使用过程中,得到了周冬明、高昌琳、帅新芳、陈俊、马亮、沈锷等老师的大力支持并提出了宝贵意见.在此,对他们表示衷心的感谢.最后,特别提出的是,为了提高教材的质量,铭鼎集团董事会专设经费为教材建设给予支持.在此,对铭鼎集团段如杰董事长、张霖校董事长等领导,表示深深的感谢.

本书编写过程中参考借鉴了许多专家学者的研究成果,特在此表示敬意和感谢.

本书可作为高职高专相关专业学生的学习用书,也可作为从事相关工作人员的参考用书.

由于水平有限,书中难免有疏漏和不妥之处,敬请读者批评指正.

编　者

2014 年 6 月

目录

Contents

第1章 函数

学习要点

函数是现代数学最基本的概念之一，是高等数学研究的主要对象，函数(变量)普遍存在于生产、生活之中，有着广泛的应用.

本章从函数的基本知识出发，进一步研究函数的实际含义、函数的特征、函数的“类别”等内容.本章的知识重点如下：

(1)理解变量、常量与变量的关系；

(2)正确理解函数的概念，并会求函数的定义域；

(3)熟练掌握五种基本初等函数的表达式、定义域、图形和简单的性质；

(4)掌握复合函数的概念及其复合过程；

(5)会区分什么是显函数、隐函数、分段函数、复合函数、反函数、初等函数等；

(6)掌握函数的几个特征.

函数与复合函数的概念，函数定义域的确定及函数的几个特征.

1.1 预备知识

1.1.1 变量关系

在生活中，有许多自然现象和社会现象，存在着变量的关系.例如，气象站用自动仪记录下一昼夜气温的变化，清楚地反映了气温 T 和时间 t 相互依存、相互变化的两个变量的关系；又如，某产品的销售量 Q 与销售单价 p，存在着相互依存、相互变化的两个变量的关系；一个重物自由下落，在它未达到地面时，重物的速度越来越快，下落的时间也在增加，下落的距离也在增大. 重物下落的速度、时间和距离，三者之间是相互依存、相互变化的三个变量的关系.

类似这样的例子在自然界中举不胜举. 数学就是以现实世界的空间形式和数量关系作为研究对象的. 它不仅要研究事物的数量变化，而且要研究变量间相互依赖的关系，从而把握住事物变化的规律. 微积分就以变量作为主要研究对象，这是其与初等数学最大的区别，明确这一点对今后的学习大有益处.

1.1.2 常量与变量

在计算以半径为 r，面积为 S 的圆的面积公式 $S=\pi r^2$，π 是不变的量，而面积 S 和半径 r 是变化的量. 在研究某一问题中，保持一定数值的量称作常量. 在这个计算过程中，可以变化的量也就是可以取不同数值的量，称为变量. 在计算圆面积 S 时，π 是常量，圆的半径 r 就是变量. 例如，重物自由下落到达地面前，速度、时间、距离都是变量，而加速度和重物自身受的力（重力）却是不变的，是常量.

当然，一个量是常量还是变量要具体情况具体分析，在一定条件下其是可以转变的. 由物理学可知，在很小的范围内，重力加速度可以看作常量，但在大范围内，重力加速度却是变量. 例如，在北京和在昆明重力加速度的大小是有差异的.

通常用小写字母 a、b、c 等表示常量，用 x、y、z 等表示变量.

1.1.3 函数的概念

1. 函数

什么是函数？函数实质上就是变量之间满足一定条件下的一种变量关系. 现对两个变量的关系给出如下定义：

定义 1.1 在某一变化过程中，设有两个变量 x 和 y，如果对于 x 在某集合域内取得的每一个值，y 按照确定的法则就有一个确定的值与它对应，则称变量 y 是变量 x 的函数. 记作

$$y=f(x)$$

式中，x 为自变量，y 为因变量.

自变量 x 的取值范围叫做函数的定义域. 当定义域是一个区间时，叫做定义区间；因变量 y 所对应的取值范围叫做函数的值域.

一般地，x 的函数可用 $y=g(x)$，$y=h(x)$ 等表示. 如果函数由 $y=f(x)$ 表示，当自变量取定义域某个值 x_0 时，对应的函数值，就记为 $f(x_0)$，或 $y|_{x=x_0}$.

从函数定义中注意到，要使 x 变量和 y 变量构成函数关系，必须具备两个条件：①函数具有定义域；②因变量 y 和自变量 x 有确定的对应法则. 满足这两个条件的两个变量，就构成函数关系，否则，函数关系就不成立. 例如，$y=\sqrt{x+1}$，只有在 $x+1\geqslant 0$，即 $x\geqslant -1$ 时，每取 $x\geqslant -1$ 的一个实数就有确定的 $y=\sqrt{x+1}$ 与之对应，所以解析式 $y=\sqrt{x+1}$ 在 $x\geqslant -1$ 时构成了函数关系. 又如 $y=\sqrt{-x^2-1}$ 无论变量 x 取何实数，$y=\sqrt{-x^2-1}$ 都不成立，所以解析式 $y=\sqrt{-x^2-1}$ 构不成函数关系.

在中学已学过函数的表示法有 3 种：①表格法；②图示法；③公式法（解析式）. 要保证两个变量成为函数关系，确定函数定义域十分关键. 如何确定一个函数的定义域呢？一般而言，如

果函数反映的是实际问题,可由问题本身的实际意义来确定;如果函数是由解析式给出的,可由解析式本身是否有意义来确定.

例如,我国第二颗人造地球卫星绕地球一周的时间是 106 min,t 分钟绕地球的周数 N 为:

$$N=\frac{t}{106}$$

周数 N 是时间 t 的函数,其函数 N 的定义域是 $t>0$. 例如,从 0 时起,每隔 4h 测定一昼夜的温度如表 1-1 所示:

表 1-1

t	0	4	8	12	16	20	24
T(℃)	-5	-8	-3	0	4	-2	-7

函数 T(℃)的定义域是时间 t 取 0,4,8,12,16,20,24 等正整数.

如果函数是由解析式来表示,要使两个变量构成函数关系,对不同的函数表达式,自变量的取值范围有不同的要求,此时分情况来决定.

(1)如果解析式是分式,则分母不等于 0.

(2)如果解析式是偶次方根,被开方数(式)非负.

(3)如果解析式是对数,其真数(式)大于 0,底数大于 0 且不等于 1.

例 1 求以下函数的定义域.

(1)$y=\dfrac{1}{x^2-x}$

(2)$y=\sqrt{x+2}+1$

(3)$y=\ln(x-5)$

解 (1)解析式是分式,所以在 $x^2-x\neq 0$,即 $x\neq 0$ 和 $x\neq 1$ 时,函数关系成立,故函数的定义域是取 $x\neq 0$ 和 $x\neq 1$ 的一切实数.

(2)解析式是偶次方根,所以,在 $x+2\geqslant 0$,即 $x\geqslant -2$ 时,函数关系成立,故函数的定义域是 $x\geqslant -2$ 的一切实数.

(3)解析式是对数,在 $x-5>0$,即 $x>5$ 时,函数关系成立,故函数定义域是取 $x>5$ 的一切实数.

在直角坐标系中,半径为 r,圆心在原点上的圆的方程是 $x^2+y^2=r^2$. x 的定义域是 $[-r,r]$,当 x 在 $[-r,r]$ 上取一个数值时,由方程式可以确定有两个值 $y=\pm\sqrt{r^2-x^2}$ 与之对应,这时,我们称 y 是 x 的多值函数. 以后无特别说明,所遇到的函数均指单值函数.

2. 分段函数

在研究函数关系时,往往需要用不同的解析式来表示同一个函数,这类函数称为“分段函数”. 例如,

$$y=|x|=\begin{cases}-x, & x<0\\ x, & x\geqslant 0\end{cases}$$

其函数图形如图 1-1 所示.

$$y=\begin{cases}e^x, & x>0\\ 2, & x=0\\ x+1, & x<0\end{cases}$$

其函数图形如图 1－2 所示.

以上两个函数都是定义在$(-\infty,+\infty)$的分段函数.

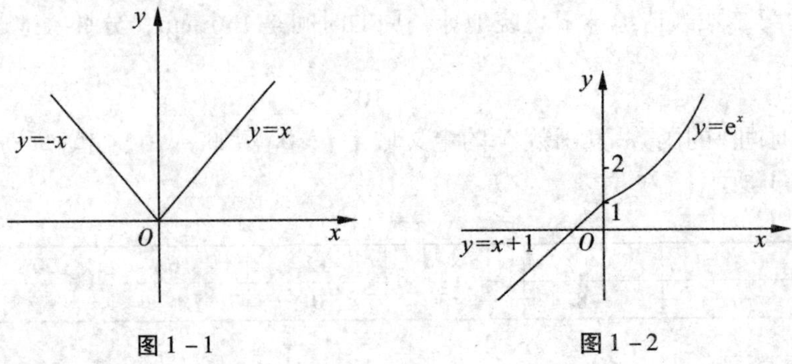

图 1－1　　　　图 1－2

3. 显函数和隐函数

如果函数的因变量是通过自变量解析式来表示的,这样的函数,称为显函数.例如,$y=3x^2$,$y=\sqrt{x^2-4}$,$y=Ax^2+Bx+C$ 等.而有些函数,因变量与自变量的对应法则是用一个方程:$F(x,y)=0$的形式来表示的,这种函数称为隐函数.例如,$x^2+y^2=r^2$.

习题 1.1

A 组

1. 把一个钢球锻打成一个圆盘的过程中,钢球的重量 P,体积 V,直径 D 这三个量,哪些是常量?哪些是变量?

2. 设 $M(x,y)$ 是曲线 $y=x^2$ 上的动点,如图 1－3 所示.问①曲边三角形 ONM 的面积是不是 x 的函数?②曲线在 M 点的切线的斜角 α 是不是 x 的函数?

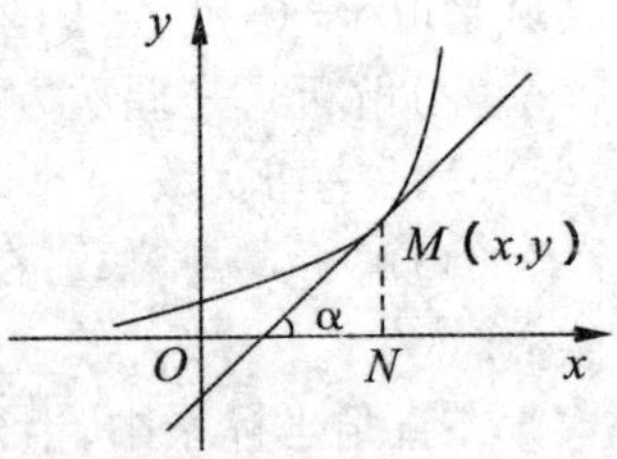

3. 火车站收取行李费的规定:当行李不超过 50 kg 时,从昆明到北京每千克收 0.5 元,当超过 50 kg 时,超重部分按每千克 0.75 元收取,试求运费 y 和重量 x 的函数关系式,并画出函数的图形.

图 1－3

4. 设等边三角形的面积为 S,周长为 L,把面积 S 和周长 L 表示为等边三角形边长为 x 的函数.

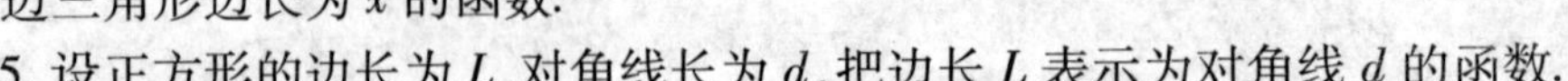

5. 设正方形的边长为 L,对角线长为 d,把边长 L 表示为对角线 d 的函数.

6. 设一矩形的周长为 $2L$,将其绕一边旋转生成一圆柱体,求圆柱体体积 V 和底面半径 x 的函数关系.

7. $y=\lg(-x^2)$是不是一个函数关系.

8. $y=\dfrac{x^2-4}{x+2}$和 $y=x-2$ 是不是相同的函数关系?为什么?

9. 求下列函数的定义域.

(1)$y=\sqrt{4-x^2}$　　(2)$y=\sqrt{x+2}+\dfrac{1}{1-x^2}$

(3) $y = \arcsin\frac{x-1}{2}$　　(4) $y = \frac{1}{x^2 - x}$

(5) $y = \sin\sqrt{x}$　　(6) $y = \ln(x+1)$

(7) $y = \frac{3x}{x^2 - 3x + 2}$

10. 设 $f(x) = \arcsin x$,求下列函数的值:$f(0)$,$f(-1)$,$f\left(\frac{\sqrt{3}}{2}\right)$,$f\left(\frac{\sqrt{2}}{2}\right)$,$f(1)$.

11. 设 $f(x) = \frac{2x-3}{x-1}$,求下列函数的值:$f(0)$,$f(2)$,$f(a)$,$f\left(\frac{1}{a}\right)$,$f(a+1)$.

12. 设 $f(x) = \ln x$,求 $f(e) - f(1)$,$f(e^2) - f\left(\frac{1}{e}\right)$.

13. 设 $F(x) = e^x$ 证明:

(1) $F(x) \cdot F(y) = F(x+y)$

(2) $\frac{F(x)}{F(y)} = F(x-y)$

B 组

1. 若设 $f(x) = \begin{cases} |\sin x|, & |x| < \frac{\pi}{3} \\ 0, & |x| \geqslant \frac{\pi}{3} \end{cases}$,求 $f\left(\frac{\pi}{3}\right)$,$f\left(\frac{\pi}{4}\right)$,$f\left(-\frac{\pi}{4}\right)$,$f(2)$.

2. 画出 $y = \begin{cases} 3x, & x > 1 \\ x^2, & x < 1 \\ 3, & x = 1 \end{cases}$ 的图形.

3. $f(x) = \frac{1}{1+x}$,求 $f(2+x)$,$f(2x)$,$f(x^2)$,$f(f(x))$,$f\left(\frac{1}{f(x)}\right)$.

4. 确定下列函数的定义域.

(1) $y = \arcsin\left(\lg\frac{x}{10}\right)$　　(2) $y = \lg\left(\arcsin\frac{x}{10}\right)$

1.2　函数的特征与类别

1.2.1　函数的几个特征

1. 函数的有界性

设函数 $y = f(x)$ 在区间 (a,b) 内有意义,如存在一个正数 M,对于所有 $x \in (a,b)$,恒有 $|f(x)| \leqslant M$,则称函数 $f(x)$ 在 (a,b) 内是有界的. 如果,不存在这样的正数 M,则称函数 $f(x)$ 在 (a,b) 内是无界的. (注:区间 (a,b) 可以是函数 $f(x)$ 的定义域,也可以是定义域的一部分),如函数 $f(x) = \sin x$,在 $(-\infty, +\infty)$ 内是有界的;函数 $f(x) = \frac{1}{x}$ 在 $(0,1)$ 内是无界的,但函数

$f(x)=\dfrac{1}{x}$在(1,2)内是有界的.

2. 函数的单调性

如果函数$f(x)$在区间(a,b)内,随着x的增大而增大(图1-4),即对于(a,b)内的任意两点x_1和x_2,当$x_1<x_2$时,有$f(x_1)<f(x_2)$,则称函数$f(x)$在区间(a,b)内是单调递增的.

如果函数$f(x)$在区间(a,b)内,随着x增大而减少(图1-5),即对于(a,b)内的任意两点x_1和x_2,当$x_1<x_2$时,有$f(x_1)>f(x_2)$,则称函数$f(x)$在区间(a,b)内是单调递减的.

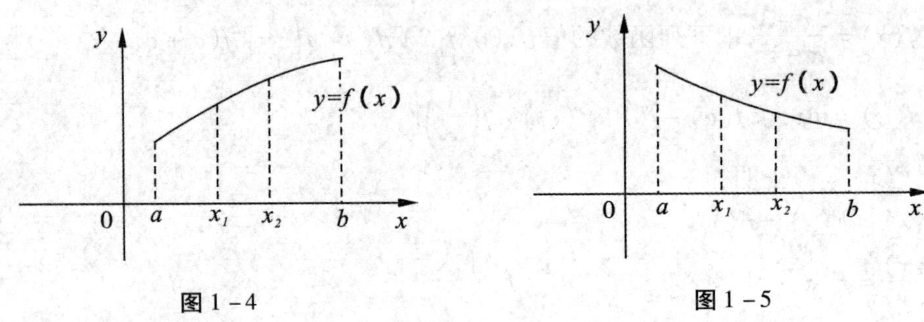

图1-4　　图1-5

同样可以定义函数$f(x)$在无限区间上的单增或单减性. 函数单增和单减统称函数的单调性. 判断函数单调性的方法是利用函数的解析式$y=f(x)$在给定区间D上按下列步骤进行。

(1)任取$x_1,x_2\in D$且$x_1<x_2$.

(2)作差$f(x_1)-f(x_2)$.

(3)查看$f(x_1)-f(x_2)$的符号,当$f(x_1)-f(x_2)<0$时,函数$f(x)$在区间D上单增;当$f(x_1)-f(x_2)>0$时函数$f(x)$在区间D上单减.

例1　证明:函数$f(x)=2x^2+1$在$(0,+\infty)$上为单增函数.

证　任取$x_1,x_2\in(0,+\infty)$且$x_1<x_2$

$$f(x_1)-f(x_2)=2(x_1^2-x_1^2)=2(x_1+x_2)(x_1-x_2)$$

由于

$$x_1,x_2\in(0,+\infty),x_1<x_2$$

因此

$$x_1+x_2>0,x_1-x_2<0$$

故$f(x_1)-f(x_2)<0$,函数$f(x)=2x^2+1$在$(0,+\infty)$上为单增函数.

3. 函数的奇偶性

如果函数$f(x)$对于定义域内任意的x都满足$f(-x)=f(x)$,则称$f(x)$为偶函数,如果$f(x)$对于定义域内任意x都满足$f(-x)=-f(x)$,则称$f(x)$为奇函数. 例如,$f(x)=3x^2$满足$f(-x)=3(-x)^2$是偶函数;$f(x)=x^3$满足$f(-x)=(-x)^3=-x^3=-f(x)$,是奇函数.

偶函数的图形(图1-6)是关于y轴对称的,因为对定义域内的任意x,都有$f(-x)=f(x)$,所以如果点$A(x,f(x))$在图形上,关于y轴的对称点$A'(-x,f(x))$也在图形上.

奇函数的图形(图1-7)是关于原点对称的,因为对定义域内的任意一点x,都有$f(-x)=-f(x)$,所以如果点$A(x,f(x))$在图形上,关于原点的对称点$A'(-x,-f(x))$也在图形上.

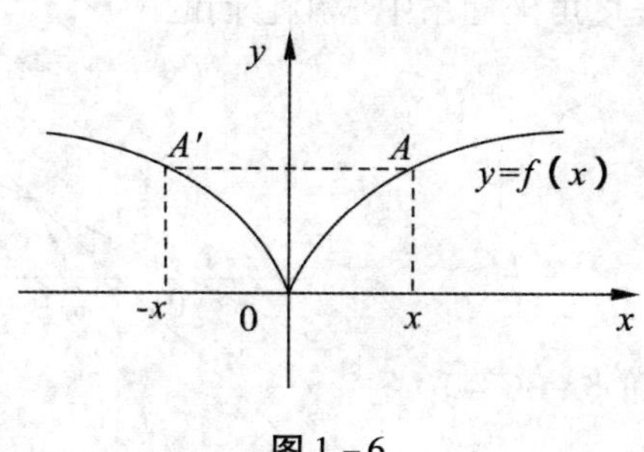

图 1-6

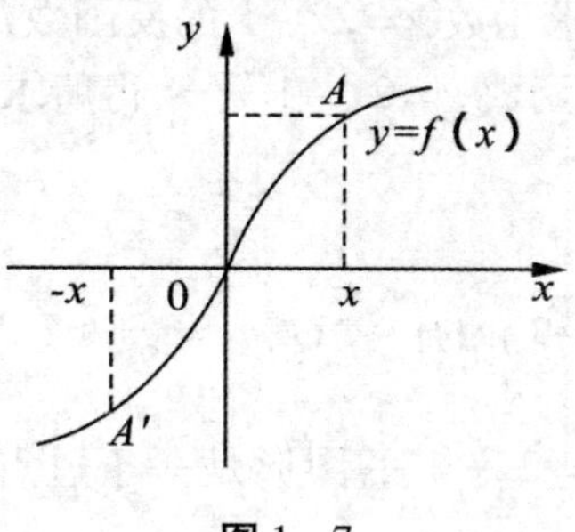

图 1-7

例 2 判别 $f(x)=x^4-3x^2$ 的奇偶性.

解 因为

$$f(-x)=(-x)^4-3(-x)^2=x^4-3x^2=f(x)$$

所以函数 $f(x)=x^4-3x^2$ 是偶函数.

例 3 判别 $f(x)=\frac{1}{x}$ 的奇偶性.

解 因为

$$f(-x)=\frac{1}{-x}=-\frac{1}{x}=-f(x)$$

所以函数 $f(x)=\frac{1}{x}$ 是奇函数.

例 4 判别 $f(x)=3x^2+2x$ 的奇偶性.

解 因为 $f(-x)=3(-x)^2+2(-x)=3x^2-2x$,既不等于 $f(x)=3x^2+2x$,也不等于 $-f(x)=-3x^2-2x$,故函数 $f(x)=3x^2+2x$ 为非奇非偶函数.

4. 函数的周期性

对于函数 $y=f(x)$,如果存在一个正的常数 L,使得 $f(x)=f(x+L)$ 恒成立,则称此函数为周期函数. 满足这个等式的最小正数 L,称作函数的最小正周期. 例如,函数 $y=\sin x$ 是周期函数,周期为 2π;函数 $y=\tan x$ 是周期函数,周期是 π.

1.2.2 反函数

对于正方形而言,若设其边长为 x,面积为 y,把边长 x 当作自变量时,面积 y 就是边长 x 的函数,记作 $y=f(x)$,x 和 y 的函数关系由下式表示

$$y=x^2\ (x\geqslant 0) \tag{1-1}$$

反过来,若把面积 y 当作自变量时,边长 x 就是面积 y 的函数,记作 $x=\varphi(y)$,x 和 y 的函数关系由下式表示

$$x=\sqrt{y}\ (y\geqslant 0) \tag{1-2}$$

式(1-1)和式(1-2)同时表示了正方形边长和面积的函数关系,但是两者的自变量不同,对应法则也不相同. $y=x^2$ 是自变量自乘而得到 y 值的,$x=\sqrt{y}$ 是自变量 y 开方而得到 x 值的. 显见它们的对应法则是互逆的. 这时,称 $x=\varphi(y)$ 是 $y=f(x)$ 的反函数.

定义 1.2 设给定 y 是 x 的函数 $y=f(x)$,如果把 y 当作自变量,x 当作函数,则由关系式 $y=f(x)$ 所确定的函数 $x=\varphi(y)$ 称为函数 $y=f(x)$ 的反函数. 习惯上用字母 x 表示自变量,用字母 y 表示函数,往往把 $x=\varphi(y)$ 写作 $y=\varphi(x)$,记作 $y=f^{-1}(x)$.

例 5　求函数 $y=2x-1$ 的反函数,并在同一直角坐标系中作出它们的图形.

解　由函数 $y=2x-1$ 解 x,得所求反函数

$$x=\frac{y}{2}+\frac{1}{2}$$

对调 x 和 y 的位置,得 $y=\frac{x}{2}+\frac{1}{2}$.

函数 $y=2x-1$ 的图形是一条过点 $\left(\frac{1}{2},0\right)$ 和点 $(0,-1)$ 的直线(图 1-8);而反函数 $y=\frac{x}{2}+\frac{1}{2}$ 的图形是一条过点 $\left(0,\frac{1}{2}\right)$ 和点 $(-1,0)$ 的直线(图 1-8).

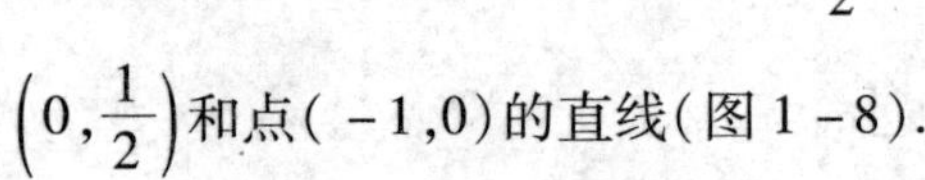

图 1-8

从图形可以看出:函数 $y=2x-1$ 和反函数 $y=\frac{1}{2}x+\frac{1}{2}$ 的图形是关于直线 $y=x$ 对称的.

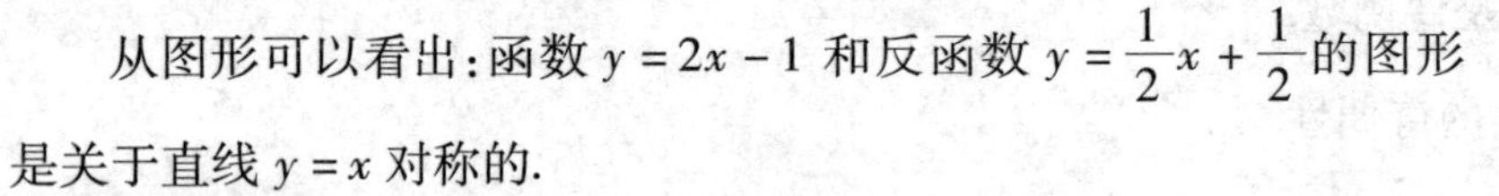

一般来说,一个函数和它的反函数是关于直线 $y=x$ 对称的,如图 1-9 所示.

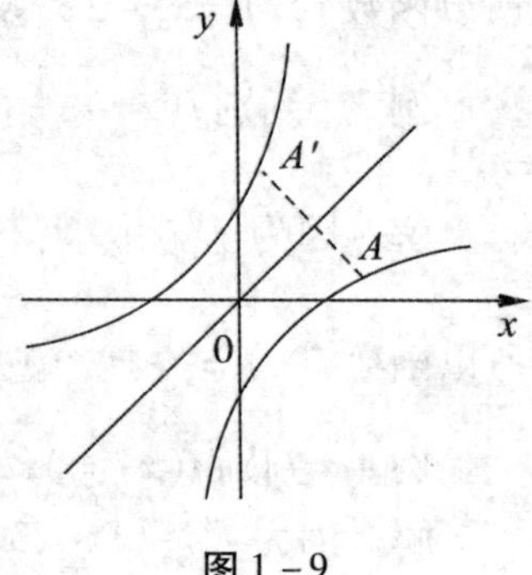

图 1-9

例 6　求函数 $y=\frac{e^x-e^{-x}}{2}$ 的反函数.

解　由 $y=\frac{e^x-e^{-x}}{2}$ 得 $e^x=y\pm\sqrt{y^2+1}$,因为 $e^x\geqslant 0$,取"+",故 $e^x=y+\sqrt{y^2+1}$,从而 $x=\ln(y+\sqrt{y^2+1})$,即所得反函数为

$$y=\ln(x+\sqrt{x^2+1})$$

1.2.3　基本初等函数

为便于以后研究函数,先介绍以下 5 种函数.

1. 幂函数

引例 1.1　如果正方形边长是 a,那么其面积 S 如何表示?反之,如果正方形面积是 S,那么其边长 a 又如何表示?

引例 1.2　某人在 t min 内骑电动车走了 4 km,那么某人的平均速度 $\bar{v}$ 是多少?

根据引例 1.1 题意得 $S=a^2$, $a=\sqrt{S}=S^{\frac{1}{2}}$.

根据引例 1.2 题意得 $\bar{v}=\frac{4}{t}=4t^{-1}$(km/min).

从引例 1.1 和引例 1.2 可知:幂函数形如 $y=x^{\mu}$(μ 是常数),幂函数的定义域由 μ 决定. 在幂函数 $y=x^{\mu}$ 中,$\mu=1,2,3,\frac{1}{2},-1$ 是最常见的幂函数. 引例 1.1 中 $\mu=2$ 和 $\mu=\frac{1}{2}$;引例 1.2 中 $\mu=-1$,幂函数图形如图 1-10 所示.

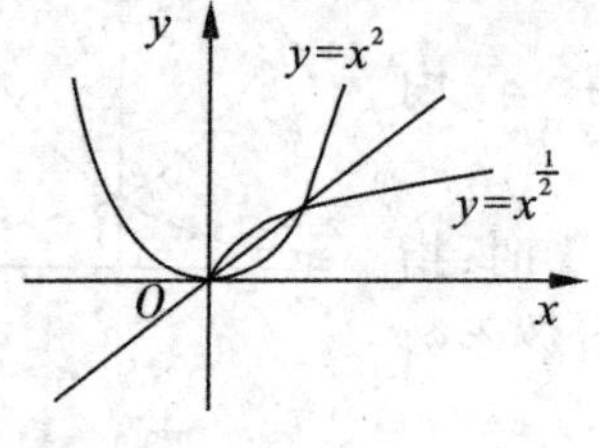

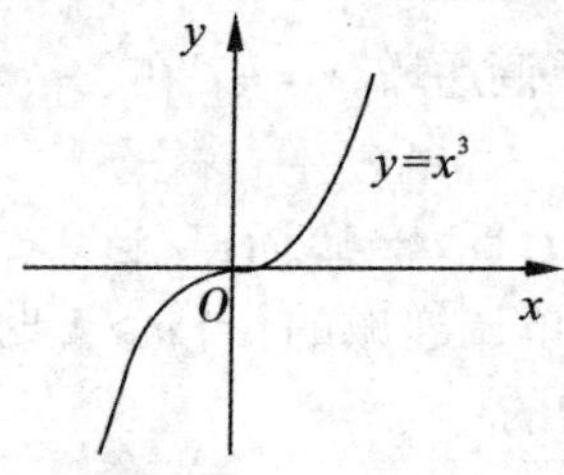

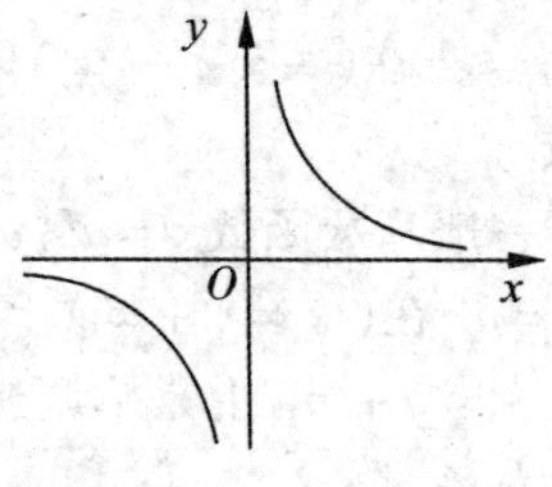

图 1－10

2. 指数函数

引例 1.3　某人存入银行 1000 元，若月利是$\frac{4}{1000}$，那么半年后应得多少钱？

引例 1.4　将一米长的钢棍，从中间切割一半，从余下的一半中再切割一半，依次类推连续切割 n 次，余下部分的钢棍还有多少米？

根据引例 1.3 分析如下：

一个月后得　　$1000+1000\times\frac{4}{1000}=1000\left(1+\frac{4}{1000}\right)$ 元

两个月后得

$$\text{一个月后}+\left(\text{一个月后}\times\frac{4}{1000}\right)$$
$$=1000\left(1+\frac{4}{1000}\right)+\left[1000\left(1+\frac{4}{1000}\right)\times\frac{4}{1000}\right]$$
$$=1000\left(1+\frac{4}{1000}\right)^2 \text{ 元}$$

以此类推，存款所得本息数是与指数有关的函数，因此，半年后应得的本息数是

$$y=1000\left(1+\frac{4}{1000}\right)^6 \text{ 元}$$

根据引例 1.4 分析如下：

切割一次余下的钢棍为$\frac{1}{2}$ m，即$\frac{1}{2^1}$ m.

切割二次余下的钢棍为$\frac{1}{4}$ m，即$\frac{1}{2^2}$ m.

切割三次余下的钢棍为$\frac{1}{8}$ m，即$\frac{1}{2^3}$ m.

依次推理，切割 n 次，余下的钢棍长是$\frac{1}{2^n}$ m.

由引例 1.3 和引例 1.4 可知这类问题可归结为指数函数形如 $y=a^x$（$a>0$，且 $a\neq1$），其定义域是$(-\infty,+\infty)$.

在科学技术中，最常用以 e 为底的指数函数，即 $y=\mathrm{e}^x$ 和 $y=\mathrm{e}^{-x}$，其中 $\mathrm{e}=2.71828\cdots$，是个无理数. 其图形如图 1－11 所示.

指数函数有如下特征：

(1) 不论 x 为何数，总有 $y>0$，且图形在 x 轴上方.

(2)图形过点(0,1).

(3)$y=e^x$ 在$(-\infty,+\infty)$内单调递增,$y=e^{-x}$在$(-\infty,+\infty)$内单调递减.

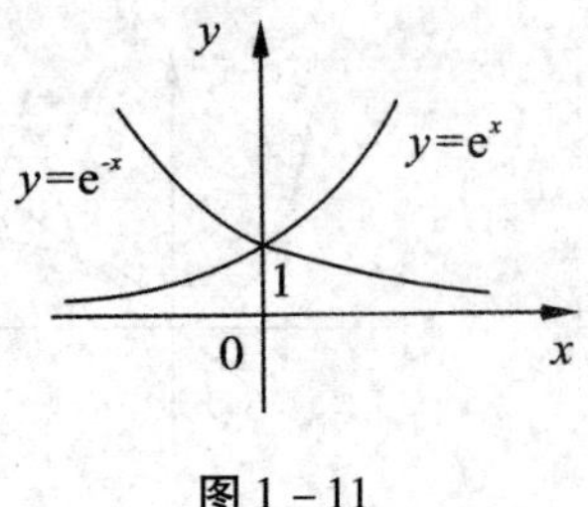

图 1-11

对于一般指数函数 $y=a^x(a>0$,且 $a\neq1)$而言,当 $0<a<1$ 时,指数函数 $y=a^x$ 在$(-\infty,+\infty)$上是单调递减的;当 $a>1$ 时,指数函数 $y=a^x$在$(-\infty,+\infty)$上是单调递增的.

3. 对数函数

引例 1.5 假如 2013 年我国的 GDP 为 a 亿元,每年平均增长 8%,那么几年后 GDP 是 2013 年的 5 倍?

根据引例 1.5 题意得:$a(1+8\%)^x=5a$,即$(1+8\%)^x=5$,问 x 是多少年?

类似这样已知底数和幂值求指数的问题,就需要用对数来解决.

形如 $y=\log_a x(a>0,a\neq1,x>0)$为对数函数. 当 $a=10$ 时,记为 $y=\lg x$,称为常用对数. 当 $a=e$ 时,记为 $y=\ln x$,称为自然对数. 在高等数学中,常使用自然对数,其图形如图 1-12 所示.

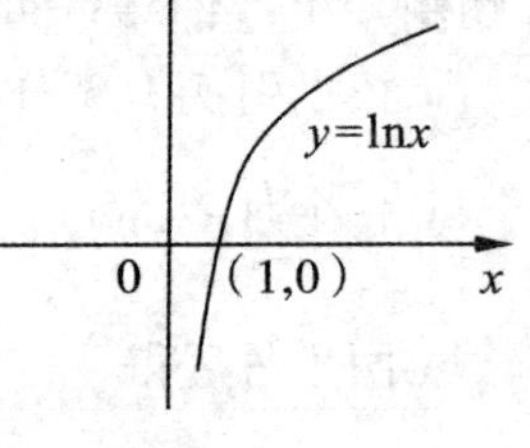

图 1-12

自然对数有如下特征:

(1)定义域是$(0,+\infty)$.

(2)图形过点(1,0).

(3)当 $0<x<1$ 时,$y<0$;当 $x>1$ 时,$y>0$;$y=\ln x$ 是单增函数.

对于一般对数函数 $y=\log_a x(a>0,a\neq1)$,分以下情况讨论其单调性:

(1)当 $0<a<1$ 时,对数函数 $y=\log_a x$ 的函数值,随 x 的增大而减少,即在 $x\in(0,+\infty)$上,对数函数 $y=\log_a x$ 是单调递减的.

(2)当 $a>1$ 时,对数函数 $y=\log_a x$ 的函数值,随 x 的增大而增加,即在 $x\in(0,+\infty)$上,对数函数 $y=\log_a x$ 是单调递增的.

4. 三角函数

在直角坐标系中,设 α 是坐标系中第一象限的角,点 $P(x,y)$是角 α 终边上的点,$r=\sqrt{x^2+y^2}$是点 P 到原点 O 的距离,则有 α 的 6 个三角函数,它们分别是正弦:$\sin\alpha=\frac{y}{r}$;余弦:$\cos\alpha=\frac{x}{r}$;正切:$\tan\alpha=\frac{y}{x}$;余切:$\cot\alpha=\frac{x}{y}$;正割:$\sec\alpha=\frac{r}{x}$;余割:$\csc\alpha=\frac{r}{y}$.

它们是以角 α 为自变量,以比值为函数值的函数. 由中学三角函数知识知,对任意的 α 而言,6 个三角函数依然成立. 同时,它们存在如下的关系:

平方关系:

$$\sin^2\alpha+\cos^2\alpha=1$$
$$\tan^2\alpha+1=\sec^2\alpha$$
$$\cot^2\alpha+1=\csc^2\alpha$$

倒数关系:

$$\sec\alpha=\frac{1}{\cos\alpha}$$
$$\csc\alpha=\frac{1}{\sin\alpha}$$
$$\tan\alpha=\frac{1}{\cot\alpha}$$

商的关系：

$$\tan\alpha = \frac{\sin\alpha}{\cos\alpha}$$

$$\cot\alpha = \frac{\cos\alpha}{\sin\alpha}$$

两个角和(差)的正弦、余弦、正切公式：

(1) $$\sin(\alpha \pm \beta) = \sin\alpha\cos\beta \pm \cos\alpha\sin\beta$$

(2) $$\cos(\alpha \pm \beta) = \cos\alpha\cos\beta \mp \sin\alpha\sin\beta$$

(3) $$\tan(\alpha \pm \beta) = \frac{\tan\alpha \pm \tan\beta}{1 \mp \tan\alpha\tan\beta}$$

由上述公式可以推导出下列“倍半角公式”

(1) $$\sin2\alpha = 2\sin\alpha\cos\alpha$$

$$\tan2\alpha = \frac{2\tan\alpha}{1 - \tan^2\alpha}$$

$$\cos2\alpha = \cos^2\alpha - \sin^2\alpha$$

(2) $$\sin\alpha = \pm\sqrt{\frac{1 - \cos2\alpha}{2}}$$

$$\cos\alpha = \pm\sqrt{\frac{1 + \cos2\alpha}{2}}$$

三角函数的公式有很多,以上只简单列举一些. 另外,可以利用上述公式进行化简、证明恒等式以及计算.

如果以 x 表示自变量,y 表示函数,那么,正弦、余弦、正切、余切及它们的反函数的性质、图形分别简单地介绍如下：

正弦函数 $y = \sin x$ 和余弦函数 $y = \cos x$ 的图形如图 1 - 13 所示.

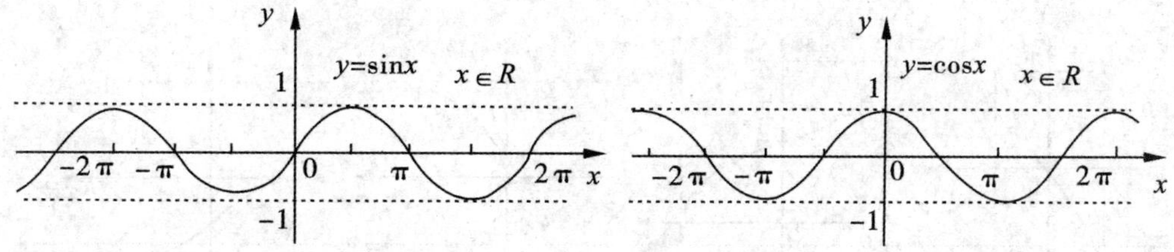

图 1 - 13

正切函数 $y = \tan x$ 和余切函数 $y = \cot x$ 的图形如图 1 - 14 所示.

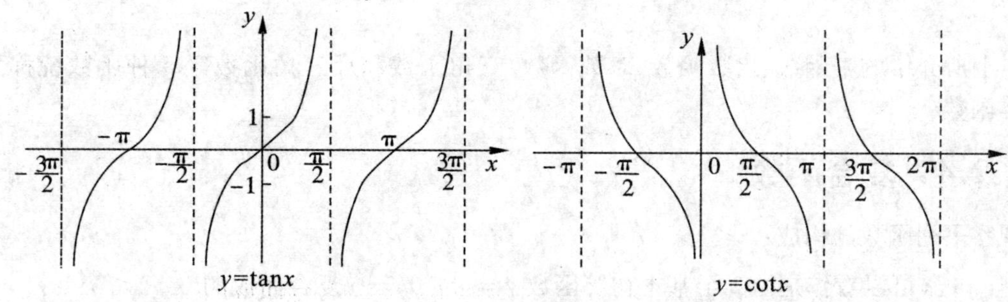

图 1 - 14

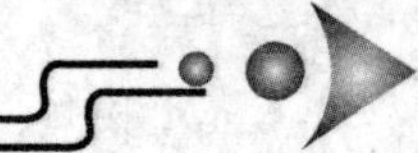

其中自变量单位都是以弧度来表示的.

正弦函数和余弦函数的特征如下：

(1)它们都是以 2π 为周期的函数.

(2)由于 $-1\leqslant\sin x\leqslant 1$，$-1\leqslant\cos x\leqslant 1$，所以他们的图形都夹在两条平行线 $y=1$ 和 $y=-1$ 之间，是有界函数.

(3) $y=\sin x$ 是奇函数，$y=\cos x$ 是偶函数，正弦函数的图形对称于原点；余弦函数的图形对称于 y 轴.

正切函数和余切函数的特征如下：

(1)它们都是以 π 为周期的函数.

(2)它们都是奇函数，图形关于原点对称.

(3)正切函数的图形是由被相互平行的直线 $x=\frac{\pi}{2}+k\pi(k\in Z)$ 所隔开的无穷多支曲线所组成；余切函数的图形是由被相互平行的直线 $x=k\pi(k\in Z)$ 所隔开的无穷多支曲线所组成的.

5. 反三角函数

反三角函数均是多值函数，为限制反三角函数为单值函数，通常将其值域限定在离 O 点最近的一个周期域中.

反正弦函数：　$y=\arcsin x\left(-1\leqslant x\leqslant 1,-\frac{\pi}{2}\leqslant y\leqslant\frac{\pi}{2}\right)$

反余弦函数：　$y=\arccos x(-1\leqslant x\leqslant 1,0\leqslant y\leqslant\pi)$

反正切函数：　$y=\arctan x\left(-\infty<x<+\infty,-\frac{\pi}{2}<y<\frac{\pi}{2}\right)$

反余切函数：　$y=\operatorname{arccot} x(-\infty<x<+\infty,0<y<\pi)$

反三角函数的图形如图 1-15 所示。

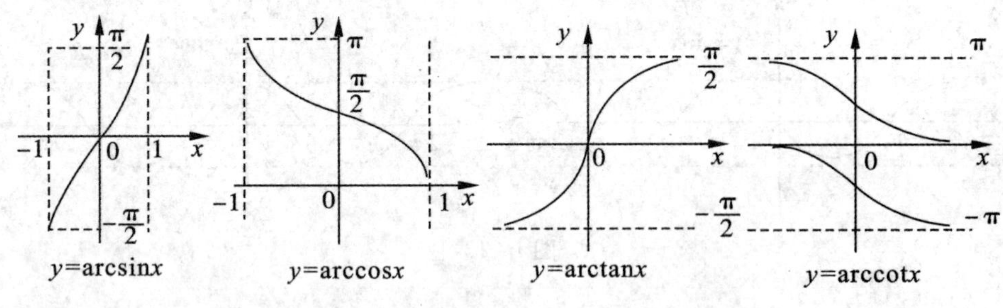

图 1-15

以上所介绍的幂函数、指数函数、对数函数、三角函数和反三角函数等 5 种函数统称为基本初等函数.

1.2.4 复合函数

观察下列函数的构成：

$y=\sin\sqrt{x}$ 可以看作是由 2 个基本初等函数 $y=\sin u$，$u=\sqrt{x}$ 复合而成的.

$y=\sqrt{x-1}$ 可以看作是由 2 个基本初等函数 $y=\sqrt{u}$，$u=x-1$ 复合而成的.

$y=\cos^2(x^2+1)$ 可以看作是由 3 个基本初等函数 $y=u^2, u=\cos v, v=x^2+1$ 复合而成的.

定义 1.3　$y=f(u), u=\varphi(x)$，当 x 在 $\varphi(x)$ 的定义域内取值时，$\varphi(x)$ 的函数值部分或全部都落在 $y=f(u)$ 的定义域内，使 y 通过 u 成为 x 的函数. 记作 $y=f[\varphi(x)]$，这个函数称作由 $y=f(u), u=\varphi(x)$ 复合成的复合函数.

但是，应注意：并不是所有的基本初等函数都可以复合构成一个复合函数. 例如，$y=\sqrt{1-u^2}, u=x^2+2$ 是不能复合的，因为对于 x 的任何值，相对应的 u 值都在 $y=\sqrt{1-u^2}$ 的定义域 $[-1,1]$ 之外.

1.2.5　初等函数

初等函数是指由基本初等函数经过有限次四则运算和复合所构成的并且能用一个解析式表示的函数. 例如，$y=2x^2+1, y=\ln(x+\sqrt{1+x^2}), y=\dfrac{\cos 2x}{\sqrt{1+x^2}}$ 等都是初等函数. 在今后课程中主要研究的是初等函数.

以下两种函数不属于初等函数：

(1) 分段函数，如

$$F(x)=\begin{cases}\dfrac{\sin x}{x}, & x\neq 0\\ x+1, & x=0\end{cases}$$

不能用一个解析式表示，所以一般地分段函数不是初等函数.

(2) 例如，$f(x)=1+e^x+e^{2x}+e^{3x}+\cdots$ 是基本初等函数的无限次运算，也不是初等函数.

习题 1.2

A 组

1. 写出 5 种基本初等函数的解析式，并指出它们的定义域、值域.

2. 下列函数中，哪些是奇函数？哪些是偶函数？为什么？

(1) $y=4^{-x^2}$　　(2) $y=\dfrac{1}{2}(e^x+e^{-x})$

(3) $y=x(x+1)(x-1)$　　(4) $y=5x^3-x^2$

(5) $y=\ln(x+\sqrt{x^2-1})$　　(6) $y=\dfrac{1-x}{1+x^2}$

3. 求下列函数的反函数.

(1) $y=3x+4$　　(2) $y=\dfrac{1-x}{1+x}$

(3) $y=\sqrt{x+2}$　　(4) $y=e^{x+1}$

4. 判断下列各函数是由哪些基本初等函数复合成的.

(1) $y=\sin 5x$　　(2) $y=\cos^2 6x$

(3) $y=\ln(3x+1)$　　(4) $y=\sqrt{\tan\dfrac{x}{2}}$

(5) $y=(1+\ln x)^2$　　(6) $y=\lg^2\arcsin x^2$

(7) $y=\sqrt{\ln\sqrt{x}}$　　(8) $y=\sin^2\left(x+\frac{\pi}{2}\right)$

5. 判断下列函数哪些是初等函数.

(1) $y=\frac{x+1}{x-1}$　　(2) $y=\begin{cases}\frac{x+1}{x-1}, & x\neq 1\\ 0, & x=1\end{cases}$

(3) $y=\left[\frac{\ln(x^2+1)}{\sin(e^x-1)}\right]^2$　　(4) $y=\sqrt{\frac{x^2+1}{x-1}}$

6. 判别下列函数哪些是复合函数.

(1) $y=\left(\frac{1}{2}\right)^2$　　(2) $y=\arcsin(x+2)$

(3) $y=\sqrt{-(x^2+1)}$　　(4) $y=\sqrt{-x^2}$

(5) $y=1+\ln(x+2)$　　(6) $y=\log_2(x^2+1)$

7. 在下列各题中,求由所给函数复合而成的函数,并求这些函数分别对应于自变量 x_1 和 x_2 处的函数值.

(1) $y=u^2, u=\sin x, x_1=\frac{\pi}{6}, x_2=\frac{\pi}{3}$　　(2) $y=\sin u, u=2x, x_1=\frac{\pi}{8}, x_2=\frac{\pi}{4}$

(3) $y=\sqrt{u}, u=1+x^2, x_1=1, x_2=2$　　(4) $y=2e^u, u=x+1, x_1=0, x_2=1$

(5) $y=\ln u, u=x+1, x_1=0, x_2=9$

B 组

1. 在什么条件下函数 $y=\frac{ax+b}{cx+d}$ 的反函数就是它本身?

2. 证明:$f(x)=x+\sin x$ 在 $\left(-\frac{\pi}{2},\frac{\pi}{2}\right)$ 上为单调递增函数.

3. 化简下列三角函数.

(1) $\frac{\sin 2\alpha}{\cos\alpha}$　　(2) $\tan 2\alpha(1-\tan^2\alpha)$

第2章 极限与连续

学习要点

人们在研究某些问题时，常常从具体到抽象，从有限到无限去寻求问题的规律，如我国古代数学家刘徽就利用圆内接多边形的边数无限增加的方法来推算圆的面积——割圆术. 这就是极限思想的典型代表.

极限是研究变量变化趋势的重要工具，高等数学的许多概念，如函数的无穷大(小)、函数的连续性、函数的导数、函数的定积分等概念，都是以极限为基础的. 因此本章应掌握的内容如下：

(1) 数列、函数的极限概念；

(2) 了解无穷大(小)量的概念；

(3) 极限的运算法则，两个重要极限；

(4) 计算函数的极限；

(5) 函数的连续性、间断点.

极限概念及其求极限的方法；函数的连续性.

2.1 数列和数列的极限

2.1.1 数列

在中学时，我们已经懂得了数列的概念，如下面的几个例子.

引例 2.1 $x_n=\frac{1}{2^n}$，当 n 取正整数时，得$\frac{1}{2},\frac{1}{2^2},\frac{1}{2^3},\cdots$

引例 2.2　$x_n=1+\frac{1}{n}$,当 n 取正整数时,得 $1+\frac{1}{1},1+\frac{1}{2},1+\frac{1}{3},\cdots$

引例 2.3　$x_n=3n$,当 n 取正整数时,得 $3,2\times3,3\times3,\cdots$

引例 2.4　$x_n=\frac{1+(-1)^n}{2}$,当 n 取正整数时,得 $0,1,0,1,\cdots$

仔细分析以上的例子,引入下列数列定义.

定义 2.1　如果按照某一法则,有第一个数 x_1,第二个数 x_2,……这样依次序排列着,使得任何一个正整数 n 对应着一个确定的数 x_n,那么这列有次序的数 $x_1,x_2,x_3,\cdots,x_n,\cdots$,就称作数列.数列中的每一个数称作数列的项,第 n 项 x_n 称作数列的一般项,数列也简记为 x_n.

在几何上,数列 x_n 可视为数轴上的一个动点,它依次取数轴上的点 $x_1,x_2,x_3,\cdots,x_n,\cdots$(图 2-1).

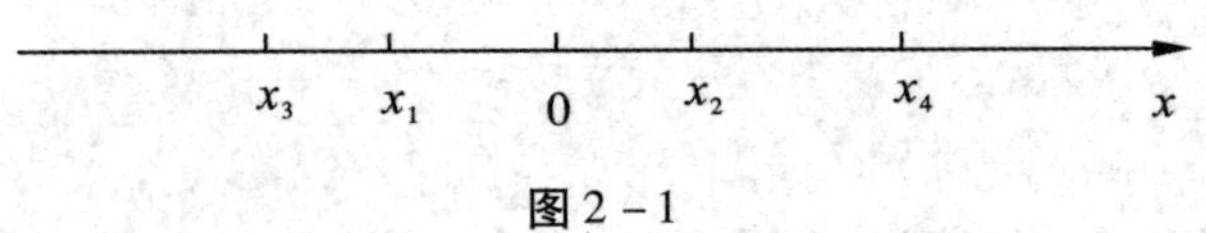

图 2-1

2.1.2　数列的极限

引例 2.5　给定数列 $1,\frac{1}{2},\frac{1}{3},\frac{1}{4},\cdots,\frac{1}{n}$. 列表观察它的变化趋势,如表 2-1 所示.

表 2-1

n	1	2	3	…	10	…	100	…	1000	…
x_n	1	0.5	0.33	…	0.1	…	0.01	…	0.001	…

显然,数列显现出一种规律:当 n 越来越大时,数列 x_n 的值趋向于 0. 由例子可引入数列极限的描述性定义.

定义 2.2　给定数列 x_n,若当 n 无限增大时,x_n 能无限趋于某一个常数 A,则称 A 为数列 x_n 的极限. 记作

$$\lim_{n\to\infty}x_n=A \text{ 或 } x_n\to A(n\to\infty)$$

如果数列有极限,则称这个数列是收敛的,否则就是发散的. 引例 2.4 的数列 $x_n=\frac{1+(-1)^n}{2}$,由于该数列的奇数项趋于 0,而偶数项趋于 1,所以是发散的.

根据极限的定义,可以把上面的引例 2.1 和引例 2.2 依次写为

(1)
$$\lim_{n\to\infty}\frac{1}{2^n}=0 \text{ 或 } \frac{1}{2^n}\to0 \quad (n\to\infty)$$

(2)
$$\lim_{n\to\infty}\left(1+\frac{1}{n}\right)=1 \text{ 或 } \left(1+\frac{1}{n}\right)\to1 \quad (n\to\infty)$$

它们都是收敛的.

至于引例 2.3,当 n 无限增大时,$3n$ 也无限增大,所以极限不存在,通常写成 $\lim\limits_{n\to\infty}x_n=\infty$ 形式,即 $\lim\limits_{n\to\infty}3n=\infty$,所以数列是发散的.

总之,引例2.1和引例2.2两个数列是收敛的,引例2.3和引例2.4两个数列是发散的.

数列收敛与数列有界有什么关系？什么样的数列一定有极限？下面给出两个重要的定理.

定理2.1　一个收敛的数列必是有界的.(证略)

定理2.2　单调有界数列必有极限.(证略)

推论　无界数列必定发散.

习题2.1

A组

1. 已知数列的前4项,写出下列数列的通项 x_n.

(1) $1,-1,1,-1,\cdots$　　(2) $0,2,0,2,\cdots$

(3) $0,\frac{1}{2},\frac{2}{3},\frac{3}{4},\cdots$　　(4) $1,\frac{1}{2},\frac{1}{4},\frac{1}{8},\cdots$

2. 当 $n\to\infty$ 时,讨论下列数列的敛散性.

(1) $x_n=\frac{n-1}{n+3}$　　(2) $x_n=3+\frac{1}{n^2}$

(3) $x_n=(-1)^n+1$　　(4) $x_n=\frac{2n^2-n+3}{3n^2-42n+1}$

B组

计算下列数列极限.

(1) $\lim\limits_{n\to\infty}\frac{\sqrt{n^2+1}-1}{n}$　　(2) $\lim\limits_{n\to\infty}\frac{2n^2+3n-1}{5n^2-2n+1}$

2.2　函数的极限

函数的极限分两种情况:自变量趋于有限值时的函数极限和自变量无限趋大时的函数极限.

2.2.1　自变量趋于有限值时的函数极限

自变量趋于有限值时的函数极限,即当 $x\to x_0$ 时,函数 $f(x)$ 的极限.

引例2.6　观察 $f(x)=x+1$,在 $x\to1$ 时的变化趋势,如表2-2所示:

表2-2

x	0	0.99	…	0.999	…	0.9999	…
$f(x)$	1	1.99	…	1.999	…	1.9999	…

从函数数值变化情况分析，当 x 无限趋近于 1 时，函数值呈现一种越来越接近 2 的规律. 即函数 $f(x)=x+1$ 在 $x\to1$ 时的极限是 2. 一般来说，引入如下定义：

定义 2.3 设函数 $f(x)$ 在 x_0 的附近（点 x_0 除外）有定义，若当 x 趋于 x_0 时，$f(x)$ 趋于常数 A，则称常数 A 为函数 $f(x)$ 的极限，记作 $\lim\limits_{x\to x_0}f(x)=A$ 或者 $f(x)\to A(x\to x_0)$.

若变量 $x\to x_0$ 时，函数 $f(x)$ 无一个固定的变化趋势，则称函数 $f(x)$ 在 $x\to x_0$ 时没有极限，即不存在这样的常数 A. 例如，函数 $f(x)=\dfrac{1}{x}$ 在 $x\to0$ 时，函数无极限.

在上述定义中，只说明 $x\to x_0$ 时，$f(x)$ 的极限，并未说明 x 趋于 x_0 时，x 是从 x_0 左侧或是从 x_0 的右侧趋近于 x_0. 有时我们需要知道 x 从 x_0 的左侧（$x<x_0$）或从 x_0 的右侧（$x_0<x$）趋于 x_0 时，$f(x)$ 的变化趋势. 于是，我们引入左、右极限的概念.

定义 2.4 若当 x 从右（左）侧趋于 x_0 时，函数 $f(x)$ 趋于一个确定的常数 A. 则称 A 为 x 趋于 x_0 时，函数 $f(x)$ 的右（左）极限，记作 $\lim\limits_{x\to x_0^+}f(x)=A$（$\lim\limits_{x\to x_0^-}f(x)=A$）或 $f(x_0+0)=A(f(x_0-0)=A)$.

定理 2.3 $\lim\limits_{x\to x_0}f(x)=A$ 的充要条件是 $\lim\limits_{x\to x_0^+}f(x)=\lim\limits_{x\to x_0^-}f(x)=A$.

此定理对判别一个函数极限存在与否非常有用，需熟练掌握.

例 1 设 $f(x)=\begin{cases}1, x\leqslant0\\ e^x, x>0\end{cases}$，判断 $\lim\limits_{x\to0}f(x)$ 是否存在？

解 当 $x>0$ 时，$\lim\limits_{x\to0^+}f(x)=\lim\limits_{x\to0^+}e^x=1$，当 $x<0$ 时，$\lim\limits_{x\to0^-}f(x)=1$，由于 $f(x)$ 的左、右极限存在且相等，所以 $\lim\limits_{x\to0}f(x)$ 存在且 $\lim\limits_{x\to0}f(x)=1$

例 2 设 $f(x)=\begin{cases}x-1, x<0\\ 0, x=0\\ x+1, x>0\end{cases}$，作出该函数的图形并判断 $\lim\limits_{x\to0}f(x)$ 是否存在.

解 $f(x)$ 图形如图 2-2 所示，当 $x>0$ 时，$\lim\limits_{x\to0^+}(x+1)=1$；当 $x<0$ 时，$\lim\limits_{x\to0^-}(x-1)=-1$，由于 $f(0+0)\neq f(0-0)$，故 $x\to0$ 时，极限 $\lim\limits_{x\to0}f(x)$ 不存在.

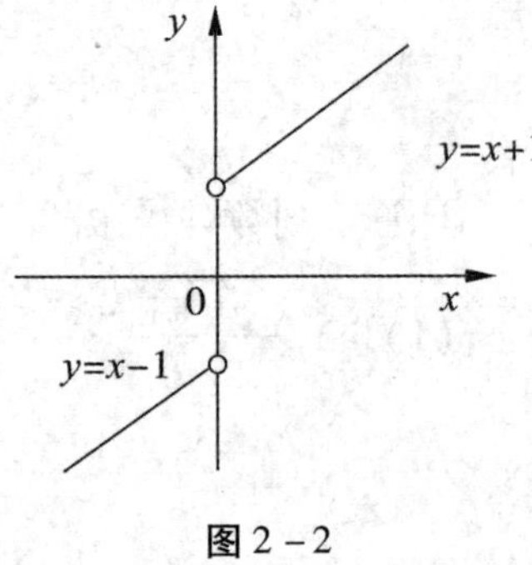

图 2-2

2.2.2 自变量无限趋大时的函数极限

自变量无限趋大时的函数极限，即当 $x\to\infty$ 时，函数的极限.

考察函数 $f(x)=\dfrac{1}{x}$，在 $x\to\infty$（包括 $x\to+\infty$ 和 $x\to-\infty$）时，函数 $f(x)=\dfrac{1}{x}$ 趋于确定的常数 0. 于是引入 $x\to\infty$ 时，函数的极限定义.

定义 2.5 如果 $|x|$ 无限增大时，函数 $f(x)$ 趋于一个确定的常数 A，则称 $x\to\infty$ 时，函数 $f(x)$ 以 A 为极限，记作 $\lim\limits_{x\to\infty}f(x)=A$ 或 $f(x)\to A(x\to\infty)$.

如果 x 取正值无限增大，函数 $f(x)$ 趋于一个确定的常数 A，记作 $\lim\limits_{x\to+\infty}f(x)=A$ 或 $f(x)\to A(x\to+\infty)$. 由此可见，在 $x\to+\infty$ 时，函数 $f(x)$ 的极限与数列极限相类似. 所不同的是，数列的极限是自变量只取正整数，而函数的自变量可以取任意实数.

如果 x 取负值而 $|x|$ 无限增大,函数 $f(x)$ 趋于一个确定的常数 A,记作 $\lim\limits_{x\to-\infty}f(x)=A$ 或 $f(x)\to A(x\to-\infty)$.

例 3　观察下列函数的极限并填空.

(1) $\lim\limits_{x\to+\infty}\left(2+\dfrac{1}{x^2}\right)=(\qquad)$　　(2) $\lim\limits_{x\to-\infty}\left(2+\dfrac{1}{x^2}\right)=(\qquad)$

(3) $\lim\limits_{x\to(\ )}\dfrac{e^x+1}{2e^x+1}=\dfrac{1}{2}$　　(4) $\lim\limits_{x\to(\ )}\arctan x=-\dfrac{\pi}{2}$

解　(1)2;(2)2;(3) $+\infty$;(4) $-\infty$.

例 4　已知函数 $f(x)=e^x$,画出函数的图形,求 $\lim\limits_{x\to-\infty}f(x)$, $\lim\limits_{x\to+\infty}f(x)$.

解　$f(x)$ 的图形如图 2－3 所示,由图形不难看出:

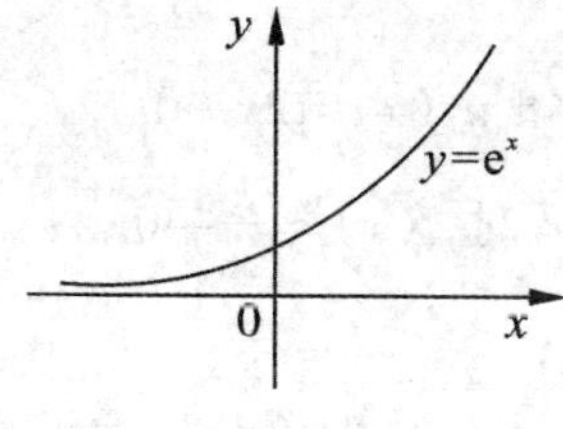

图 2－3

$$\lim_{x\to+\infty}f(x)=\lim_{x\to+\infty}e^x=\infty$$
$$\lim_{x\to-\infty}f(x)=\lim_{x\to-\infty}e^x=0$$

习 题 2.2

A 组

1. 观察下列函数的极限并填空.

(1) $\lim\limits_{x\to+\infty}\dfrac{3x^2+1}{x^2}=(\qquad)$　　(2) $\lim\limits_{(\ )}\arcsin x=\dfrac{\pi}{2}$

(3) $\lim\limits_{x\to+\infty}e^{x+1}=(\qquad)$　　(4) $\lim\limits_{x\to-\infty}\dfrac{x}{x+1}=(\qquad)$

2. 分别作出下列分段函数 $f(x)$ 的图形,并判断当 $x\to0$ 时,$f(x)$ 的极限是否存在.

(1) $f(x)=\begin{cases}2^x, & x\geqslant0\\ x+1, & x<0\end{cases}$　　(2) $f(x)=\begin{cases}x^2, & x>0\\ 1, & x\leqslant0\end{cases}$

3. 设函数 $f(x)=\begin{cases}3x, & 0\leqslant x<1\\ 3-x, & 1\leqslant x\leqslant2\end{cases}$,作出函数的图形,求出 $\lim\limits_{x\to1^+}f(x)$ 和 $\lim\limits_{x\to1^-}f(x)$,并说明当 $x\to1$ 时,函数 $f(x)$ 的极限是否存在.

B 组

1. 计算下列极限.

(1) $\lim\limits_{x\to+\infty}\left(\sqrt{(a+x)(b+x)}-\sqrt{(a-x)(b-x)}\right)$

(2) $\lim\limits_{x\to+\infty}\dfrac{x}{\sqrt{x^2-a}}$

(3) $\lim\limits_{x\to-\infty}\dfrac{x}{\sqrt{x^2-a}}$

2. 设函数$f(x)=\dfrac{|x|}{x}$,求$f(x)$在$x\to0$时的左、右极限,并说明$f(x)$在$x\to0$时,极限是否存在.

2.3 无穷小量与无穷大量

2.3.1 无穷小量

引例 2.7 若$f(x)=2x$,当$x\to0$时,$f(x)=2x\to0$.

引例 2.8 若$f(x)=\dfrac{1}{x}$,当$x\to\infty$时,$f(x)=\dfrac{1}{x}\to0$.

为此,引入下列定义:

定义 2.6 如果$x\to x_0$(或$x\to\infty$)时,函数$f(x)$趋于0,则称当$x\to x_0$(或$x\to\infty$)时$f(x)$为无穷小量.简言之,以零作极限的函数,称为无穷小量,简称无穷小,记作$\lim f(x)=0$.

说明:$\lim f(x)$表示$x\to0$或$x\to\infty$.

引例 2.9 $2x,x^2,\sin x$等均是当$x\to0$时为无穷小.

无穷小有如下性质:

性质 1 有限个无穷小的代数和仍为无穷小.

注意:无穷多个无穷小之和未必是无穷小,如$\lim\limits_{x\to+\infty}\left(\dfrac{1}{n^2}+\dfrac{2}{n^2}+\cdots+\dfrac{n}{n^2}\right)=\dfrac{1}{2}$.

性质 2 有限个无穷小的乘积还是一个无穷小.

性质 3 无穷小量与有界函数的乘积仍是无穷小.

推论 一个常数与无穷小量的乘积仍是无穷小.

例 1 证明$f(x)=\dfrac{\sin x}{x}$当$x\to\infty$时为无穷小.

解 因为$|\sin x|\leqslant1$,所以$\sin x$是一个有界函数.而$\lim\limits_{x\to\infty}\dfrac{1}{x}=0$,所以$\dfrac{1}{x}$是当$x\to\infty$时是无穷小.由性质3可知$f(x)=\dfrac{\sin x}{x}$是当$x\to\infty$时为无穷小.

注意:无穷小是一个变量,不能与很小的数混为一谈.一个变量是否为无穷小,是有条件的,即当$x\to x_0$(或$x\to\infty$)时,这个变量(函数)要以零作极限.

引例 2.10 $f(x)=\dfrac{1}{x-1}$,因为$\lim\limits_{x\to\infty}\dfrac{1}{x-1}=0$,所以当$x\to\infty$时,$\dfrac{1}{x-1}$是无穷小.

引例 2.11 $f(x)=3^x$,因为$\lim\limits_{x\to-\infty}3^x=0$,所以当$x\to-\infty$时,$3^x$是无穷小.

引例 2.12 $f(x)=\dfrac{x-1}{x+1}$,因为$\lim\limits_{x\to1}\dfrac{x-1}{x+1}=0$,所以当$x\to1$时,$\dfrac{x-1}{x+1}$是无穷小.

有了无穷小的概念之后,可以建立函数的极限与无穷小间的关系,即

定理 2.4 函数$f(x)$当$x \to x_0$（或$x \to \infty$）时有极限A的充要条件如下：

当$x \to x_0$（或$x \to \infty$）时，$\alpha(x) = f(x) - A$为无穷小，即

$$\lim f(x) = A \Leftrightarrow f(x) = A + \alpha(x)$$

根据此定理，函数$f(x)$如果有极限A，则函数$f(x)$就可以表示为A与一个无穷小$\alpha(x)$之和，即$f(x) = A + \alpha(x)$.（证略）

2.3.2 无穷大量

引例 2.13 $f(x) = \frac{1}{x^2}$当$x \to 0$时，$\frac{1}{x^2} \to \infty$.

引例 2.14 $f(x) = x^2 + 1$当$x \to \infty$时，$x^2 + 1 \to \infty$.

为此引入下列定义：

定义 2.7 当$x \to x_0$（或$x \to \infty$）时，$|f(x)|$无限增大，则称$f(x)$为$x \to x_0$（或$x \to \infty$）时的无穷大量，简称无穷大. 记作$\lim f(x) = \infty$或$f(x) \to \infty$.

例如，当$x \to \infty$时，$x^2 \to +\infty$；当$x \to \left(\frac{\pi}{2}\right)^+$时，$\tan x \to -\infty$.

注意：无穷大是一个变量，不能与“很大的数”混为一谈. 一个变量是否为无穷大，是有条件的，即当$x \to x_0$（或$x \to \infty$）时，这个变量（函数）要为无穷大.

2.3.3 无穷小与无穷大的关系

定理 2.5 在$x \to x_0$（或$x \to \infty$）的统一变化过程中，如果$f(x)$是无穷大，则$\frac{1}{f(x)}$为无穷小；反之，如果$f(x)$是无穷小，且$f(x) \neq 0$，则$\frac{1}{f(x)}$为无穷大.

例如，$f(x) = x^2 - 1$在$x \to 1$时，$f(x) = x^2 - 1 \to 0$，而$\frac{1}{f(x)} = \frac{1}{x^2 - 1}$在$x \to 1$时，$\frac{1}{f(x)} = \frac{1}{x^2 - 1} \to \infty$. 即$\frac{1}{f(x)} = \frac{1}{x^2 - 1}$在$x \to 1$时，为无穷大.

习题 2.3

A 组

1. 下列说法是否正确？为什么？

（1）无穷小是比 0.00001 还要小的数.

（2）无穷小是最小的数.

（3）无穷小就是 0.

（4）无穷大是比10^{1000}还要大的数.

（5）无穷大是最大的数.

2. 找出下列函数中，哪些是无穷小？哪些是无穷大？

(1)$\frac{2x+1}{x}$(当 $x\to 0$ 时)　　(2)e^x-1(当 $x\to 0$ 时)

(3)$\frac{n+1}{n}$(当 $n\to\infty$ 时)　　(4)$\frac{\ln x}{x+1}$(当 $x\to 0^+$ 时)

(5)$\frac{e^x+e^{-x}}{2}$(当 $x\to+\infty$ 时)　　(6)$\frac{x+1}{x^2+2}$(当 $x\to-1$ 时)

(7)$\frac{\sin x}{1+\cos x}$(当 $x\to 0$ 时)　　(8)$1-\cos x$(当 $x\to\frac{\pi}{2}$时)

3. x 在什么趋向下,下列函数是无穷小? 又 x 在什么趋向下,下列函数是无穷大?

(1) $\sqrt{2x-1}$　　(2)$1-\sin x$

(3)2^x-1　　(4)$\frac{x-1}{x^2-1}$

B 组

x 在什么趋向下,下列函数是无穷小? 又 x 在什么趋向下,下列函数是无穷大?

(1)$\frac{x^2-3x+2}{x-2}$　　(2)$\frac{\cos x-1}{2}$

(3)$\frac{x-2}{x^2+1}$　　(4)e^x

2.4　极限运算法则与重要极限

2.4.1　极限运算法则

若令 $x_n=f(n)(n=1,2,3,\cdots)$,那么数列 x_n 仅仅是自变量取正整数的函数,所以,极限的运算法则对数列极限、函数极限都是相同的. 现仅对两个函数 $f(x)$ 与 $g(x)$ 给予介绍:

如果 $\lim f(x)=A,\lim g(x)=B$,那么

(1)$\lim[f(x)\pm g(x)]=\lim f(x)\pm\lim g(x)=A\pm B$.

(2)$\lim[f(x)\cdot g(x)]=\lim f(x)\cdot\lim g(x)=A\cdot B$.

(3)$\lim\frac{f(x)}{g(x)}=\frac{\lim f(x)}{\lim g(x)}=\frac{A}{B}$,其中 $B\neq 0$.

由(2)推得

$$\lim[Kf(x)]=K\lim f(x)=KA\text{(其中 }K\text{ 是常数)}$$

$$\lim[f(x)]^n=[\lim f(x)]^n=A^n\text{(其中 }n\text{ 是正整数)}$$

例 1　求 $\lim\limits_{x\to 2}(4-x)(5+x)$.

解　运用法则(2)和法则(1)

$$\lim_{x\to 2}(4-x)(5+x)=\lim_{x\to 2}(4-x)\lim_{x\to 2}(5+x)=(\lim_{x\to 2}4-\lim_{x\to 2}x)(\lim_{x\to 2}5+\lim_{x\to 2}x)=14$$

例 2　求 $\lim\limits_{x\to\infty}\frac{3x^2+x}{x^2}$.

分析:由于$x\to\infty$时,分子分母的极限分别趋向于∞,是$\frac{\infty}{\infty}$型,极限不确定,法则(3)不能使用,此时需先把函数变形,再进行计算.

解
$$\lim_{x\to\infty}\frac{3x^2+x}{x^2}=\lim_{x\to\infty}\left(3+\frac{1}{x}\right)=\lim_{x\to\infty}3+\lim_{x\to\infty}\frac{1}{x}=3$$

例3　求$\lim\limits_{x\to1}\frac{3x-3}{x^3-1}$.

分析:在$x\to1$时,分子、分母均趋向于0,是"$\frac{0}{0}$"型,极限不确定,法则(3)不能使用.但是,由于$x\to1$的极限与$x=1$的函数值毫无关系,因此,我们可以把分子分母因式分解将极限为零的因子$x-1$消去,然后再求极限.

解
$$\lim_{x\to1}\frac{3x-3}{x^3-1}=\lim_{x\to1}\frac{3(x-1)}{(x-1)(x^2+x+1)}$$
$$=\lim_{x\to1}\frac{3}{x^2+x+1}=\frac{\lim\limits_{x\to1}3}{\lim\limits_{x\to1}(x^2+x+1)}=1$$

例4　求$\lim\limits_{x\to2}\frac{x-3}{x^2-4x+4}$.

解　由$\lim\limits_{x\to2}(x^2-4x+4)=0$,$\lim\limits_{x\to2}(x-3)=-1$,根据无穷小与无穷大的关系知
$$\lim_{x\to2}\frac{x-3}{x^2-4x+4}=\infty$$

例5　求$\lim\limits_{x\to0}\frac{\sqrt{1-x}-1}{x}$.

分析:由于$x\to0$时,分子$\sqrt{1-x}-1\to0$,分母$x\to0$是"$\frac{0}{0}$"型,极限不确定.$x\to0$与$x=0$的函数值无关系.因此,我们先有理化分子、分母,将分子分母中含有零的因子x消去,然后再求极限.

解
$$\lim_{x\to0}\frac{\sqrt{1-x}-1}{x}=\lim_{x\to0}\frac{-x}{x(\sqrt{1-x}+1)}$$
$$=\lim_{x\to0}\frac{-1}{\sqrt{1-x}+1}=-\frac{1}{2}$$

通过以上例子说明我们在做极限运算时,一定注意只有极限$\lim f(x)=A$,$\lim g(x)=B$存在时,方能运用极限法则进行计算.目前,若遇到"$\frac{0}{0}$""$\frac{\infty}{\infty}$"型的极限问题时,我们可以利用代数式的化简方法,如约分,有理化分子、分母等方式,将函数式中极限是0的因式先消去,然后再进行计算.

2.4.2　两个重要极限

现在我们来学习计算极限的两个重要公式.公式的证明请同学们参考《高等数学》(同济大学数学教研室主编,高等教育出版社出版).

重要公式 1：$\lim\limits_{x\to 0}\dfrac{\sin x}{x}=1\left(\dfrac{0}{0}\text{型}\right)$.

便于记忆和使用公式，可将公式变为 $\lim\limits_{(\ )\to 0}\dfrac{\sin(\ )}{(\ )}=1$ 型，即我们在计算这类极限时，需变成这种形式，方能运用公式计算.

例 6 求 $\lim\limits_{x\to 0}\dfrac{\sin 2x}{x}$.

解 由于$\dfrac{\sin 2x}{x}=2\cdot\dfrac{\sin(2x)}{(2x)}$，而当 $x\to 0$ 时，$u=2x\to 0$

因此，
$$\lim_{x\to 0}\frac{\sin 2x}{x}=2\lim_{u\to 0}\frac{\sin u}{u}=2$$

例 7 求 $\lim\limits_{x\to 0}\dfrac{1-\cos x}{x}$.

解 原式$=\lim\limits_{x\to 0}\dfrac{\sin\left(\dfrac{x}{2}\right)}{\left(\dfrac{x}{2}\right)}\cdot\sin\dfrac{x}{2}=\lim\limits_{x\to 0}\dfrac{\sin\left(\dfrac{x}{2}\right)}{\left(\dfrac{x}{2}\right)}\cdot\lim\limits_{x\to 0}\sin\dfrac{x}{2}=1\times 0=0$

例 8 求 $\lim\limits_{x\to 0}\dfrac{\tan x}{x}$.

解
$$\lim_{x\to 0}\frac{\tan x}{x}=\lim_{x\to 0}\frac{\sin x}{x\cos x}=\lim_{x\to 0}\frac{\dfrac{\sin x}{x}}{\cos x}=\frac{\lim\limits_{x\to 0}\dfrac{\sin x}{x}}{\lim\limits_{x\to 0}\cos x}=1$$

重要公式 2：$\lim\limits_{x\to\infty}\left(1+\dfrac{1}{x}\right)^{x}=\mathrm{e}(1^{\infty}\text{型})$.

若令 $t=\dfrac{1}{x}$，那么 $x\to\infty$ 时，$t\to 0$，公式改写为 $\lim\limits_{t\to 0}(1+t)^{\frac{1}{t}}=\mathrm{e}(1^{\infty}\text{型})$.

在计算这类极限时，可将公式变为 $\lim\limits_{(\ )\to\infty}\left[1+\dfrac{1}{(\ )}\right]^{(\ )}=\mathrm{e}$ 或 $\lim\limits_{(\ )\to 0}[1+(\ )]^{\frac{1}{(\ )}}=\mathrm{e}$ 型，方可运用公式计算.

例 9 求 $\lim\limits_{x\to 0}(1+kx)^{\frac{1}{x}}$，$(k\neq 0)$.

解 当 $x\to 0$ 时，$kx\to 0$，$\dfrac{1}{kx}\to\infty$. 因此
$$\lim_{x\to 0}[(1+kx)^{\frac{1}{kx}}]^{k}=\mathrm{e}^{k}$$

例 10 求 $\lim\limits_{x\to\infty}\left(1-\dfrac{1}{x}\right)^{x}$.

解 对照公式需作如下的变形 $\lim\limits_{x\to\infty}\left[\left(1+\dfrac{1}{-x}\right)^{-x}\right]^{-1}=\mathrm{e}^{-1}$.

例 11 求 $\lim\limits_{x\to\infty}\left(1+\dfrac{2}{x}\right)^{x}$.

解 令 $t=\dfrac{2}{x}$，当 $x\to\infty$ 时，$t\to 0$

因此 $$\lim_{x\to\infty}\left(1+\frac{2}{x}\right)^{x}=\lim_{t\to 0}(1+t)^{\frac{2}{t}}=\lim_{t\to 0}\left[(1+t)^{\frac{1}{t}}\right]^{2}=e^{2}$$

例12 求 $\lim\limits_{x\to\infty}\left(1-\frac{1}{x^{2}}\right)^{x}$.

解 由于 $a^{2}-b^{2}=(a+b)(a-b)$ 及 $(ab)^{n}=a^{n}b^{n}$

因此 $$\lim_{x\to\infty}\left(1-\frac{1}{x^{2}}\right)^{x}=\lim_{x\to\infty}\left(1+\frac{1}{x}\right)^{x}\left(1-\frac{1}{x}\right)^{x}=e\cdot e^{-1}=1$$

例13 求 $\lim\limits_{x\to\infty}\left(\frac{x}{x+1}\right)^{x}$.

解 $$\text{原式}=\lim_{x\to\infty}\left(\frac{1}{1+\frac{1}{x}}\right)^{x}=\frac{1}{\lim\limits_{x\to\infty}\left(1+\frac{1}{x}\right)^{x}}=e^{-1}.$$

习题 2.4

A 组

1. 计算下列极限.

(1) $\lim\limits_{x\to 0}(5x^{2}+3x+1)$　　(2) $\lim\limits_{x\to 1}\frac{x^{2}+x}{2x+1}$

(3) $\lim\limits_{x\to 2}(x^{2}-2)(3x^{2}+1)$　　(4) $\lim\limits_{x\to\infty}\frac{5x^{2}+x}{x^{2}}$

(5) $\lim\limits_{x\to 3}\frac{x^{3}-27}{x-3}$　　(6) $\lim\limits_{x\to\infty}\frac{e^{x}+e^{-x}}{e^{x}-e^{-x}}$

(7) $\lim\limits_{x\to 1}\frac{1-\sqrt{x}}{1-x}$　　(8) $\lim\limits_{x\to 0}(x^{3}+x)\sin\frac{1}{x}$

(9) $\lim\limits_{x\to 2}\left(\frac{1}{x-2}-\frac{2}{x^{2}-4}\right)$　　(10) $\lim\limits_{x\to\infty}\left(\frac{1}{n^{2}}+\frac{2}{n^{2}}+\cdots+\frac{n}{n^{2}}\right)$

(11) $\lim\limits_{x\to\infty}\frac{(n+1)(n+2)(n+3)}{4n^{3}}$　　(12) $\lim\limits_{x\to\infty}\left(\sqrt{x^{2}+x+1}-\sqrt{x^{2}-x+1}\right)$

2. 用公式 $\lim\limits_{x\to 0}\frac{\sin x}{x}=1$ 计算下列极限.

(1) $\lim\limits_{x\to 0}\frac{\sin nx}{\sin mx}$　　(2) $\lim\limits_{x\to 0}\frac{x}{\tan x}$

(3) $\lim\limits_{x\to 0^{+}}\frac{\sin^{2}\sqrt{x}}{x}$　　(4) $\lim\limits_{x\to n\pi}\frac{\sin x}{x-n\pi}$

3. 用公式 $\lim\limits_{x\to\infty}\left(1+\frac{1}{x}\right)^{x}=e$ 计算下列极限.

(1) $\lim\limits_{x\to\infty}\left(1-\frac{2}{x}\right)^{2x}$　　(2) $\lim\limits_{x\to 0}(1-2x)^{\frac{1}{x}}$

(3) $\lim\limits_{x\to\infty}\left(1+\frac{1}{x}\right)^{\frac{x}{2}}$　　(4) $\lim\limits_{x\to\infty}\left(\frac{1+x}{x}\right)^{3x}$

B 组

计算下列极限.

(1) $\lim\limits_{x\to\infty}\dfrac{(x-1)^{10}(x-2)^{20}}{(x-3)^{30}}$　　(2) $\lim\limits_{x\to\infty}\dfrac{8\sin x+5\cos x}{x}$

(3) $\lim\limits_{x\to 0}\dfrac{\arcsin x}{x}$　　(4) $\lim\limits_{x\to 0}\dfrac{1-\cos 2x}{x\sin x}$

(5) $\lim\limits_{x\to\infty}\left(\dfrac{2x+3}{2x+1}\right)^{x+1}$　　(6) $\lim\limits_{x\to\infty}\left(1-\dfrac{4}{x^2}\right)^{x}$

2.5　函数的连续性和间断点

在生活当中,连续变化的现象很多,如温度随时间的增加而连续地变化,植物随时间增加而连续生长,做自由落体运动的物体在未到达地面前,其下落的距离和速度随时间的增加而连续地变化.在这些连续变化的现象中,从数量的角度看,存在一个共同的特点:两个量作为变量来看待时,当其中一个变化很微小时,另外一个也随之变化很微小.为了进一步描述函数的连续性我们先引入下列概念.

2.5.1　增量

若设变量 u 从它的一个初值 u_1 变到终值 u_2,则 u_2-u_1 称作变量 u 的增量,记作 Δu,即

$$\Delta u=u_2-u_1$$

Δu 可以是正,也可以是负.当 $\Delta u>0$ 时,变量 u 是递增的,当 $\Delta u<0$ 时,变量 u 是递减的.因此,连续变化的概念,反应在数学上就是自变量的改变量很小很小时,函数的改变量也很小很小.即自变量的改变量是无穷小时,函数的改变量也是无穷小,具有这种特点的函数就是所谓的连续性.

2.5.2　函数在点处连续的定义

定义 2.8　函数 $y=f(x)$ 在点 x_0 处自变量的增量为 Δx,函数相应的增量为 $\Delta y=f(x_0+\Delta x)-f(x_0)$.如果当 $\Delta x\to 0$ 时,有 $\lim\limits_{\Delta x\to 0}\Delta y=0$,则称函数 $y=f(x)$ 在点 x_0 处连续(图 2-4),简称为函数的点连续定义.

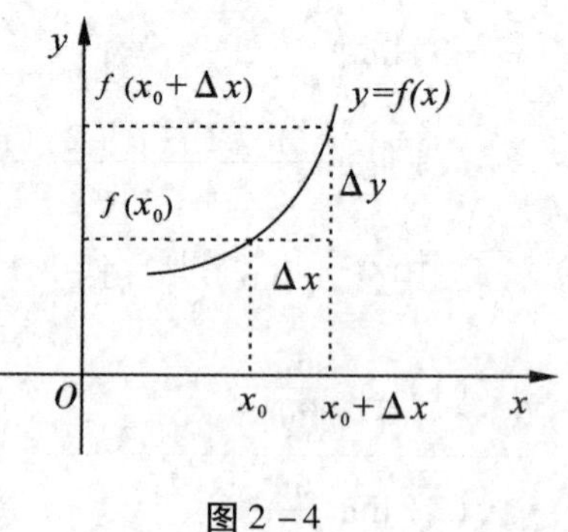

图 2-4

设 $x=x_0+\Delta x$ 时,当 $\Delta x\to 0$ 时,$x\to x_0$,于是 $f(x_0+\Delta x)-f(x_0)=f(x)-f(x_0)$,由 $\lim\limits_{\Delta x\to 0}\Delta y=0$ 可改写为 $\lim\limits_{x\to x_0}[f(x)-f(x_0)]=0$,即 $\lim\limits_{x\to x_0}f(x)=f(x_0)$.

定义 2.9　函数 $y=f(x)$ 在点 x_0 及其附近有定义,且满足 $\lim\limits_{x\to x_0}f(x)=f(x_0)$,则称函数 $f(x)$ 在点 x_0 处连续.

这样一来,判别一个函数在 $x=x_0$ 处是否连续,只要验证极限 $\lim\limits_{x\to x_0}f(x)$ 是否和函数 $f(x)$ 在 x_0 处的函数值 $f(x_0)$ 相等.也就是说一个函数 $f(x)$ 在 x_0 处连续,必须同时满足 3 个条件:

(1) $f(x)$ 在 x_0 有定义及有确定的函数值 $f(x_0)$.

(2) 极限 $\lim\limits_{x\to x_0}f(x)$ 存在.

(3) 极限值要等于函数值 $f(x_0)$.

作为例子,我们来验证函数 $f(x)=x^n$(n 取正整数),在 $(-\infty,+\infty)$ 上连续.

设 x_0 为 $(-\infty,+\infty)$ 内任意一点,根据极限的乘法运算法则,有 $\lim\limits_{x\to x_0}f(x)=\lim\limits_{x\to x_0}x^n=(\lim\limits_{x\to x_0}x)^n=x_0^n=f(x_0)$,由定义 2.9 知,即 x^n 在 x_0 处连续,由于 x_0 是任意取的,所以 x^n 在 $(-\infty,+\infty)$ 内处处连续.

2.5.3 左右连续

在极限 $\lim\limits_{x\to x_0}f(x)$ 中,x 取比 x_0 大的值,也可取比 x_0 小的值(趋于 x_0). 如果取 $x_0<x$,则 $\lim\limits_{x\to x_0^+}f(x)=f(x_0)$ 成立,称 $f(x)$ 在 x_0 处右连续. 同理,如果取 $x_0>x$ 时,即 $\lim\limits_{x\to x_0^-}f(x)=f(x_0)$ 成立,称 $f(x)$ 在 x_0 处左连续.

须注意的是函数在 x_0 处右(左)连续,是得不到函数在 x_0 处连续的. 请看下例.

例 1 研究函数 $f(x)=\begin{cases}x-1 & ,x<0\\ 1 & ,x=0\\ x+1 & ,x>0\end{cases}$ 在 $x=0$ 处的连续性.

解 当 $x\to0^+$ 时, $f(0+0)=\lim\limits_{x\to0^+}(x+1)=1$

当 $x\to0^-$ 时, $f(0-0)=\lim\limits_{x\to0^-}(x-1)=-1$

由于 $f(0)=1$,显见,函数在 $x=0$ 处右连续,而不左连续. 由此而知,函数 $f(x)$ 在 $x=0$ 处,函数 $f(x)$ 不是连续的. 显见,函数 $y=f(x)$ 在点 x_0 处连续的充分必要条件是函数 $y=f(x)$ 在点 x_0 处既左连续又右连续.

2.5.4 间断点

已知,一个函数 $f(x)$ 在 x_0 处连续必须满足 3 个条件,如果函数 $f(x)$ 不满足这 3 个条件之一,则函数 $f(x)$ 在 x_0 处不连续,而 x_0 称为函数 $f(x)$ 的不连续点或间断点,其中左、右极限都存在的点叫做第一类间断点,除此之外的间断点叫做第二类间断点.

例 2 判别下列函数在给定点的连续性.

(1) $f(x)=\begin{cases}-1 & ,x<0\\ 0 & ,x=0\\ x & ,x>0\end{cases}$,在 $x=0$ 处.

(2) $f(x)=\begin{cases}x^2 & ,x>1\\ 2 & ,x=1\\ x & ,x<1\end{cases}$,在 $x=1$ 处.

(3) $f(x)=\begin{cases}\dfrac{1}{x} & ,x\neq0\\ 1 & ,x=0\end{cases}$,在 $x=0$ 处.

(4) $f(x)=\begin{cases}\dfrac{\sin x}{x}, & x\neq 0\\ 1, & x=0\end{cases}$，在 $x=0$ 处.

解 (1) $\lim\limits_{x\to 0^+}x=0$，$\lim\limits_{x\to 0^-}(-1)=-1$ 即 $x\to 0$ 左、右极限存在不相等，所以 $x=0$ 处，函数 $f(x)$ 间断，属第一类间断点.

(2) $\lim\limits_{x\to 1^+}x^2=1$，$\lim\limits_{x\to 1^-}x=1$ 即 $\lim\limits_{x\to 1}f(x)=1$ 存在，且 $f(1)=2$. 由于 $\lim\limits_{x\to 1}f(x)\neq f(1)$，故函数 $f(x)$ 在 $x=1$ 处间断. 属第一类间断点.

(3) $\lim\limits_{x\to 0}\dfrac{1}{x}=\infty$，即极限不存在，所以 $x=0$ 处函数 $f(x)$ 的间断属第二类间断点.

(4) 由于，$\lim\limits_{x\to 0}\dfrac{\sin x}{x}=1$，而 $f(0)=1$，即 $\lim\limits_{x\to 0}\dfrac{\sin x}{x}=f(0)=1$，于是，函数 $f(x)$ 在 $x=0$ 处连续.

2.5.5 函数在区间连续和连续函数的运算法则

定义 2.10 如果函数 $f(x)$ 在开区间 (a,b) 内任一点都连续，则称函数 $f(x)$ 在 (a,b) 内连续. 如果函数在 (a,b) 内连续，同时有 $\lim\limits_{x\to a^+}f(x)=f(a)$ 和 $\lim\limits_{x\to b^-}f(x)=f(b)$ 成立，则称函数 $f(x)$ 在闭区间 $[a,b]$ 上连续. 或者说函数 $f(x)$ 是闭区间 $[a,b]$ 上的连续函数. 如果函数 $f(x)$ 在它的定义域内是连续的，则简称函数 $f(x)$ 是连续函数. 连续函数的图形是一条连续而不断开的曲线. 可以验证：基本初等函数在其定义域内都是连续的.

由于函数的连续性是以极限作基础的，因此，由极限的运算法则可得到连续函数的运算法则：

(1) 有限个连续函数的代数和在它们共同的定义区间上仍然是连续函数.

(2) 有限个连续函数的乘积在它们共同的定义区间上仍然是连续函数.

(3) 两个连续函数的商在它们共同的定义区间上仍然是连续函数，但使分母为 0 的点除外.

(4) 有限个连续函数复合起来的复合函数仍是连续函数.

证明 法则(1) 设 x_0 是使 $f(x)$ 与 $g(x)$ 都连续的区间 I 内任意一点

$$\lim_{x\to x_0}f(x)=f(x_0);\lim_{x\to x_0}g(x)=g(x_0)$$

据极限运算法则，得

$$\lim_{x\to x_0}[f(x)\pm g(x)]=\lim_{x\to x_0}f(x)\pm\lim_{x\to x_0}g(x)=f(x_0)\pm g(x_0)$$

即函数 $f(x)\pm g(x)$ 在 x_0 处也连续. 由于 x_0 是定义区间 I 内的任意点，所以 $f(x)\pm g(x)$ 在区间 I 上连续. (2)(3) 类似可证明，(4) 略.

2.5.6 初等函数的连续性

根据连续函数的定义和运算法则，可以得到十分重要的结论：一切初等函数在其定义区间内都是连续的. 利用这一结论可以用来计算极限.

例 3 计算 $\lim\limits_{x\to a}\arcsin\log_a x\,(a>0,a\neq 1,x>0)$.

解 由于 $y=\arcsin\log_a x$ 是一个由 $y=\arcsin u$，$u=\log_a x$ 两个基本初等函数复合而成的初等函数，在 $x>0$ 的定义区间内是连续的，故有

$$\lim_{x \to a} \arcsin \log_a x = \arcsin \log_a a = \frac{\pi}{2}$$

2.5.7 闭区间上连续函数的性质

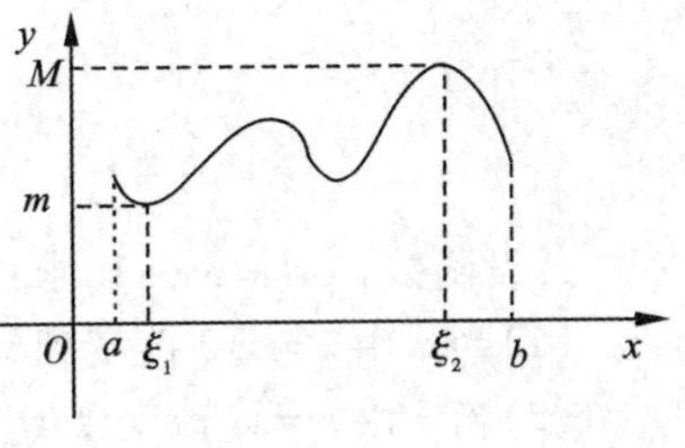

图 2-5

性质 1(最大值和最小值定理) 在闭区间$[a,b]$上连续的函数必有最大值和最小值. 这就是说，如果函数$f(x)$在$[a,b]$上连续，那么在$[a,b]$内至少存在有一点ξ_1，使$[a,b]$上所有的x值都有$f(\xi_1) \leqslant f(x)$，至少存在一点ξ_2，使$[a,b]$上所有的x值都有$f(\xi_2) \geqslant f(x)$，这样的函数值$f(\xi_2)$，$f(\xi_1)$，分别叫做函数在闭区间$[a,b]$上的最大值和最小值，如图 2-5 所示.

注意：若不是闭区间而是开区间，结论不一定正确，如函数$y=x$在开区间(a,b)内既无最大值，也无最小值，因为函数恰在区间端点取最大值$f(b)$和最小值$f(a)$.

性质 2(介值定理) 在闭区间$[a,b]$上连续的函数，必取得介于区间两个端点函数值间的任何值，如图 2-6 所示.

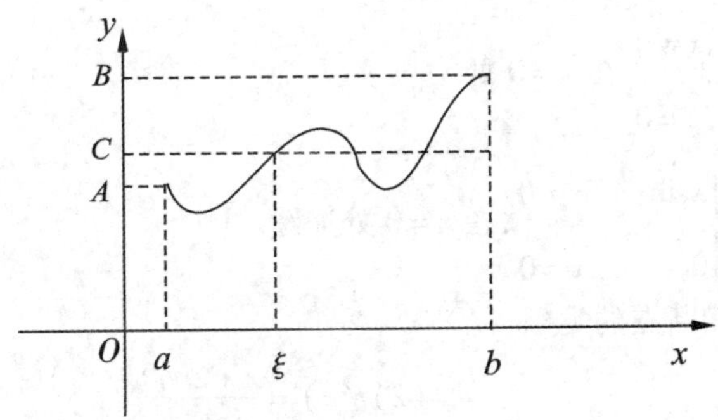

图 2-6

这就是说，如果函数$f(x)$在闭区间$[a,b]$上连续，设$f(a)=A$，$f(b)=B$，而C是介于A和B之间的任何值，那么在开区间(a,b)内至少有一点ξ使此处的函数值$f(\xi)=C$.

由介值定理，可得到下列两个结论：

(1)在闭区间上连续的函数$f(x)$必取得介于最大值和最小值之间的任何值.

(2)在闭区间$[a,b]$上，对于连续的函数$f(x)$，如果在区间的两个端点上的函数值异号，即$f(a)f(b)<0$，$f(x)$必在开区间(a,b)内取得零值，即存在一点ξ使得$f(\xi)=0$.

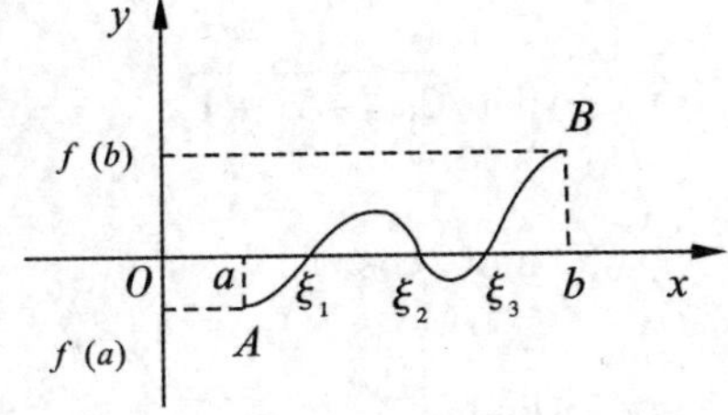

图 2-7

这就是说，如果$f(a)f(b)<0$，函数$f(x)$对应的曲线必与x轴至少有一个交点$\xi_1(a<\xi_1<b)$，使得$f(\xi_1)=0$，如图 2-7 所示.

可以用介值定理来判定某些方程有解和无解的问题.

例 4 判定方程$x^5-3x=1$至少有一根介于 1 和 2 之间.

解 令$f(x)=x^5-3x-1$，它是一个初等函数，在$[1,2]$上连续，又因$f(1)=-3$，$f(2)=25$，$f(1)f(2)<0$，所以，函数$f(x)=x^5-3x-1$在$(1,2)$之间至少有一根ξ，使得$f(\xi)=0$，即$\xi^5-3\xi-1=0(1<\xi<2)$，这就说明方程x^5-3x-1在区间$(1,2)$内至少有一根ξ.

习题 2.5

A 组

1. 设函数$f(x)=3x+1$,求:

(1)当x由$x=1.5$改变到$x=3$时,自变量的增量.

(2)当x由$x=x_0$改变到$x_0+\Delta x$时,函数的增量.

2. 判别下列函数在给定点的连续性.

(1)$f(x)=\begin{cases}1 & ,x>0\\ 0 & ,x=0\\ -1 & ,x<0\end{cases}$ 在$x=0$处.

(2)$f(x)=\begin{cases}x^2+2 & ,x\neq 2\\ 6 & ,x=2\end{cases}$ 在$x=2$处.

(3)$f(x)=\begin{cases}\dfrac{\sin 2x}{x} & ,x\neq 0\\ 2 & ,x=0\end{cases}$ 在$x=0$处.

3. 证明函数$f(x)=\begin{cases}x\sin\dfrac{1}{x} & ,x\neq 0\\ 0 & ,x=0\end{cases}$,在$x=0$处连续.

4. 指出下列函数的间断点的类别.

(1)$f(x)=\dfrac{x+1}{(x-3)^2}$

(2)$f(x)=\dfrac{x+2}{\sin x}$

(3)$f(x)=\dfrac{x+4}{x^2-3x+2}$

5. 利用函数的连续性,求下列极限.

(1)$\lim\limits_{x\to 2}(4x^2-3x+1)$

(2)$\lim\limits_{x\to 1}\dfrac{x^3+1}{x+1}$

(3)$\lim\limits_{x\to 3}\sqrt{2x^2-5x+1}$

(4)$\lim\limits_{x\to\frac{\pi}{4}}(\sin 2x)^2$

(5)$\lim\limits_{x\to\frac{\pi}{4}}(2\cos x)$

(6)$\lim\limits_{x\to 0}\dfrac{e^x+e^{-x}}{2x+1}$

(7)$\lim\limits_{x\to 0}\ln\dfrac{\sin x}{x}$

(8)$\lim\limits_{x\to 0}2^{\ln(x+1)}$

6. 用介值定理证明方程$x^5-3x=1$在区间$(1,3)$内至少有一个实根.

7. 用介值定理证明方程$x^3-4x^2+1=0$在区间$(0,1)$内至少有一个实根.

B 组

1. 指出下列函数的间断点并说明其类型.

(1) $f(x)=(x+8)^0+(1+x)^{\frac{1}{x}}$　　(2) $f(x)=\dfrac{\sin x}{|x|}$

(3) $f(x)=\begin{cases}\dfrac{1}{x+7} & ,-\infty<x<-7\\ x & ,-7\leqslant x\leqslant 1\\ (x-1)\sin\dfrac{1}{x-1} & ,1<x<+\infty\end{cases}$

2. 利用函数的连续性,求下列极限.

(1) $\lim\limits_{x\to 0}\dfrac{\ln(x+1)}{x}$　　(2) $\lim\limits_{x\to 0}\dfrac{e^x\cos x+5}{1+x^2+\ln(1-x)}$

(3) $\lim\limits_{x\to +\infty}\left(\sqrt{x+\sqrt{x+\sqrt{x}}}-\sqrt{x}\right)$　　(4) $\lim\limits_{x\to +\infty}\dfrac{\sqrt{x+\sqrt{x+\sqrt{x}}}}{\sqrt{x+1}}$

第3章 导数与微分

学习要点

在研究变量时,除了研究变量间的依存关系,对应关系及变量的变化趋势外,还要研究变量变化的快慢程度,人口增长的速度,变速运动的瞬时速度等等,这些问题都归结为函数的变化率问题即导数,导数与微分是微分学最重要的概念,因此,在本章中,学习要点和重点内容如下:

(1)理解函数导数的概念;

(2)理解微分的概念;

(3)掌握导数(微分)的计算方法;

(4)掌握导数(微分)的简单应用.

函数导数(微分)的计算方法及其应用.

3.1 导数概念与基本公式

3.1.1 导数概念

引例 3.1 求变速直线运动的瞬时速度.

由物理学知道,若物体作匀速直线运动时,物体在任何时刻的速度,由公式确定

$$速度=\frac{路程}{时间}$$

但是当物体作变速直线运动时,上述公式只能反映物体走完某段路程的平均速度,而未反映出物体在运动中变化的速度情况.要研究这种变化的速度,就得研究物体在运动过程中任一时刻

的速度,即瞬时速度.

设物体作变速直线运动的路程函数为

$$S=S(t)$$

求物体在运动过程中某一时刻 t_0 的瞬时速度 v_0.

分析:在 t_0 到 $t_0+\Delta t$ 的一段微小时间 Δt 内,经过的微小路程为

$$\Delta S=S(t_0+\Delta t)-S(t_0)$$

在微小的时间 Δt 内,物体运动的平均速度可近似为

$$v_0\approx\frac{\Delta S}{\Delta t}=\frac{S(t_0+\Delta t)-S(t_0)}{\Delta t}$$

当时间 $|\Delta t|$ 很小时,平均速度 $\frac{\Delta S}{\Delta t}$ 就越来越接近于瞬时速度 v_0,即

$$v_0=\lim_{\Delta t\to 0}\frac{\Delta S}{\Delta t}=\lim_{\Delta t\to 0}\frac{S(t_0+\Delta t)-S(t_0)}{\Delta t}$$

引例 3.2　求电路中的瞬时电流.

设从 0 到 t 这段时间内通过导线横截面的电量为

$$q=q(t)$$

从物理学知,对于恒定电流而言,电流的大小不随时间变化. 电流可由公式

$$电流=\frac{电量}{时间}$$

来确定,这时电流是一个常量,可知电量不随时间的变化而变化. 但在实践生产中,常常遇到电路中的电流是变动的,如正弦交流电就是非恒定的. 因而要求的电流实际上是瞬时电流. 求瞬时电流的方法在本质上和求变速直线运动的瞬时速度相同.

分析:若时间 t_0 变到 $t_0+\Delta t$,在微小时间内,通过导线横截面的电量为

$$\Delta q=q(t_0+\Delta t)-q(t_0)$$

在 $|\Delta t|$ 很小时,电流变化也很小,于是在 Δt 这段时间内的平均电流为

$$\frac{\Delta q}{\Delta t}=\frac{q(t_0+\Delta t)-q(t_0)}{\Delta t}$$

作为 t_0 时刻电流 i_0 的近似值.

当 $|\Delta t|$ 越来越小时,$\frac{\Delta q}{\Delta t}$ 越接近 i_0,即

$$i_0=\lim_{\Delta t\to 0}\frac{\Delta q}{\Delta t}=\lim_{\Delta t\to 0}\frac{q(t_0+\Delta t)-q(t_0)}{\Delta t}$$

以上两例的实际意义是不相同的,但从解决问题的方法来看,却有相同点:①计算函数的增量;②函数增量与自变量增量之比;③当自变量增量趋于零时的极限,叫做函数的导数. 具体而言,有下列定义:

定义 3.1　设函数 $y=f(x)$ 在点 x_0 及其附近有定义,当自变量 x 在 x_0 处有增量 Δx 时,函数 $f(x)$ 相应地有增量 $\Delta y=f(x_0+\Delta x)-f(x_0)$,两个增量之比为 $\frac{\Delta y}{\Delta x}$,如果当 $\Delta x\to 0$ 时极限

$$\lim_{\Delta x\to 0}\frac{\Delta y}{\Delta x}=\lim_{\Delta x\to 0}\frac{f(x_0+\Delta x)-f(x_0)}{\Delta x}$$

存在,则称此极限为函数 $y=f(x)$ 在 $x=x_0$ 的导数,也称函数 $y=f(x)$ 在 x_0 处可导. 记作

$$y'\Big|_{x=x_0},f'(x_0),\frac{\mathrm{d}y}{\mathrm{d}x}\Big|_{x=x_0}\text{或}\frac{\mathrm{d}f(x)}{\mathrm{d}x}\Big|_{x=x_0}$$

一般说来,如果函数 $y=f(x)$ 在区间 (a,b) 内的每一点可导,则称 $f(x)$ 在区间 (a,b) 上可导. 这时,对于区间的每一点必有一个导数,因此在区间 (a,b) 中确定了一个新函数,称为 $f(x)$ 的导函数,记作

$$y',f'(x),\frac{\mathrm{d}y}{\mathrm{d}x}\text{或}\frac{\mathrm{d}f(x)}{\mathrm{d}x}.$$

为了不发生混淆,本书把导函数统称为导数.

3.1.2 基本初等函数的导数

导数定义说明了什么是函数的导数,同时也提供了求一个函数的导数的步骤和方法. 下面通过求基本初等函数的导数,进一步来了解导数的含义及求导方法.

1. 常量的导数

若 $y=C$(C 是常数),

(1)函数的增量. 由于当自变量从 x 变到 $x+\Delta x$ 时,$f(x)=C$ 都不改变,故函数增量

$$\Delta y=0$$

(2)平均变化率为

$$\frac{\Delta y}{\Delta x}=0$$

(3)极限为

$$y'=\lim_{\Delta x\to 0}\frac{\Delta y}{\Delta x}=0$$

即

$$C'=0$$

2. 幂函数的导数

若 $y=x^3$,

(1)函数的增量. 因为当自变量从 x 变到 $x+\Delta x$ 时,函数增量

$$\begin{aligned}\Delta y&=(x+\Delta x)^3-x^3\\&=x^3+3x^2\Delta x+3x(\Delta x)^2+(\Delta x)^3-x^3\end{aligned}$$

(2)平均变化率为

$$\frac{\Delta y}{\Delta x}=3x^2+3x\Delta x+(\Delta x)^2$$

(3)极限为

$$y'=\lim_{\Delta x\to 0}\frac{\Delta y}{\Delta x}=3x^2$$

对任意实数 a 仍有

$$(x^a)'=ax^{a-1}$$

例 1 求 $y=\sqrt[3]{x}$ 的导数.

解

$$y'=(\sqrt[3]{x})'=\frac{1}{3\sqrt[3]{x^2}}$$

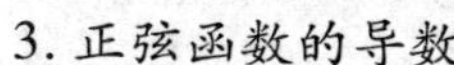

3. 正弦函数的导数

若 $y = \sin x$,

(1)函数的增量. 应用和差化积公式,得

$$\Delta y = \sin(x + \Delta x) - \sin x = 2\cos\left(x + \frac{\Delta x}{2}\right)\sin\frac{\Delta x}{2}$$

(2)平均变化率为

$$\frac{\Delta y}{\Delta x} = \frac{2\cos\left(x + \frac{\Delta x}{2}\right)\sin\frac{\Delta x}{2}}{\Delta x}$$

(3)极限为

$$y' = \lim_{\Delta x \to 0}\frac{2\cos\left(x + \frac{\Delta x}{2}\right)\sin\frac{\Delta x}{2}}{\Delta x}$$

$$= \lim_{\Delta x \to 0}\cos\left(x + \frac{\Delta x}{2}\right)\frac{\sin\frac{\Delta x}{2}}{\frac{\Delta x}{2}}$$

当 $\Delta x \to 0$ 时,$\cos\left(x + \frac{\Delta x}{2}\right) \to \cos x$,$\frac{\sin\frac{\Delta x}{2}}{\frac{\Delta x}{2}} \to 1$

因此
$$y' = \lim_{\Delta x \to 0}\frac{\Delta y}{\Delta x} = \cos x$$

即
$$(\sin x)' = \cos x$$

同理推导,得
$$(\cos x)' = -\sin x$$

三角函数 $\tan x$,$\cot x$ 的导数安排在 3.2 节学习.

4. 指数函数的导数

若 $y = a^x$(其中 $a > 0, a \neq 1$),

(1)函数的增量为

$$\Delta y = a^{x+\Delta x} - a^x = a^x(a^{\Delta x} - 1)$$

(2)平均变化率为

$$\frac{\Delta y}{\Delta x} = a^x\frac{a^{\Delta x} - 1}{\Delta x}$$

(3)极限. 令 $a^{\Delta x} - 1 = t$,则 $\Delta x = \log_a(1 + t)$,于是

$$\frac{a^{\Delta x} - 1}{\Delta x} = \frac{t}{\log_a(1 + t)}$$

当 $\Delta x \to 0$ 时,$t \to 0$,故

$$y' = \lim_{\Delta x \to 0}\frac{\Delta y}{\Delta x} = \lim_{t \to 0}a^x\frac{t}{\log_a(1 + t)}$$

$$= a^x\lim_{t \to 0}\frac{1}{\frac{\log_a(1 + t)}{t}}$$

$$=a^x\lim_{t\to 0}\frac{1}{\log_a(1+t)^{\frac{1}{t}}}=a^x\frac{1}{\log_a e}$$

$$=a^x\frac{1}{\frac{\ln e}{\ln a}}=a^x\ln a$$

即
$$(a^x)'=a^x\ln a$$

特别:若 $a=e$ 时,$(e^x)'=e^x$,以 e 为底的指数函数的导数特别简单,在高等数学中经常使用.

5. 对数函数的导数

若 $y=\log_a x(x>0)$,

(1)函数的增量为

$$\Delta y=\log_a(x+\Delta x)-\log_a x=\log_a\left(1+\frac{\Delta x}{x}\right)$$

(2)平均变化率为

$$\frac{\Delta y}{\Delta x}=\frac{\log_a\left(1+\frac{\Delta x}{x}\right)}{\Delta x}=\log_a\left(1+\frac{\Delta x}{x}\right)^{\frac{1}{\Delta x}}$$

(3)极限为

$$y'=\lim_{\Delta x\to 0}\frac{\Delta y}{\Delta x}=\lim_{\Delta x\to 0}\log_a\left(1+\frac{\Delta x}{x}\right)^{\frac{1}{\Delta x}}$$

$$=\lim_{\Delta x\to 0}\frac{1}{x}\log_a\left(1+\frac{\Delta x}{x}\right)^{\frac{x}{\Delta x}}$$

$$=\frac{1}{x}\lim_{\Delta x\to 0}\log_a\left(1+\frac{\Delta x}{x}\right)^{\frac{x}{\Delta x}}=\frac{1}{x}\log_a e$$

即
$$(\log_a x)'=\frac{1}{x}\log_a e$$

特别:$a=e$,$(\ln x)'=\frac{1}{x}(x>0)$.

例 2 若函数 $f(x)=x^3$,求 $f'(x)$,$f'(0)$,$f'(2)$.

解 由幂函数求导公式,得

$$f'(x)=3x^2$$
$$f'(0)=3x^2\Big|_{x=0}=0$$
$$f'(2)=3x^2\Big|_{x=2}=12$$

例 3 若函数 $f(x)=10^x$,求 $f'(x)$,$f'(0)$,$f'(10)$.

解 由指数函数求导公式,得

$$f'(x)=10^x\ln 10$$
$$f'(0)=\ln 10$$
$$f'(10)=10^{10}\ln 10$$

例 4 若函数 $f(x)=\ln x$,求 $f'(e)$,$f'(2e)$.

解 由对数函数求导公式,得

$$f'(\mathrm{e})=\frac{1}{x}\bigg|_{x=\mathrm{e}}=\frac{1}{\mathrm{e}}$$

$$f'(2\mathrm{e})=\frac{1}{x}\bigg|_{x=2\mathrm{e}}=\frac{1}{2\mathrm{e}}$$

6. 导数的几何意义

若设函数 $y=f(x)$ 在直角坐标系中是一条曲线(图 3-1),所以由函数的导数定义得知,在 x 处的导数是

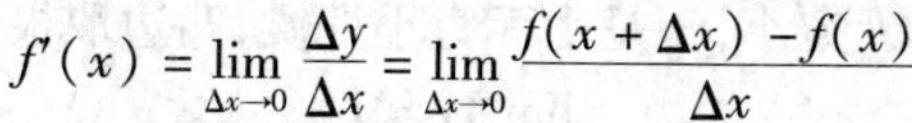

$$f'(x)=\lim_{\Delta x\to 0}\frac{\Delta y}{\Delta x}=\lim_{\Delta x\to 0}\frac{f(x+\Delta x)-f(x)}{\Delta x}$$

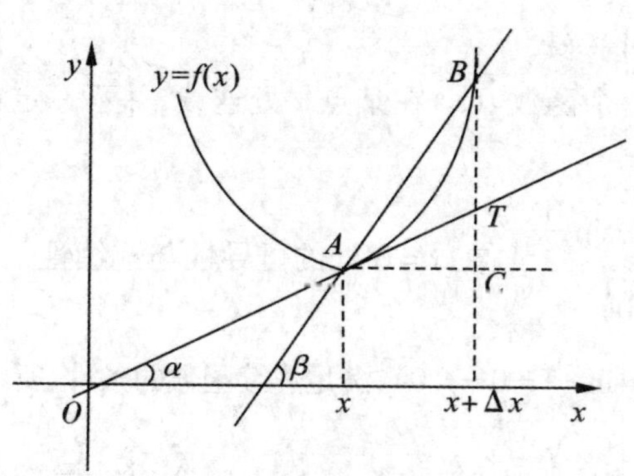

图 3-1

分析:

(1) Δy 是点 $A[x,f(x)]$ 和点 $B[x+\Delta x,f(x+\Delta x)]$ 纵坐标之差. 用线段 BC 表示. Δx 是点 A 和点 B 横坐标之差,用线段 AC 表示.

(2) $\frac{\Delta y}{\Delta x}$ 是 $\triangle ABC$ 的角 $\angle BAC=\beta$ 的正切,即

$$\tan\beta=\frac{BC}{AC}=\frac{\Delta y}{\Delta x}$$

(3) $y'=\lim\limits_{\Delta x\to 0}\frac{\Delta y}{\Delta x}$,实际上就是当 $\beta\to\alpha$ 时,割线 AB 与 A 点处的切线 AT 重合,即有 $\tan\beta\to\tan\alpha$,所以,函数 $y=f(x)$ 在 x 处的导数,就是函数所对应的曲线在对应点 $A(x,y)$ 处切线的斜率.

例 5 求曲线 $y=x^2$ 在点(4,2)的切线方程.

解 由于 $y'=(x^2)'=2x$,所以斜率 $k=y'\big|_{x=4}=8$,过点(4,2)的切线方程为

$$y-2=8(x-4),$$

即

$$y=8x-30$$

7. 函数的导数与连续的关系

定理 3.1 如果函数 $y=f(x)$ 在某一点 x 处可导,则函数在 x 处必定连续.

证明 事实上,由函数可导的定义有

$$\lim_{\Delta x\to 0}\frac{\Delta y}{\Delta x}=f'(x)$$

又由第 2 章定理 2.4 可知

$$\lim_{\Delta x\to 0}\frac{\Delta y}{\Delta x}=f'(x)$$

得
$$\frac{\Delta y}{\Delta x}=f'(x)+a_1(x)$$

等式两边同乘 Δx,得

$$\Delta y=f'(x)\Delta x+a_1(x)(\Delta x)=f'(x)\Delta x+a(x)$$

其中 $a(x)=a_1(x)\Delta x$ 是无穷小,于是由无穷小性质,两边取极限,得

$$\lim_{\Delta x\to 0}\Delta y=0$$

这就证明了 $f(x)$ 在 x 处连续.

定理 3.1 的逆定理 一个函数 $f(x)$ 在某点 x 处连续,并不一定在该点可导.

举一反例,加以说明.

例 6 若函数 $f(x)=\begin{cases}x\sin\dfrac{1}{x},\\0,\end{cases}$,在 $x=0$ 处的可导性与连续性.

解 因为 $\lim\limits_{x\to 0}f(x)=\lim\limits_{x\to 0}x\sin\dfrac{1}{x}=0=f(0)$,满足连续函数的条件,所以 $f(x)$ 在 $x=0$ 处连续. 但是

$$\lim_{\Delta x\to 0}\frac{\Delta y}{\Delta x}=\lim_{\Delta x\to 0}\frac{f(0+\Delta x)-f(0)}{\Delta x}=\lim_{\Delta x\to 0}\frac{\Delta x\sin\dfrac{1}{\Delta x}}{\Delta x}=\lim_{\Delta x\to 0}\sin\frac{1}{\Delta x}$$

不存在. 所以 $f(x)$ 在 $x=0$ 处不可导.

习题 3.1

A 组

1. 设 $y=x^8$,求 $y',y'|_{x=0},y'|_{x=1}$.
2. 用导数定义求 $y=\sqrt{x}$ 的导数,并利用其导数计算 $y'|_{x=4}$ 和 $y'|_{x=16}$.
3. 求曲线 $y=\dfrac{1}{x}$ 在点 $\left(\dfrac{1}{2},2\right)$ 的切线斜率,并写出切线方程和法线方程.
4. 问曲线 $y=x^{\frac{3}{2}}$ 上哪一点处切线与直线 $y=3x-1$ 平行?
5. 讨论函数 $f(x)=2|x|$ 在 $x=0$ 处的连续性和可导性.

B 组

求下列函数的导数.

(1) $f(x)=10^x$,求 $f'(x),f'(-2),f'(0)$.

(2) $y=x^5,y=\sqrt[4]{x^3},y=x^{0.7},y=\dfrac{1}{x},y=x^a\cdot x^b$ 分别求 y'.

(3) $y=\lg x,y=\log_5 x$,分别求 y'.

(4) $y=2^x,y=10^{-x},y=a^x\cdot e^x$,分别求 y'.

3.2 导数的运算——函数的和、差、积、商的导数

应用导数的定义，得到了基本初等函数的导数，但是仅仅根据定义来计算函数的导数还远远不够，因为一旦函数的解析式比较复杂时，直接使用定义来计算函数的导数就显得相当麻烦了. 因此，在本节中将继续来探求函数导数的计算方法.

若函数 $u=u(x)$ 与 $v=v(x)$ 都在 x 处可导，有下列和、差、积、商的导数法则.

法则 1
$$(u\pm v)'=u'\pm v'$$

例 1　求 $y=e^x+\cos x+4$ 的导数.

解
$$y'=(e^x+\cos x+4)'=(e^x)'+(\cos x)'+(4)'=e^x-\sin x$$

法则 2
$$(uv)'=u'v+uv'$$

特别
$$u=C\text{ 时},(Cv)'=Cv'$$

例 2　设 $y=x^3\sin x$，求 y'.

解
$$y'=(x^3\sin x)'=(x^3)'\sin x+x^3(\sin x)'=3x^2\sin x+x^3\cos x$$

例 3　设 $y=5a^x$，求 y'.

解
$$y'=5(a^x)'=5a^x\ln a$$

法则 3
$$\left(\frac{u}{v}\right)'=\frac{u'v-uv'}{v^2}(v\neq 0)$$

法则 1 和 2，请同学们自己证明，现仅仅证明法则 3.

证明　令 $y=\dfrac{u(x)}{v(x)}$

(1) 增量为
$$\Delta y=\frac{u(x+\Delta x)}{v(x+\Delta x)}-\frac{u(x)}{v(x)}$$

(2) 平均变化率为
$$\frac{\Delta y}{\Delta x}=\frac{\dfrac{u(x+\Delta x)-u(x)}{\Delta x}v(x)-u(x)\dfrac{v(x+\Delta x)-v(x)}{\Delta x}}{v(x+\Delta x)v(x)}$$

(3) 极限为
$$y'=\lim_{\Delta x\to 0}\frac{\Delta y}{\Delta x}=\lim_{\Delta x\to 0}\frac{\dfrac{u(x+\Delta x)-u(x)}{\Delta x}v(x)-u(x)\dfrac{v(x+\Delta x)-v(x)}{\Delta x}}{v(x+\Delta x)v(x)}$$
$$=\frac{u'(x)v(x)-u(x)v'(x)}{v^2(x)}$$

例 4　设 $y=\dfrac{x-1}{x+1}$，求 y'.

解
$$y'=\frac{(x-1)'(x+1)-(x-1)(x+1)'}{(x+1)^2}=\frac{2}{(x+1)^2}$$

现在应用以上法则来求正切函数、余切函数、正割函数和余割函数的导数，即
$$(\tan x)'=\left(\frac{\sin x}{\cos x}\right)'=\frac{(\sin x)'\cos x-\sin x(\cos x)'}{\cos^2 x}$$

$$=\frac{\cos^2x+\sin^2x}{\cos^2x}=\frac{1}{\cos^2x}=\sec^2x$$

同理可得

$$(\cot x)'=-\csc^2x$$
$$(\sec x)'=\sec x\tan x$$
$$(\csc x)'=-\csc x\cot x$$

例 5 求 $y=5\sqrt{x}+3\sec x$ 的导数.

解

$$\begin{aligned} y'&=(5\sqrt{x})'+(3\sec x)' \\ &=5(\sqrt{x})'+3(\sec x)' \\ &=\frac{5}{2\sqrt{x}}+3\sec x\tan x \end{aligned}$$

习题 3.2

A 组

1. 用函数商的求导法则,分别推出余切 $\cot x$、正割 $\sec x$ 和余割 $\csc x$ 的导数.

2. 计算下列函数导数.

(1) $y=x^2\cos x$　　(2) $y=x\tan x-2\sec x$

(3) $y=\frac{\sin x}{x^2}$　　(4) $y=\frac{1+\sin x}{1+\cos x}$

3. 求下列函数在给定点处的导数值.

(1) $y=\sin x\cos x$,求 $y'|_{x=\frac{\pi}{4}}$.

(2) 若 $f(t)=\frac{1-\sqrt{t}}{1+\sqrt{t}}$,求 $f'(4)$.

B 组

求下列函数的导数.

(1) $y=\frac{\cot x}{1+\sqrt{x}}$

(2) $y=\frac{1}{1+x+x^2}$

(3) $y=\frac{1}{1+\sqrt{x}}-\frac{1}{1-\sqrt{x}}$

(4) $y=\frac{x\sin x}{1+\tan x}$

3.3　复合函数的导数

用函数和、差、积、商的求导法则，已经解决了一些较复杂的初等函数的导数. 但是对复合函数的导数问题仍未解决，需进一步研究.

先来看一个例子：$y=\sin 2x$ 是由 $y=\sin u$，$u=2x$ 复合而成的复合函数. 现在来求它的导数. 一方面，由于 $(\sin u)'=\cos u=\cos 2x$；另一方面，由于 $y=\sin 2x=2\sin x\cos x$，由乘积导数法则可得

$$y'=2(\sin x\cos x)'=2(\cos^2 x-\sin^2 x)=2\cos 2x$$

这就是说 $(\sin 2x)'\neq\cos 2x$，而是 $(\sin 2x)'=2\cos 2x$. 由此，可引出复合函数的导数法则.

定理 3.2　设 $y=f(u)$ 在点 u 处可导，$u=g(x)$ 在点 x 处可导，则复合函数 $y=f[g(x)]$ 在 x 处可导，并且

$$\frac{dy}{dx}=\frac{dy}{du}\cdot\frac{du}{dx} \text{或} y'_x=y'_u\cdot u'_x$$

例 1　求 $y=\sin^2 x$ 的导数.

解　把 $y=\sin^2 x$ 看作是由 $y=u^2$，$u=\sin x$ 复合而成的，于是

$$y'_u=2u, u'_x=\cos x$$

因此

$$y'_x=y'_u\cdot u'_x=2u\cos x=2\sin x\cos x=\sin 2x$$

例 2　求 $y=(3x+8)^3$ 的导数.

解　把 $y=(3x+8)^3$ 看成是 $y=u^3$，$u=3x+8$ 复合而成的，于是

$$y'_u=3u^2, u'_x=3$$

因此

$$y'_x=y'_u u'_x=9u^2=9(3x+8)^2$$

熟练后，中间变量 u 不必写出，默想于心中，直接算出结果.

例 3　求 $y=e^{\sin 2x}$ 的导数.

解

$$\begin{aligned} y'&=e^{\sin 2x}\cdot(\sin 2x)' \\ &=e^{\sin 2x}\cos 2x(2x)'=2e^{\sin 2x}\cos 2x \end{aligned}$$

例 4　求 $y=\cos\sqrt{x^2+1}$ 的导数.

解

$$\begin{aligned} y'&=-\sin\sqrt{x^2+1}\cdot(\sqrt{x^2+1})' \\ &=-\sin\sqrt{x^2+1}\cdot\frac{1}{2\sqrt{x^2+1}}(x^2+1)' \\ &=-\sin\sqrt{x^2+1}\cdot\frac{2x}{2\sqrt{x^2+1}} \\ &=-\frac{x}{\sqrt{x^2+1}}\sin\sqrt{x^2+1} \end{aligned}$$

有时还会遇到更加复杂的初等函数求导问题，此时要会综合运用求导法则，来解决问题.

例 5　求 $y=e^{-x^2}\sin 3x$.

解
$$y' = (e^{-x^2})'\sin 3x + e^{-x^2}(\sin 3x)'$$
$$= -2xe^{-x^2}\sin 3x + 3e^{-x^2}\cos 3x$$

习题 3.3

A 组

求下列复合函数的导数.

(1) $y = 2^{x^2+1}$　　(2) $y = \sin(x^2+1)$

(3) $y = \sin^2 x$　　(4) $y = \sin x^2$

(5) $y = (3x+1)^4$　　(6) $y = (x^2+x+2)^{3/2}$

(7) $y = \tan\dfrac{1}{x}$　　(8) $y = \cot\sqrt{x}$

(9) $y = \ln\tan x$　　(10) $y = \sqrt{\sin\dfrac{x}{2}}$

(11) $y = \sin 3x + \cos\dfrac{x}{3} + \tan x^3$　　(12) $y = \dfrac{1}{\sqrt{x^2-4}}$

(13) $y = e^{\sqrt{x}}$　　(14) $y = x^2 + \ln\sin^2 x$

B 组

求下列复合函数的导数.

(1) $y = \dfrac{x^2}{(x+1)^2}$　　(2) $y = e^{-3x}\cos 5x$

(3) $y = \ln(x^2\sqrt{1+x^2})$　　(4) $y = \ln[\ln(\ln x)]$

(5) $y = \dfrac{\sqrt{1+x}-\sqrt{1-x}}{\sqrt{1+x}+\sqrt{1-x}}$　　(6) $y = (x+\sin^2 x)^4$

3.4　反函数与隐函数的求导法则

3.4.1　反函数的求导法则

关于反函数求导,有下列定理:

定理 3.3　如果单调连续函数 $x = \varphi(y)$ 在 y 处可导,并且 $\varphi'(y) \neq 0$,则它的反函数 $y = f(x)$ 在对应点 x 处可导,并且有

$$f'(x) = \frac{1}{\varphi'(y)} \text{或} \frac{dy}{dx} = \frac{1}{\frac{dx}{dy}}$$

此定理说明:互为反函数的两个函数的导数互为倒数.

作为公式来应用,现在来计算下列反三角函数的导数.

若 $y=\arcsin x(-1<x<1)$，求 y'.

由于 $y=\arcsin x$ 的反函数是

$$x=\sin y\left(-\frac{\pi}{2}<y<\frac{\pi}{2}\right)$$

$$(\sin y)'=\cos y>0$$

由于

$$\cos y=\sqrt{1-\sin^2 y}=\sqrt{1-x^2}$$

由公式，得

$$(\arcsin x)'=\frac{1}{(\sin y)'}=\frac{1}{\cos y}=\frac{1}{\sqrt{1-x^2}}(-1<x<1)$$

即

$$(\arcsin x)'=\frac{1}{\sqrt{1-x^2}}$$

同理推导可得：

$$(\arccos x)'=-\frac{1}{\sqrt{1-x^2}}$$

$$(\arctan x)'=\frac{1}{1+x^2}$$

$$(\operatorname{arccot} x)'=-\frac{1}{1+x^2}$$

以上4个反三角函数的导数可作为公式使用.

例1　若 $y=e^{\arcsin\sqrt{x}}$，求 y'.

解

$$y'=e^{\arcsin\sqrt{x}}(\arcsin\sqrt{x})'=e^{\arcsin\sqrt{x}}\frac{1}{\sqrt{1-x}}(\sqrt{x})'$$

$$=e^{\arcsin\sqrt{x}}\frac{1}{\sqrt{1-x}}\cdot\frac{1}{2\sqrt{x}}=\frac{1}{2}e^{\arcsin\sqrt{x}}\frac{1}{\sqrt{x-x^2}}$$

3.4.2　隐函数的求导法则

前面我们已经提及，如果一个函数的因变量 y 和自变量 x 之间的对应法则是由方程 $F(x,y)=0$来确定的，我们就称这个函数为由方程 $F(x,y)=0$ 确定的隐函数.

隐函数的求导方法分两步：(1)对方程两边分别求导；(2)从方程里解出 y'即可.

例2　设隐函数方程是 $4x+5y-1=0$，求 y'.

解　方程两边对 x 求导得

$$4+5y'=0$$

由方程解出 y'

$$y'=-\frac{4}{5}$$

例3　设隐函数方程是 $x^2+y^2-1=0$，求 y'.

解　方程两边对 x 求导得

$$2x+2yy'=0$$

由方程解出 y'

$$y' = -\frac{x}{y}$$

例 4 设隐函数的方程是 $y = e^{x+y^2}$,求 y'.

解 方程两边对 x 求导得

$$y' = e^{x+y^2}(1 + 2yy') = e^{x+y^2} + 2yy'e^{x+y^2}$$

解出 y'

$$y' = \frac{e^{x+y^2}}{1 - 2ye^{x+y^2}}$$

例 5 求 $y = x^{\sin x}$ 的导数($x > 0$).

解 两端取对数,得

$$\ln y = \sin x \ln x$$

可视之为一个隐函数,两端对 x 求导,得

$$\frac{1}{y}y' = \cos x \ln x + \frac{\sin x}{x}$$

$$y' = y\left(\cos x \ln x + \frac{\sin x}{x}\right) = x^{\sin x}\left(\cos x \ln x + \frac{\sin x}{x}\right)$$

习 题 3.4

A 组

1. 求下列函数的导数.

(1) $y = \arcsin\sqrt{1-x}$ (2) $y = \dfrac{\arccos\sqrt{x}}{\sqrt{1-x^2}}$

(3) $y = \arctan\sqrt{1-t}$ (4) $y = \arctan\sqrt{x} + \text{arccot}\sqrt{x}$

2. 求由下列方程所确定的隐函数 y 的导数 y'.

(1) $y = 1 + xe^y$ (2) $e^y = \sin(x+y)$

(3) $y = 1 + x\sin y$ (4) $x\cot y = \cos(xy)$

(5) $x^3 + y^3 - 3axy = 0$

3. 用先取对数然后求导的方法,求下列函数的导数.

(1) $y = (1+x)^{2x}$ (2) $y = \tan x^{\sin x}$

(3) $y = (2x)^{\cos x}$ (4) $y = (\ln x)^x$

B 组

1. 求下列函数的导数.

(1) $y = \sqrt[3]{\dfrac{(x-1)(x-2)}{(x-3)(x-4)}}$ (2) $y = \dfrac{(2x+1)^4\sqrt{x-2}}{\sqrt{x+1}}$

2. 利用对数求导法,证明:$(x^{\alpha})'=\alpha x^{\alpha-1}$($\alpha$ 为任意常数).

3.5　求导公式与高阶导数

3.5.1　初等函数的求导问题

在本章中,从导数概念开始,依次按照求导法则求出全部基本初等函数的导数,这些函数的导数公式如表3－1所示.

表3－1

函数 y	导数 y'	函数 y	导数 y'	函数 y	导数 y'
x^a	ax^{a-1}	$\sin x$	$\cos x$	$\csc x$	$-\cot x\csc x$
a^x	$a^x\ln a$	$\cos x$	$-\sin x$	$\arcsin x$	$\frac{1}{\sqrt{1-x^2}}$
e^x	e^x	$\tan x$	$\sec^2 x$	$\arccos x$	$-\frac{1}{\sqrt{1-x^2}}$
$\log_a x$	$\frac{1}{x\ln a}$	$\cot x$	$-\csc^2 x$	$\arctan x$	$\frac{1}{1+x^2}$
$\ln x$	$\frac{1}{x}$	$\sec x$	$\sec x\tan x$	$\text{arccot}\, x$	$-\frac{1}{1+x^2}$

此外,还有如下导数的运算法则

$$(u\pm v)'=u'\pm v',(uv)'=u'v+uv'$$

$$\left(\frac{u}{v}\right)'=\frac{u'v-uv'}{v^2}(v\neq 0)$$

如果 $y=f(u),u=\varphi(x)$,则

$$\frac{dy}{dx}=\frac{dy}{du}\cdot\frac{du}{dx}\text{或 } y'_x=y'_u u'_x$$

如果 $y=f(x)$ 是 $x=\varphi(y)$ 的反函数,则

$$\frac{dy}{dx}=\frac{1}{\frac{dx}{dy}}\left(\frac{dx}{dy}\neq 0\right)$$

这样一来,基本初等函数的导数、复合函数的导数以及这些函数经过有限次运算所得初等函数的导数,我们总可以根据导数运算法则进行求导. 因此,我们可以得出,一切初等函数的求导问题均已解决,并且其导数仍为初等函数. 上述公式,望同学们熟记,以便计算导数时使用.

3.5.2　高阶导数

一般地,函数 $y=f(x)$ 的导数 $y'=f'(x)$ 的导数,叫做 $y=f(x)$ 的二阶导数,记作 y'',$f''(x)$,$\frac{d^2y}{dx^2}$或$\frac{d^2f(x)}{dx^2}$.

二阶导数的力学意义就是加速度,计算方法是重复求导. 一般 $f(x)$ 的 n 阶导数,记作 $y^{(n)}$,

$f^{(n)}(x)$，$\frac{d^n y}{dx^n}$或$\frac{d^n f(x)}{dx^n}$.

例1 若 $y=x^2+x+1$，求 y''.

解

$$y'=2x+1,y''=(2x+1)'=2$$

一般要求同学们掌握函数二阶导数的求法，至于 n 阶导数的求法，一般来说，求 n 阶导数只须求出二阶和三阶，然后总结规律可得出 n 阶导数的表达式.

例2 若 $y=a^x$，求 $y^{(n)}$.

解

$$y'=a^x\ln a$$

$$y''=(a^x\ln a)'=a^x(\ln a)^2$$

$$y'''=(y'')'=[a^x(\ln a)^2]'=a^x(\ln a)^3$$

$$\cdots$$

找规律得

$$y^{(n)}=a^x(\ln a)^n$$

作为练习，请同学们判别下面各例使用了哪些法则和基本公式.

例3 若 $y=\ln\tan x$，求 y'.

解

$$y'=\frac{1}{\tan x}(\tan x)'=\frac{\sec^2 x}{\tan x}=\frac{\cos x}{\cos^2 x\sin x}=\sec x\csc x$$

例4 若 $y=\arcsin(2-x^2)$，求 y'.

解

$$y'=-\frac{2x}{\sqrt{1-(2-x^2)^2}}=-\frac{2x}{\sqrt{4x^2-x^4-3}}$$

例5 $y=e^{\sin^2\frac{1}{x}}$，求 y'.

解

$$y'=e^{\sin^2\frac{1}{x}}\cdot 2\sin\frac{1}{x}\cdot\cos\frac{1}{x}\cdot\left(-\frac{1}{x^2}\right)=\frac{-1}{x^2}\sin\frac{2}{x}e^{\sin^2\frac{1}{x}}$$

例6 $y=\ln(1+x+\sqrt{2x+x^2})$，求 y'.

解

$$\begin{aligned}y'&=\frac{1}{1+x+\sqrt{2x+x^2}}(1+x+\sqrt{2x+x^2})'\\&=\frac{1}{1+x+\sqrt{2x+x^2}}\left[1+\frac{(2x+x^2)'}{2\sqrt{2x+x^2}}\right]\\&=\frac{1}{1+x+\sqrt{2x+x^2}}\left[1+\frac{2+2x}{2\sqrt{2x+x^2}}\right]\\&=\frac{1}{1+x+\sqrt{2x+x^2}}\left[\frac{1+x+\sqrt{2x+x^2}}{\sqrt{2x+x^2}}\right]\\&=\frac{1}{\sqrt{2x+x^2}}\end{aligned}$$

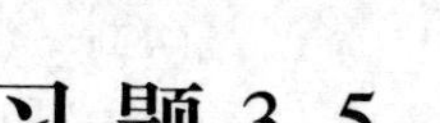

习题3.5

A组

1. 设函数$f(x)=ax^2+bx+c$,其中a,b,c为常数,求$f'(x)$,$f'(0)$,$f'\left(\frac{1}{2}\right)$,$f'\left(-\frac{b}{2a}\right)$.

2. 计算下列函数的导数.

(1)$y=\sqrt{x\sqrt{x}}$　　(2)$y=\frac{1}{x^4}$

(3)$y=\lg x$　　(4)$y=10^{10x}$

(5)$y=(2e)^x$　　(6)$y=x^x$

3. 计算下列函数的导数.

(1)$y=3x^2-x+3$　　(2)$y=3\sqrt{x}-\frac{1}{x}+5\sqrt{3}$

(3)$y=\frac{1-x}{\sqrt{x}}$　　(4)$y=x^2(x^2-1)$

(5)$y=(x-a)(x-b)(x-c)$　　(6)$y=x^n\ln x$

(7)$y=\frac{8x}{1+x^2}$　　(8)$y=\frac{x^3}{3}+\frac{3}{x^3}$

4. 计算下列函数的导数.

(1)$y=(1+x)(1+x^2)^2$　　(2)$y=\frac{(x+1)^2}{x+2}$

(3)$y=\log_a(1+x^4)$　　(4)$y=\ln\frac{1+\sqrt{x}}{1-\sqrt{x}}$

(5)$y=\ln\tan\frac{x}{2}$　　(6)$y=\ln(x+\sqrt{x^2-a^2})$

(7)$y=e^{\arccos x}$　　(8)$y=\frac{\arcsin x}{\sqrt{1-x^2}}$

(9)$y=(\arctan\frac{x}{2})^2$　　(10)$y=x\sqrt{1-x^2}+\arcsin x$

5. 求下列方程所确定的隐函数y的导数y'.

(1)$x^2+y^2-2xy=8$　　(2)$y^2-4axy+b=0$

(3)$y=x^2+\ln y$　　(4)$e^{x+y}=y^2$

6. 用取对数的方法,求下列函数的导数.

(1)$y=x^2\sqrt{\frac{x-1}{x+1}}$　　(2)$y=\sqrt[3]{\frac{3-x}{3+x}}$

(3)$y=(6x)^{6x}$　　(4)$y=(x^2-a_1)^2(x^2-a_2)^2$

7. 求下列各函数的二阶导数.

(1)$y=3x^2+\ln x$　　(2)$y=x^4-3x^2+1$

(3) $y=(\ln x)^2$ (4) $y=(1+x^2)\arctan x$

B 组

1. 求下列各函数的 n 阶导数.

(1) $y=\cos x$ (2) $y=\ln(1+x)$

2. 验证:$y=e^x\sin x$ 满足关系式 $y''-2y'+2y=0$.

3. 求圆:$x^2+y^2=R^2$ 在点 $M(x_0,y_0)$ 处的切线方程.

4. 在曲线 $y=\dfrac{1}{1+x^2}$ 上求一点,使通过该点的切线平行于 x 轴.

3.6 函数的微分和计算

引例 3.3 若以 S 表示边长为 x 的正方形面积(图 3-2),那么

$$S=x^2\ (x>0)$$

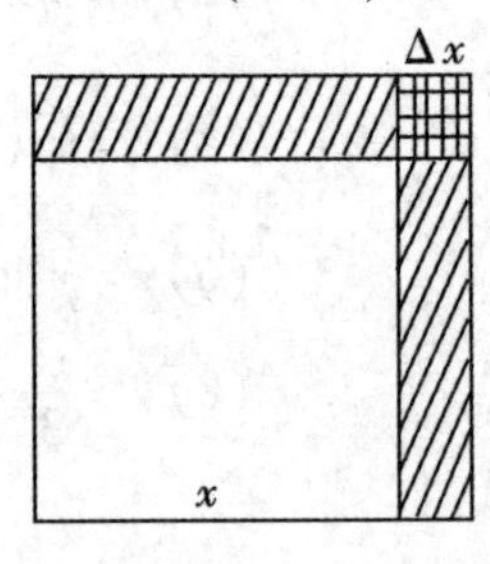

图 3-2

问:当边长由 x 增加到 $x+\Delta x$ 时,正方形面积 S 所增加的增量 ΔS 等于多少? 根据 2.5 的知识,面积 S 的增量

$$\Delta S=(x+\Delta x)^2-x^2=2x\Delta x+(\Delta x)^2$$

ΔS 由两部分组成:第一部分是 $2x\Delta x$,即图中斜线的两个长方形面积之和;第二部分 $(\Delta x)^2$,在图中带有交差斜线的小正方形面积,当 $\Delta x\to 0$ 时,它是比 Δx 高阶的无穷小.

注:设 α,β 是无穷小,如果 $\lim\dfrac{\beta}{\alpha}=0$ 称 β 是此 α 的高阶无穷小. 例如,$x\to 0$ 时,x^2 和 x 均是无穷小,由于 $\lim\limits_{x\to 0}\dfrac{x^2}{x}=0$,因此 x^2 是此 x 的高阶无穷小.

因此,当 $|\Delta x|$ 很小时,第一部分 $2x\Delta x$ 近似地等于 ΔS. 而第二部分可以忽略不计,就是说差 $\Delta S-2x\Delta x$ 是 Δx 高阶的无穷小. 我们就把 $2x\Delta x$ 称为正方形面积 S 的微分. 记作

$$dS=2x\Delta x$$

3.6.1 微分的概念与几何意义

1. 微分的概念

若函数 $y=f(x)$ 在 x 处可导，根据导数定义有

$$\lim_{\Delta x\to 0}\frac{\Delta y}{\Delta x}=f'(x)$$

由第2章定理2.4知 $\frac{\Delta y}{\Delta x}=f'(x)+\alpha(x)$，其中 $\alpha(x)$ 是 $\Delta x\to 0$ 的无穷小. 则有

$$\Delta y=f'(x)\Delta x+\alpha(x)\Delta x$$

其中 $f'(x)\Delta x$ 是 Δx 的线性函数，$\alpha(x)\Delta x$ 是当 $\Delta x\to 0$ 时比 Δx 高阶的无穷小. 因此，当 Δx 很小时，$f'(x)\Delta x$ 为 Δy 的线性主部，并称之为函数的微分. 我们引入下列定义：

定义 3.2 函数 $y=f(x)$ 在 x 处的导数 $f'(x)$ 与自变量的增量 Δx 的乘积 $f'(x)\Delta x$ 称作函数 $y=f(x)$ 在 x 处的微分，记作 $\mathrm{d}y$ 或 $\mathrm{d}f(x)$.

又因为当 $y=x$ 时，$\mathrm{d}y=\mathrm{d}x$，得 $\mathrm{d}x=\Delta x$，

于是，函数的微分是

$$\mathrm{d}y=f'(x)\mathrm{d}x$$

从而

$$\frac{\mathrm{d}y}{\mathrm{d}x}=f'(x)$$

由此可见，函数的导数等于函数的微分与自变量的微分之商. 由此我们将导数也称作微商. 虽然，函数的导数和函数的微分关系十分密切，但微分与导数又有本质的区别. 导数 $f'(x)$ 是函数 $f(x)$ 在点 x 处的变化率，它反映函数在点 x 处的变化程度；微分 $f'(x)\mathrm{d}x$ 是当自变量由 x 变到 $x+\Delta x$ 时，函数改变量 Δy 的近似值. 由于函数的导数和微分联系紧密，我们常把函数的导数运算、微分运算统称为函数的微分法.

2. 微分的几何意义

如图3-3所示，若过曲线 $y=f(x)$ 的一点 $M(x,y)$ 作切线 MT，根据导数概念 $\tan\alpha=f'(x)$，当自变量 x 有增量 Δx 时，$MP=\Delta x$，$NP=\Delta y$，$PT=MP\cdot\tan\alpha=f'(x)\Delta x=\mathrm{d}y$. 因此，函数的微分 $\mathrm{d}y$ 就是过点 M 处切线纵坐标的增量 PT，当 $|\Delta x|$ 很小时，Δy 与 $\mathrm{d}y$ 之差是关于 Δx 的高阶无穷小.

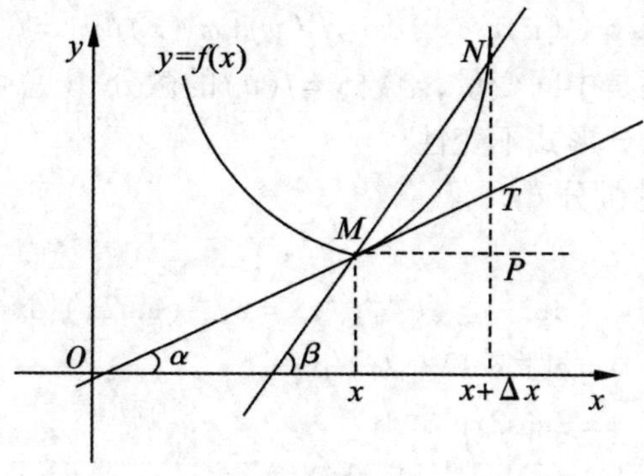

图3-3

3.6.2 微分的计算

从微分的概念中知，要求函数的微分，只需用 dx 乘以函数的导数 $f'(x)$，这样一来我们立即从导数公式推导出微分公式.

1. 微分基本公式

$d(x^\alpha)=\alpha x^{\alpha-1}dx$

$d(a^x)=a^x\ln a dx$

$d(e^x)=e^x dx$

$d(\log_a x)=\dfrac{dx}{x\ln a}$

$d(\ln x)=\dfrac{dx}{x}$

$d(\sin x)=\cos x dx$

$d(\arcsin x)=\dfrac{dx}{\sqrt{1-x^2}}$

$d(\arctan x)=\dfrac{dx}{1+x^2}$

$d(\cos x)=-\sin x dx$

$d(\tan x)=\sec^2 x dx$

$d(\cot x)=-\csc^2 x dx$

$d(\sec x)=\sec x\tan x dx$

$d(\csc x)=-\csc x\cot x dx$

$d(\arccos x)=-\dfrac{dx}{\sqrt{1-x^2}}$

$d(\text{arccot} x)=-\dfrac{dx}{1+x^2}$

2. 函数和、差、积、商微分公式

$d(u\pm v)=du\pm dv$

$d(uv)=vdu+udv$

$d\left(\dfrac{u}{v}\right)=\dfrac{vdu-udv}{v^2}(v\neq0)$

3. 复合函数微分公式

由微分概念知，当 u 是中间变量时，函数 $y=f(u)$ 的微分是

$$dy=f'(u)du$$

若 u 不是自变量而是 x 的可导函数 $u=\varphi(x)$ 时，以 u 作中间变量的复合函数 $y=f[\varphi(x)]$ 的微分为

$$dy=y'dx=f'(u)\varphi'(x)dx=f'(u)[\varphi'(x)dx]=f'(u)du$$

这样无论 u 是自变量还是中间变量，函数 $y=f(u)$ 的微分 dy 总可以用 $f'(u)$ 乘 du 来表示. 函数微分的这一性质称为微分形式不变性.

例 1 求函数 $y=e^{\sin 2x}$ 的微分 dy.

解 方法一

$$\begin{aligned}dy&=de^{\sin 2x}=(e^{\sin 2x})'dx=e^{\sin 2x}(\sin 2x)'dx\\&=e^{\sin 2x}\cos 2x(2x)'dx\\&=2\cos 2xe^{\sin 2x}dx\end{aligned}$$

方法二 先计算导数 $y'=2\cos 2xe^{\sin 2x}$，后计算微分

$$dy=y'dx=2\cos 2xe^{\sin 2x}dx$$

例 2 求 $y=(a^2-x^2)^2$ 的微分.

解 方法一

$$dy = 2(a^2 - x^2)d(a^2 - x^2) = 2(a^2 - x^2)(-2x)dx = -4x(a^2 - x^2)dx$$

方法二　先计算导数 $y' = 2(a^2 - x^2)(a^2 - x^2)' = -4x(a^2 - x^2)$，后计算微分

$$dy = -4x(a^2 - x^2)dx$$

习 题 3.6

A 组

1. 在下列括号中，填上适当的函数，使等式成立.

(1) $\cos x dx = d(\quad)$　　(2) $\sin x dx = d(\quad)$

(3) $8x dx = d(\quad)$　　(4) $\frac{1}{x}dx = d(\quad)$

(5) $\frac{1}{1+x^2}dx = d(\quad)$　　(6) $\sec^2 x dx = d(\quad)$

(7) $xe^{x^2}dx = d(\quad)$　　(8) $\frac{\ln x}{x}dx = d(\quad)$

2. 求下列函数的微分.

(1) $y = 3x^2 + 4x + 1$　　(2) $y = 2\sqrt{x} - \frac{1}{x}$

(3) $y = \frac{x+1}{x-1}$　　(4) $y = \frac{2}{x^2 - 1}$

B 组

求下列函数的微分.

(1) $y = 3x\cos x + x^2\tan x$　　(2) $y = (\cos 2x)^2 + 1$

(3) $y = \frac{1}{a}\arctan\frac{x}{a}$　　(4) $y = \frac{\ln x}{\sqrt{x}}$

3.7　微分的简单应用

函数 $y = f(x)$ 在 x_0 处的导数 $f'(x_0) \neq 0$ 时，函数的微分 dy 是函数增量 Δy 的（线性）主部，因此，当 $|\Delta x|$ 很小时，忽略高阶无穷小，有下列近似公式：

公式 1

$$\Delta y \approx dy = f'(x)\Delta x \tag{1}$$

公式 2　由于 $\Delta y = f(x_0 + \Delta x) - f(x_0)$ 得

$$f(x_0 + \Delta x) \approx f(x_0) + f'(x_0)\Delta x \tag{2}$$

若令 $x = x_0 + \Delta x$，则 $f(x) = f(x_0) + f'(x_0)(x - x_0)$，可用公式 1 与公式 2 作近似计算.

例 1　一个外直径为 10cm 的小球，球壳厚度为 $\frac{1}{16}$cm，试求小球壳体积的近似值.

解　半径为 r 的球体积为

$$V=V(r)=\frac{4}{3}\pi r^3$$

小球壳体积为 ΔV,用 dV 表示近似值,由公式 1 得

$$dV=V'dr=4\pi r^2 dr$$

代入 $r=5, dr=\frac{1}{16}$,得

$$dV=4\pi\cdot 5^2\cdot\left(\frac{1}{16}\right)\approx 19.63$$

所以球壳体积 $|\Delta V|$ 的近似值为 19.63cm^3.

例 2 计算 $\sqrt{25.4}$ 的近似值.

解 取 $f(x)=\sqrt{x}$,则 $x=25.4$,取 $x_0=25, \Delta x=0.4$,用公式 2 得

$$\begin{aligned}\sqrt{25.4}&\approx f(25)+f'(25)\times 0.4\\&=\sqrt{25}+\left.\frac{1}{2\sqrt{x}}\right|_{x=25}\times 0.4\\&=5+\frac{1}{2\sqrt{25}}\times 0.4\\&=5+\frac{0.4}{10}=5.04\end{aligned}$$

习题 3.7

A 组

1. 计算下列各近似值.

(1) $\sqrt[3]{1.02}$　　(2) $\ln 1.01$

(3) $\sin 46°$　　(4) $e^{0.04}$

2. 水管的正切面是一个圆环,其内径为 10cm,圆环宽为 0.2cm,问圆环面积的精确值和它的近似值各为多少?

B 组

1. 正立方体的棱长 $x=10\text{m}$,如果棱长增加 0.1m,求此正立方体体积增加的精确值与近似值.

2. 一个充好气的气球,半径为 4m,升空后由于气压降低,气球半径增大了 10cm,问气球的体积近似增加了多少立方米?

学习要点

本章利用函数的一阶和二阶导数的知识来研究函数及其曲线的某些状态,同时利用一阶和二阶的导数知识来解决一些生产、生活中的实际问题. 本章的学习要点、重点如下:

(1)掌握“$\frac{0}{0}$”和“$\frac{\infty}{\infty}$”型函数极限的计算方法——洛必达法则;

(2)会用导数来断定函数的单调性;

(3)会计算函数的极值和最值;

(4)掌握导数在经济中的简单应用.

洛必达法则,函数单调性,极值和最值.

4.1 极限未定式的定值法——洛必达法则

先看例:

(1)$\lim\limits_{x\to 0}\frac{\sin x}{x}$($\frac{0}{0}$型),其极限是1,即$\lim\limits_{x\to 0}\frac{\sin x}{x}=1$.

(2)$\lim\limits_{x\to 0}\frac{\sin x}{x^2}$($\frac{0}{0}$型),其极限不存在.

(3)$\lim\limits_{x\to\infty}\frac{x^2}{x}$($\frac{\infty}{\infty}$型),其极限不存在.

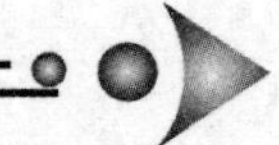

(4) $\lim\limits_{x\to\infty}\dfrac{x^2+x}{x^2+1}$($\dfrac{\infty}{\infty}$型)，其极限 $\lim\limits_{x\to\infty}\dfrac{1+\dfrac{1}{x}}{1+\dfrac{1}{x^2}}=1$.

也就是说，对“$\dfrac{0}{0}$”型和“$\dfrac{\infty}{\infty}$”型的极限可能存在，也可能不存在，称这类极限为“未定式”. 过去只能计算部分未定式的极限，本节将介绍用洛必达法则来计算“$\dfrac{0}{0}$”型(或“$\dfrac{\infty}{\infty}$”型)极限问题的方法.

4.1.1 “$\dfrac{0}{0}$”型未定式

洛必达法则 1 如果函数 $f(x)$ 和 $g(x)$ 满足条件：

(1) $\lim\limits_{x\to x_0}f(x)=0$, $\lim\limits_{x\to x_0}g(x)=0$.

(2) $f'(x)$, $g'(x)$ 在 x_0 的某一领域存在(x_0 点可除外)且 $g'(x)\neq 0$.

(3) $\lim\limits_{x\to x_0}\dfrac{f'(x)}{g'(x)}$存在.

则有 $\lim\limits_{x\to x_0}\dfrac{f(x)}{g(x)}=\lim\limits_{x\to x_0}\dfrac{f'(x)}{g'(x)}$

注：在洛必达法则 1 中把 $x\to x_0$ 换成 $x\to\infty$，结论仍成立.

例 1 求 $\lim\limits_{x\to 0}\dfrac{a^x-b^x}{x}(a>0,b>0)$.

分析：若令 $f(x)=a^x-b^x$, $g(x)=x$, $\lim\limits_{x\to 0}f(x)=0$, $\lim\limits_{x\to 0}g(x)=0$，即原式是“$\dfrac{0}{0}$”型不定式，满足洛必达法则.

解
$$\lim_{x\to 0}\frac{a^x-b^x}{x}=\lim_{x\to 0}\frac{a^x\ln a-b^x\ln b}{1}=\ln\frac{a}{b}$$

例 2 求 $\lim\limits_{x\to 2}\dfrac{\ln(x^2-3)}{x^2-3x+2}$.

解 仿例 1 进行分析，是“$\dfrac{0}{0}$”型，满足洛必达法则，于是

$$\lim_{x\to 2}\frac{\ln(x^2-3)}{x^2-3x+2}=\lim_{x\to 2}\frac{\dfrac{2x}{x^2-3}}{2x-3}=4$$

在应用法则求极限过程中，如果$\dfrac{f'(x)}{g'(x)}\to\infty$，那么，$\dfrac{f(x)}{g(x)}\to\infty$. 如果 $\lim\limits_{x\to x_0}\dfrac{f'(x)}{g'(x)}$仍是“$\dfrac{0}{0}$”型，这时可继续按照法则进行计算.

例 3 求 $\lim\limits_{x\to 0}\dfrac{e^x-e^{-x}-2x}{x-\sin x}$.

解
$$\lim_{x\to 0}\frac{e^x-e^{-x}-2x}{x-\sin x}\overset{\frac{0}{0}}{=}\lim_{x\to 0}\frac{e^x+e^{-x}-2}{1-\cos x}\overset{\frac{0}{0}}{=}\lim_{x\to 0}\frac{e^x-e^{-x}}{\sin x}\overset{\frac{0}{0}}{=}\lim_{x\to 0}\frac{e^x+e^{-x}}{\cos x}=\frac{2}{1}=2$$

例 4　求 $\lim\limits_{x\to+\infty}\dfrac{\frac{\pi}{2}-\arctan x}{\frac{1}{x}}$.

解
$$\lim_{x\to+\infty}\frac{\frac{\pi}{2}-\arctan x}{\frac{1}{x}}\overset{\frac{0}{0}}{=}\lim_{x\to+\infty}\frac{-\frac{1}{1+x^2}}{-\frac{1}{x^2}}=\lim_{x\to+\infty}\frac{x^2}{1+x^2}=1$$

4.1.2　“$\frac{\infty}{\infty}$”型未定式

洛必达法则 2　如果函数 $f(x)$ 和 $g(x)$ 满足条件:

(1) $\lim\limits_{x\to x_0}f(x)=\infty$, $\lim\limits_{x\to x_0}g(x)=\infty$.

(2) $f'(x)$, $g'(x)$ 在 x_0 的某一邻域存在(x_0 点可除外)且 $g'(x)\neq 0$.

(3) $\lim\limits_{x\to x_0}\dfrac{f'(x)}{g'(x)}$存在.

则有 $\lim\limits_{x\to x_0}\dfrac{f(x)}{g(x)}=\lim\limits_{x\to x_0}\dfrac{f'(x)}{g'(x)}$.

注意:在洛必达法则 2 中将 $x\to x_0$ 换成 $x\to\infty$,结论仍成立.

例 5　求 $\lim\limits_{x\to+\infty}\dfrac{\log_a x}{x^\alpha}(a>0,\alpha\neq 1)$.

解　这是“$\frac{\infty}{\infty}$”型,　$\lim\limits_{x\to+\infty}\dfrac{\log_a x}{x^\alpha}\overset{\frac{\infty}{\infty}}{=}\lim\limits_{x\to+\infty}\dfrac{\frac{1}{x}\log_a e}{ax^{\alpha-1}}=\lim\limits_{x\to+\infty}\dfrac{\log_a e}{ax^\alpha}=0$

例 6　求 $\lim\limits_{x\to\frac{\pi}{2}}\dfrac{\tan x}{\cot 2x}$.

解　这是“$\frac{\infty}{\infty}$”型, $\lim\limits_{x\to\frac{\pi}{2}}\dfrac{\tan x}{\cot 2x}\overset{\frac{\infty}{\infty}}{=}-\lim\limits_{x\to\frac{\pi}{2}}\dfrac{\sin^2 2x}{2\cos^2 x}\overset{\frac{0}{0}}{=}-\lim\limits_{x\to\frac{\pi}{2}}\dfrac{4\sin^2 x\cos^2 x}{2\cos^2 x}=-2$

显见,在计算过程中,开始是“$\frac{\infty}{\infty}$”型,分子分母求一次导数后转化为“$\frac{0}{0}$”型.类似这种情况常常会出现,只要满足洛必达法则可继续计算.

4.1.3　其他未定式

未定式除“$\frac{\infty}{\infty}$”型和“$\frac{0}{0}$”型外,还有“$0\cdot\infty$”“$\infty-\infty$”“0^0”“∞^0”“1^∞”等 5 种形式的未定式,求他们的极限,只要将这些不定式转化为“$\frac{\infty}{\infty}$”型和“$\frac{0}{0}$”型,然后用洛必达法则去计算即

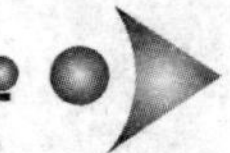

可.下面我们通过例题来说明其“转化”的方法.

例7　求 $\lim\limits_{x\to 0^+} x\ln x$.

解　原式是“$0\cdot\infty$”型,可以将其转化为除形式,即可转化为“$\frac{0}{0}$”或“$\frac{\infty}{\infty}$”再计算

$$\lim_{x\to 0^+} x\ln x = \lim_{x\to 0^+}\frac{\ln x}{\frac{1}{x}} \overset{\frac{\infty}{\infty}}{=} \lim_{x\to 0^+}\frac{\frac{1}{x}}{\frac{-1}{x^2}} = \lim_{x\to 0^+}\frac{-x^2}{x} = 0$$

例8　求 $\lim\limits_{x\to 0}\left[\frac{1}{\ln(1+x)}-\frac{1}{x}\right]$.

解　原式是“$\infty-\infty$”型.通过通分的形式,即可转化为“$\frac{0}{0}$”型或“$\frac{\infty}{\infty}$”型,再计算

$$\lim_{x\to 0}\left[\frac{1}{\ln(1+x)}-\frac{1}{x}\right] = \lim_{x\to 0}\frac{x-\ln(1+x)}{x\ln(1+x)} \overset{\frac{0}{0}}{=} \lim_{x\to 0}\frac{1-\frac{1}{1+x}}{\ln(1+x)+\frac{x}{1+x}}$$

$$= \lim_{x\to 0}\frac{x}{(1+x)\ln(1+x)+x}$$

$$\overset{\frac{0}{0}}{=} \lim_{x\to 0}\frac{1}{\ln(1+x)+2} = \frac{1}{2}$$

对于“$1^\infty, 0^0, \infty^0$”型的极限,可先化为以 e 为底数的指数函数的极限,再将指数函数极限式“$0\cdot\infty$”型化为“$\frac{0}{0}$”或“$\frac{\infty}{\infty}$”型未定式来计算.

例9　计算 $\lim\limits_{x\to 0}(1-\sin x)^{\cot x}$.

解
$$\lim_{x\to 0}(1-\sin x)^{\cot x} = \lim_{x\to 0}\mathrm{e}^{\cot x\ln(1-\sin x)} = \mathrm{e}^{\lim\limits_{x\to 0}\cot x\ln(1-\sin x)} \tag{4-1}$$

而
$$\lim_{x\to 0}\cot x\ln(1-\sin x) = \lim_{x\to 0}\frac{\ln(1-\sin x)}{\tan x} \overset{\frac{0}{0}}{=} \lim_{x\to 0}\frac{-\cos^3 x}{1-\sin x} = -1$$

代回到(4-1)得

$$\lim_{x\to 0}(1-\sin x)^{\cot x} = \mathrm{e}^{-1} = \frac{1}{\mathrm{e}}$$

例10　计算 $\lim\limits_{x\to 0^+} x^x$.

解　原式是“0^0”型,将原式变形得

$$\lim_{x\to 0^+} x^x = \lim_{x\to 0^+}\mathrm{e}^{x\ln x} = \mathrm{e}^{\lim\limits_{x\to 0^+} x\ln x}$$

而
$$\lim_{x\to 0^+} x\ln x = \lim_{x\to 0^+}\frac{\ln x}{\frac{1}{x}} \overset{\frac{\infty}{\infty}}{=} \lim_{x\to 0^+}(-x) = 0$$

因此

$$\lim_{x\to 0^+} x^x = \mathrm{e}^0 = 1$$

例 11 计算 $\lim\limits_{x\to 0^+}\left(\dfrac{1}{x}\right)^{\sin x}$.

解 原式是“∞^0”型，将原式变形得

$$\lim_{x\to 0^+}\left(\frac{1}{x}\right)^{\sin x}=e^{\lim\limits_{x\to 0^+}\sin x\ln\frac{1}{x}}=e^{\lim\limits_{x\to 0^+}\frac{\ln\frac{1}{x}}{\frac{1}{\sin x}}}$$

$$\overset{\frac{\infty}{\infty}}{=}e^{\lim\limits_{x\to 0^+}\frac{\sin^2 x}{x\cos x}}=e^{\lim\limits_{x\to 0^+}\frac{\sin x\sin x}{x\cos x}}$$

$$=e^{\lim\limits_{x\to 0^+}\frac{\sin x}{x}\cdot\lim\limits_{x\to 0^+}\frac{\sin x}{\cos x}}=e^0=1$$

例 12 计算 $\lim\limits_{x\to +\infty}\left(1+\dfrac{1}{x}\right)^x$.

解 原式是“1^∞”型，是我们的重要公式，现在验证一下

$$\lim_{x\to +\infty}\left(1+\frac{1}{x}\right)^x=e^{\lim\limits_{x\to +\infty}x\ln\left(1+\frac{1}{x}\right)}=e^{\lim\limits_{x\to +\infty}\frac{\ln\left(1+\frac{1}{x}\right)}{\frac{1}{x}}}$$

$$\overset{\frac{0}{0}}{=}e^{\lim\limits_{x\to +\infty}\frac{\frac{1}{1+\frac{1}{x}}\left(-\frac{1}{x^2}\right)}{-\frac{1}{x^2}}}=e^{\lim\limits_{x\to +\infty}\frac{x}{1+x}}=e^1=e$$

习题 4.1

A 组

1. 计算极限 $\lim\limits_{x\to 0}\dfrac{x^2+1}{x-1}=\lim\limits_{x\to 0}\dfrac{(x^2+1)'}{(x-1)'}=\lim\limits_{x\to 0}\dfrac{2x}{1}=0$，这样的解法是否正确？如果不正确，为什么？

2. 计算下列极限.

(1) $\lim\limits_{x\to 2}\dfrac{2x^2-8}{x^2-4}$　　(2) $\lim\limits_{x\to\infty}\dfrac{x^3+x^2}{x^2+x}$

(3) $\lim\limits_{x\to 0}\dfrac{\tan x}{x}$　　(4) $\lim\limits_{x\to 0}\dfrac{\tan x-x}{x-\sin x}$

(5) $\lim\limits_{x\to 0^+}\dfrac{\ln x}{\ln\sin x}$　　(6) $\lim\limits_{x\to +\infty}\dfrac{\frac{\pi}{2}-\arctan x}{\frac{1}{x}}$

(7) $\lim\limits_{x\to\infty}\left(1-\dfrac{1}{x^2}\right)^x$　　(8) $\lim\limits_{x\to 0}(8x)^x$

(9) $\lim\limits_{x\to 0^+}(\cot x)^{\frac{1}{\ln x}}$　　(10) $\lim\limits_{x\to 0}\left(\dfrac{1}{x}-\dfrac{1}{e^x-1}\right)$

(11) $\lim\limits_{x\to 0}\left(\ln\dfrac{1}{x}\right)^x$

B 组

计算下列极限.

(1) $\lim\limits_{x\to 1}\dfrac{\sin^2(x-1)}{x^2-1}$　　(2) $\lim\limits_{x\to\infty}\left(\dfrac{x+1}{x-3}\right)^x$

(3) $\lim\limits_{x\to\infty}\left(\dfrac{x^2+1}{x^2}\right)^{x^2+2}$　　(4) $\lim\limits_{x\to+\infty}(x+\sqrt{1+x^2})^{\frac{1}{\ln x}}$

4.2　函数单调性的判定

在第1章中曾介绍过函数单调性的概念.如果用其定义判定函数的单调性,对某些较简单的初等函数来说是可行的,但对一般复杂的初等函数就比较困难了,因此下面给出用导数来判定函数单调性的方法.

定理 4.1　设函数 $y=f(x)$ 在 $[a,b]$ 上连续,在 (a,b) 内可导:

(1) 如果在 (a,b) 内,$f'(x)>0$,则函数 $y=f(x)$ 在 $[a,b]$ 上单调增加,用↗表示.

(2) 如果在 (a,b) 内,$f'(x)<0$,则函数 $y=f(x)$ 在 $[a,b]$ 上单调减小,用↘表示.

注:将定理中的闭区间换成各种区间,如无穷区间,定理仍成立.

例 1　判定函数 $y=x-\sin x$ 在 $[0,2\pi]$ 上的单调性.

解　因为在 $(0,2\pi)$ 内,$y'=1-\cos x>0$,所以,函数 $y=x-\sin x$ 在 $[0,2\pi]$ 上单调增加.

例 2　讨论函数 $y=e^x-x-1$ 的单调性.

解　函数的定义域是 $(-\infty,+\infty)$,而 $y'=e^x-1$ 在定义域 $(-\infty,+\infty)$ 内难以确定 y' 的符号,但令 $y'=0$,即 $y'=e^x-1=0$ 得 $x=0$,用 $x=0$ 点将定义域划分为 $(-\infty,0)$ 和 $(0,+\infty)$ 之后,在 $(-\infty,0)$ 内 $y'<0$,所以函数 $y=e^x-x-1$ 在 $(-\infty,0)$ 上单调减小,在 $(0,+\infty)$ 内 $y'>0$,所以函数 $y=e^x-x-1$ 在 $(0,+\infty)$ 上单调增加.

注意:使 $y'=0$ 的点是函数单调增加、单调减小的分界点.一般地说,有些函数在其定义区间上是否是单调不易看出,但用方程 $f'(x)=0$ 的根和导数 $f'(x)$ 不存在的点,将函数的定义区间划分开,然后在划分的区间上进行讨论就可以确定函数的单调性.

例 3　确定函数 $f(x)=2x^3-9x^2+12x-3$ 的单调区间.

解　函数 $f(x)=2x^3-9x^2+12x-3$ 的定义域是 $(-\infty,+\infty)$,$f'(x)=6x^2-18x+12=6(x-2)(x-1)$,从 $f'(x)=0$ 得方程的根为 $x_1=1$ 和 $x_2=2$(无导数不存在的点).

用 $x_1=1$ 和 $x_2=2$ 将定义域划分为 $(-\infty,1)$ $(1,2)$ 和 $(2,+\infty)$ 这三个区间,下面列表讨论,如表 4-1 所示.

表 4-1

x	$(-\infty,1)$	$(1,2)$	$(2,+\infty)$
$f'(x)$	+	−	+
$f(x)$	↗	↘	↗

由表可知,$(-\infty,1)$,$(2,+\infty)$ 是函数的单调增区间,$(1,2)$ 是函数的单调减区间.

例 4　确定函数 $f(x)=\sqrt[3]{x^2}$ 的单调区间.

解　函数 $f(x)$ 的定义域是 $(-\infty,+\infty)$，$f'(x)=\dfrac{2}{3\sqrt[3]{x}}$ 在区间 $(-\infty,+\infty)$ 内无导数等于 0 的点，在 $x=0$ 时，导数 $f'(x)$ 不存在，于是用 $x=0$ 点将定义域划分为 $(-\infty,0)$ 与 $(0,+\infty)$，下面列表讨论. 由表 4 - 2 可知，$(-\infty,0)$ 是函数的单调减区间，$(0,+\infty)$ 是函数的单调增区间.

表 4 - 2

x	$(-\infty,0)$	$(0,+\infty)$
$f'(x)$	−	+
$f(x)$	↘	↗

通过以上例题可知，判定函数单调性的步骤如下：

(1) 确定函数的定义域.

(2) 求方程 $f'(x)=0$ 的根和使 $f'(x)$ 不存在的点.

(3) 用方程的根和导数不存在的点划分定义域.

(4) 列表并讨论 $f'(x)$ 在各区间上的符号，以确定 $f(x)$ 的单调性.

习 题 4.2

A 组

确定下列函数的单调区间.

(1) $y=2x^3-6x^2-18x-7$　　(2) $y=2x+\dfrac{8}{x}\ (x>0)$

(3) $y=x+\sqrt{1-x}$　　(4) $y=\ln(x+\sqrt{1+x})$

(5) $y=(x-1)(x+1)^3$　　(6) $y=x^n e^{-x}\ (n>0,x\geqslant 0)$

(7) $y=\dfrac{x}{1+x^2}$　　(8) $y=x-e^x$

B 组

确定下列函数的单调区间.

(1) $y=(x-1)x^{\frac{2}{3}}$　　(2) $y=\dfrac{10}{4x^3-9x^2+6x}$

(3) $y=\dfrac{2x}{\ln x}$　　(4) $y=2x^2-\ln x$

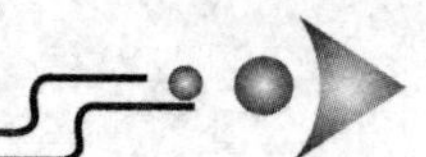

4.3 函数极值及其求法

从上一节已知函数 $f(x)=2x^3-9x^2+12x-3$ 的导数方程 $f'(x)=6x^2-18x+12=0$ 的根是 $x_1=1$ 和 $x_2=2$. 它们是函数 $f(x)$ 的单调区间的分界点. 从判定中发现,在点 $x_1=1$ 的左邻域,函数 $f(x)$ 是单调增加的,在 $x_1=1$ 的右邻域,函数 $f(x)$ 是单调减少的. 因此就存在 $x_1=1$ 的一个邻域,对邻域内任何点 x,均有 $f(x)<f(1)$(除 $x=1$ 外)成立. 类似的,对于 $x_2=2$ 同样存在一个邻域,对邻域内任何点 x,均有 $f(x)>f(2)$(除 $x=2$ 外)成立. 具有这种性质的点,在解决实际问题中很有价值. 一般来说,引入如下定义:

定义 4.1 若在 x_0 的某一邻域:

(1) 如果不等式 $f(x_0)>f(x)\,(x\neq x_0)$ 成立,则称函数 $f(x)$ 在 x_0 处取得极大值 $f(x_0)$.

(2) 如果不等式 $f(x_0)<f(x)\,(x\neq x_0)$ 成立,则称函数 $f(x)$ 在 x_0 处取得极小值 $f(x_0)$.

极大值和极小值统称极值. 使函数取得极值的点 x_0 称为函数的极值点. 如图 4-1 所示,可以看出,函数的极大值和极小值仅仅是在某点的邻域上考虑,是函数的一个局部性质,因此,对一个函数来说可能极小值大于极大值. 如图 4-1 所示,在 x_4 所取得的极小值就大于在 x_1 所取得的极大值. 同时,从图中可以看到,在曲线对应的点 p_1,p_2,p_3,p_5 处,曲线有水平切线. 在水平切线的地方,不一定取得极值.

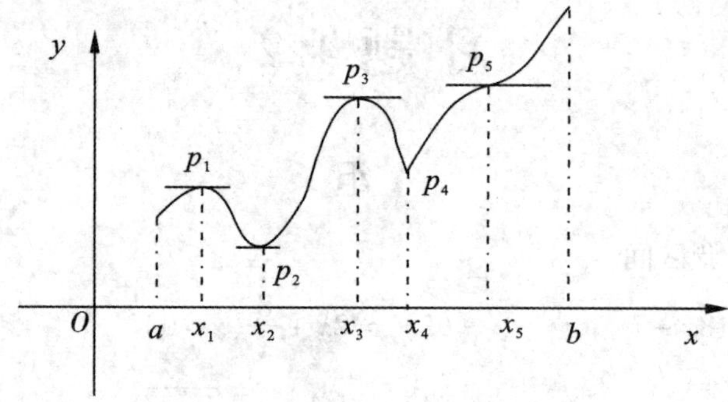

图 4-1

有如下定理:

定理 4.2(极值的必要条件) 如果函数 $y=f(x)$ 在 x_0 处可导,且在 x_0 处取得极值,则函数在 x_0 处的导数 $f'(x)=0$.

凡使方程 $f'(x)=0$ 的根 x,称为函数 $f(x)$ 的驻点,由此得出,可导函数的极值点一定是驻点. 反之不一定. 如图 4-1 上 p_5 是驻点,但不是极值点. 例如,$x=0$ 是 $y=x^3$ 的驻点,而不是函数的极值点. 显见,$f'(x)=0$ 是函数 $f(x)$ 在 x 处取得极值的必要条件,因此,在求出函数的驻点后,还需要判断驻点是不是极值点,如果是的话,这一点是极大值还是极小值,下面的定理给出了回答.

定理 4.3(极值的第一充分条件) 设函数 $y=f(x)$ 在 x_0 的某一邻域内可导且 $f'(x_0)=0$.

(1) 如果当 $x<x_0$ 时,$f'(x)>0$;当 $x>x_0$ 时,$f'(x)<0$,那么函数在 x_0 处取得极大值 $f(x_0)$.

(2) 如果当 $x<x_0$ 时,$f'(x)<0$;当 $x>x_0$ 时,$f'(x)>0$,那么在 x_0 处取得极小值 $f(x_0)$.

(3)如果在点 x_0 的左右两侧邻域(点 x_0 除外)$f'(x)$同号,那么$f(x)$在 x_0 处没有极值.

对定理可以这样来理解,当 x 在 x_0 的邻域递增地经过 x_0 时,函数的导数$f'(x)$的符号由正(负)变负(正),那么$f(x_0)$是极大(小)值. 如果导数$f'(x)$符号无改变,那么函数在 x_0 处无极值. 这样一来就得到了求一个函数 $y=f(x)$极值的方法和步骤:

第一步:确定函数的定义域.

第二步:求函数的导数.

第三步:由$f'(x)=0$ 求出驻点.

第四步:用驻点将定义域划分开并列表,然后考察函数在驻点两侧邻近$f'(x)$的正负号,确定极值点.

第五步:求出全部极值点处的函数值即得全部极值.

例1 求函数$f(x)=2x^3-3x^2-12x+21$ 的极值.

解 (1)函数定义域是$(-\infty,+\infty)$.

(2)$f'(x)=6x^2-6x-12$.

(3)解方程$f'(x)=6x^2-6x-12=0$ 得驻点 $x_1=-1$ 和 $x_2=2$.

(4)用 $x_1=-1$ 和 $x_2=2$ 划分定义域,并列表讨论,如表4-3所示:

表4-3

x	$(-\infty,-1)$	-1	$(-1,2)$	2	$[2,+\infty)$
$f'(x)$	+	0	−	0	+
$f(x)$	↗	极大	↘	极小	↗

函数的极大值$f(-1)=28$. 函数的极小值$f(2)=1$

以上只限于可导函数的极值. 如果函数在个别点处不可导,函数的极值也有可能在一阶导数不存在的点上出现,此时,在求函数的极值时,除了驻点外还要考虑那些导数不存在的点.

例2 求函数$f(x)=1-(x-8)^{\frac{2}{3}}$的极值.

解 当 $x\neq 8$ 时,$f'(x)=-\dfrac{2}{3\sqrt[3]{x-8}}$;当 $x=8$ 时,$f'(x)$不存在(图4-2). 但在 $x\neq 8$ 时,$f'(x)$在$(-\infty,8)$和$(8,+\infty)$内各点处都存在,且$f'(x)\neq 0$. 根据定理4.3知,$f(x)$在这两个区间内没有极值点. 但是,在$(-\infty,8)$内,$f'(x)>0$,函数$f(x)$单调增加;在$(8,+\infty)$内,$f'(x)<0$,函数$f(x)$单调减少,在 $x=8$ 时,$f'(x)$不存在,但$\lim\limits_{x\to 8}[1-(x-8)^{\frac{2}{3}}]=f(8)$成立,即连续. 由定理知函数有极大值$f(8)=1$.

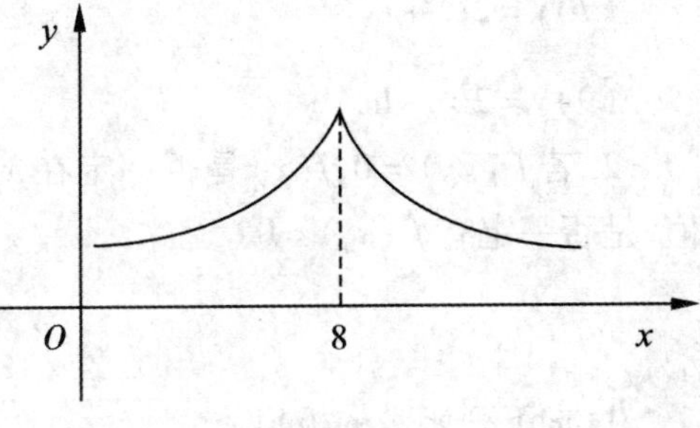

图4-2

定理4.4(极值第二充分条件) 设函数 $f(x)$在点 x_0 处具有二阶导数且$f'(x_0)=0$,$f''(x_0)\neq 0$,那么:

(1)当$f''(x_0)<0$ 时,$f(x_0)$是函数的极大值.

(2)当$f''(x_0)>0$ 时,$f(x_0)$是函数的极小值.

从定理知，函数在驻点 x_0 处，$f''(x_0)\neq 0$，那么驻点 x_0 一定是极值点，并且可用函数的二阶导数判定极值. 但是，如果函数在驻点 x_0 处 $f''(x_0)=0$. 此时失效，函数有无极值难以确定，这时还得用函数的一阶导数来判定.

例 3　求函数 $f(x)=(x^2-1)^3+1$ 的极值.

解　(1) $f'(x)=6x(x^2-1)^2$.

(2) 由 $f'(x)=0$ 求出驻点 $x_1=-1, x_2=0, x_3=1$.

(3) $f''(x)=6(x^2-1)(5x^2-1)$.

(4) 因 $f''(0)=6>0$，$f(x)$ 在 $x=0$ 处有极小值 $f(0)=0$.

(5) 因 $f''(-1)=f''(1)=0$，用函数的二阶导数无法判定，此时考虑函数一阶导数 $f(x)$ 在驻点 $x=-1$ 和 $x=1$ 左右邻域的符号.

当取 $x<-1$ 时，$f'(x)<0$；当取 $x>-1$ 时，$f'(x)<0$，由于 $f'(x)$ 符号未改变，所以函数 $f(x)$ 在 $x=-1$ 处没有极值.

同理考察 $x=1$ 时，$f'(x)$ 符号未变，所以函数 $f(x)$ 在 $x=1$ 处没有极值.

习题 4.3

A 组

1. 求下列函数的极值.

(1) $y=x^2-2x+3$　　(2) $y=2x^3-3x^2$

(3) $y=x^2(1-x)$　　(4) $y=\dfrac{2x}{\ln x}$

(5) $y=\dfrac{x}{1+x^2}$　　(6) $y=x+\sqrt{1-x}$

(7) $y=2e^x+e^{-x}$　　(8) $y=2-(x-1)^{\frac{2}{3}}$

(9) $y=2x^2-\ln x$

2. 若 $f'(x_0)=0$，$f(x)$ 是否一定在 x_0 处取得极值？反之，若 $f(x)$ 在区间内点 x_0 处取得极值，是否一定有 $f'(x_0)=0$？

B 组

1. 求下列函数的极值.

(1) $y=x-\dfrac{3}{2}x^{\frac{2}{3}}$　　(2) $y=(x^2-1)^2+1$

(3) $y=\arctan x-\dfrac{1}{2}\ln(1+x^2)$

2. 试问 a 为何值时，函数 $f(x)=a\sin x+\dfrac{1}{3}\sin 3x$ 在 $x=\dfrac{\pi}{3}$ 处取得极值，它是极大值还是极小值？并求出极值.

4.4　函数的最大值和最小值

在生产生活、市场营销、建筑行业当中，常听到和遇到这样的问题：在一定条件下，如何使"成本最低""产品最好""耗材最少""收益最大""利润最高"等. 这类问题在数学上归为求函数的最大值和最小值的问题.

首先，闭区间上连续的函数$f(x)$一定有最大值和最小值. 最大值和最小值统称为最值. 其次，如何来求最值呢？如果最值在区间内部取得，那么最值一定是函数的极大(小)值. 极值只是函数在区间内某些点x_0的局部性质，最值是函数在闭区间$[a,b]$上的整体性质，因此，最值有可能在闭区间的端点上取得，于是，求函数$f(x)$的最值的方法如下：

(1)求$f'(x)$，求函数$f(x)$的驻点和导数不存在的点.

(2)计算驻点、端点和$f'(x)$不存在点及各点的函数值.

(3)比较各点函数值的大小，从而得最值.

例1　求函数$f(x)=x^3-3x+3$在$\left[-3,\frac{3}{2}\right]$上的最值.

解　(1)$f'(x)=3x^2-3$.

(2)解方程$f'(x)=0$得驻点$x_1=-1,x_2=1$(无导数不存在的点).

(3)计算函数值$f(-1)=5$;$f(1)=1$;$f(-3)=-15$;$f\left(\frac{3}{2}\right)=\frac{15}{8}$.

(4)比较函数值，最大值$f(-1)=5$，最小值$f(-3)=-15$.

在实际问题中，往往可根据问题的性质判断可导函数$f(x)$的最值，而且一定在定义区间内取得，所以如果方程$f'(x)=0$在定义区间内只有一个根，那么就不必再去讨论$f(x_0)$是否是极值，立即可判定$f(x_0)$就是最大(小)值.

例2　某建筑队需要围建一个面积为1250m^2的矩形建材场，一边保留原有的砖墙如图4-3所示，其他三边需要砌新的砖墙. 问建材场的宽和长各为多少时，才能使所用的砖条最少？

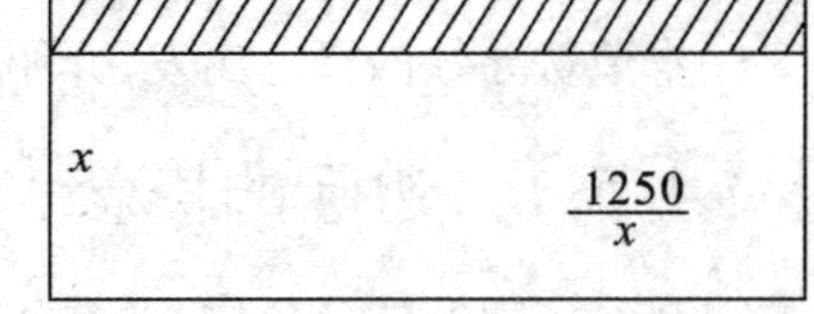

图4-3

分析：要使所用的砖块最省，就要求新砌的砖边总长度最短.

设建材场的宽为xm，那么建材场的长为$\frac{1250}{x}$m，以y表示新砌的砖墙总长，则$y=2x+\frac{1250}{x}$ $(x>0)$，于是，问题就归结为求x为何值时，y取最小值. 为此，求导得

解

$$y'=2-\frac{1250}{x^2}$$

解方程$y'=2-\frac{1250}{x^2}=0$得驻点

$$x=\pm 25$$

据实际问题的性质，舍去-25，只有唯一根25，即宽为25m长为50m时，所用的砖块最少.

习题 4.4

A 组

1. 计算下列函数的最值.

(1) $y=2x^3-3x^2, x\in[-1,4]$　　(2) $y=x^4-8x^2+2, x\in[-1,3]$

(3) $y=\sin 2x-x, x\in\left[-\frac{\pi}{2},\frac{\pi}{2}\right]$　　(4) $y=x+\sqrt{1-x}, x\in[-5,1]$

(5) $y=x+2\sqrt{x}, x\in[0,4]$　　(6) $y=\sqrt{x(10-x)}, x\in[0,2]$

2. 欲用长 6m 的铝合金材料加工一日字形窗框,问它的长和宽分别是多少时,才能使窗户面积最大? 最大面积是多少?

3. 铁路上 AB 的距离为 100km,工厂 C 距 A 处为 20km,AC 垂直于 AB,今要在 AB 线上选定一点 D 向工厂修筑一条公路,已知铁路与公路每公里货物运费之比为 3∶5,为了使货物从供应站 B 运到工厂 C 每吨货物的总运费最省,问 D 选在何处?

B 组

1. 计算函数 $y=|2x^3-9x^2+12x|$ 在区间 $\left[-\frac{1}{4},\frac{5}{2}\right]$ 上的最值.

2. 设圆柱形有盖水缸容积为 V(常数),求表面积为最小时,底半径 r 与高 h 之比.

4.5　函数导数在经济中的应用举例

本节从导数的概念出发,介绍经济分析中的两个重要概念:"边际"和"弹性".

4.5.1　边际的概念

在经济问题的分析中,通常用"边际"来描述一个变量 y 关于另一个变量 x 的变化情况,"边际"表示在的某一个值的"边缘"上 y 的变化情况,即 x 从一个给定值发生微小变化时 y 的变化情况. 显然,这是 y 的瞬时变化率,也就是变量 y 对变量 x 的导数.

对经济学中的函数而言,因变量对自变量的导数称为"边际". 例如,如果设总成本函数 $C=C(x)$,则总成本 C 对产量 x 的导数称为边际成本(函数),记作 MC,即

$$MC=\frac{\mathrm{d}C}{\mathrm{d}x}$$

一般情况,边际成本可解释为已经生产了 x 个单位产品,再增加一个单位产品,总成本增加(实际上是近似的)数量.

总收益函数 $R=R(x)$,则 R 对 x 的导数称为边际收益(函数),记为 MR,即

$$MR=\frac{\mathrm{d}R}{\mathrm{d}x}$$

例 1　某种产品的总成本 C(万元)与产量 x(万件)的函数关系为 $C(x)=100+6x-0.4x^2+$

$0.02x^3$(万元),试问当产量 $x=10$ 万件时,从降低单位成本的角度看,继续提高产量是否得当?

解　当产量 $x=10$ 万件时,总成本

$$C(10)=100+6\times10-0.4\times10^2+0.02\times10^3=140 \text{ 万元}$$

这时每个单位产品的平均成本为

$$\overline{C}=\frac{C(10)}{10}=\frac{140}{10}=14 \text{ 元/件}$$

而

$$C'(x)=6-0.8x+0.06x^2$$

因此产量 $x=10$ 万件时的边际成本为

$$MC=C'(10)=6-0.8\times10+0.06\times10^2=4 \text{ 元/件}$$

由于边际成本是产量 $x=10$ 万件时成本的瞬时变化率,可以近似地看作在这个水平上再增加一个单位产品,总成本增加的数量,它低于平均成本 14 元/件,所以从降低成本角度看,还应继续提高产量.

例 2　已知某产品的总收益函数为 $R=10x-0.04x^2$,其中 x 为销量,求:

(1)该产品的价格函数和需求函数.

(2)边际收益函数和销量 $x=100$ 时的边际收益.

(3)平均收益函数和销量 $x=100$ 时的平均收益.

解　(1)设商品的价格为 P,则

$$R=x\cdot P$$

而

$$R=10x-0.04x^2=x(10-0.04x)$$

因此价格函数

$$P=10-0.04x$$

由价格函数求反函数得需求函数

$$x=250-25P$$

(2)边际收益函数

$$MR=\frac{\mathrm{d}R}{\mathrm{d}x}=10-0.08x$$

当 $x=100$ 时,$MR=10-0.08\times100=2$ 近似表示当销量为 100 个单位产品时再多销售一个单位产品,收益将增加 2.

(3)平均收益函数

$$\overline{R}=\frac{R}{x}=10-0.04x=P$$

当 $x=100$ 时,得

$$\overline{R}=\frac{R}{x}=10-0.04\times100=6$$

4.5.2　弹性的概念

1. 函数的弹性

对函数 $y=f(x)$,当自变量从 x 起改变了 Δx 时,其自变量的相对改变量是 $\frac{\Delta x}{x}$,函数 $f(x)$ 相

对该变量则是$\frac{f(x+\Delta x)-f(x)}{f(x)}$,函数的弹性是为考察相对变化而引入的.

定义 4.2 设函数 $y=f(x)$ 在点 x 可导,则极限

$$\lim_{\Delta x\to 0}\frac{\dfrac{f(x+\Delta x)-f(x)}{f(x)}}{\dfrac{\Delta x}{x}}=\lim_{\Delta x\to 0}\frac{x}{\Delta x}\cdot\frac{f(x+\Delta x)-f(x)}{f(x)}=x\cdot\frac{f'(x)}{f(x)}$$

称为函数 $f(x)$ 在点 x 的弹性,记作$\frac{Ey}{Ex}$或$\frac{Ef(x)}{Ex}$,即

$$\frac{Ey}{Ex}=x\cdot\frac{f'(x)}{f(x)}=\frac{x}{f(x)}\cdot\frac{\mathrm{d}f(x)}{\mathrm{d}x}$$

由于函数的弹性$\frac{Ey}{Ex}$是就自变量 x 与因变量 y 的相对变化而定义的,它表示函数 $y=f(x)$ 在点 x 处的相对变化率,因此,它与任何度量单位都无关.

2. 弹性的经济意义

以需求函数的弹性来说明弹性的经济意义,设某种商品市场的需求量 Q 是价格 P 的函数,即

$$Q=f(P)$$

按函数弹性定义,需求函数的弹性应为

$$\frac{EQ}{EP}=\frac{P}{Q}\cdot\frac{\mathrm{d}Q}{\mathrm{d}P}$$

由于上式描述的是需求 Q 对价格 P 的相对变化率,通常称上式为需求函数在点 P 的需求价格弹性,简称为需求价格弹性.

需求函数在点 P 的需求价格弹性的经济意义是,在价格为 P 时,如果价格提高或降低 1%,需求量 Q,减少或增加的百分数(近似的)是$\frac{EQ}{EP}$. 因此,需求价格弹性反映了当价格变动时需求量变动对价格变动的灵敏度.

经济领域中的任何函数都可以类似地定义弹性.

例 3 某种商品市场的需求量 Q(单位:件)是价格 P(单位:元)的函数,$Q=Q(P)=1000\mathrm{e}^{-0.1P}$,如果这种商品的价格是每件 20 元,试求此时需求量对价格的弹性$\frac{EQ}{EP}$.

解

$$\frac{\mathrm{d}Q}{\mathrm{d}P}=-100\mathrm{e}^{-0.1P}$$

当 $P=20$ 时,得

$$Q(20)=1000\cdot\mathrm{e}^{-0.1\times 20}=1000\cdot\mathrm{e}^{-2}\approx 135\text{ 件}$$

$$\left.\frac{\mathrm{d}Q}{\mathrm{d}P}\right|_{P=20}=-100\mathrm{e}^{-0.1\times 20}=-100\mathrm{e}^{-2}\approx -13.5$$

于是

$$\frac{EQ}{EP}=\frac{P}{Q}\cdot\frac{\mathrm{d}Q}{\mathrm{d}P}=\frac{20}{135}\times(-13.5)=-2$$

这就是说,当这种商品的价格在 20 元/件时,价格上涨 1%,市场的需求量相应地下降约

2%，而价格下降 1%，市场的需求量将上升约 2%.

习题 4.5

A 组

1. 已知成本函数 $C(x)=2x-2x^2+x^3$，

(1) 试求边际成本函数.

(2) 当产量 $x=8$（单位：个）时，比较平均成本和边际成本，说明是否应该提高生产量.

2. 某产品生产 x 个单位时的总收入 R 是 x 的函数 $R=R(x)=200x-0.01x^2$，当产品 $x=50$ 个单位时，

(1) 求总收入.

(2) 求平均单位产品收入.

(3) 求边际收入.

3. 设某商品需求量 Q 对价格 P 的函数关系是 $Q=f(P)=1600\left(\frac{1}{4}\right)^P$，试求需求量价格的弹性 $\frac{EQ}{EP}$.

4. 设某产品的需求函数为 $Q=125-5P$，生产该产品的固定成本为 100，且每多生产一个产品，成本增加 3. 试求：

(1) 当产量 $Q=10$ 时的总成本，平均成本和边际成本.

(2) 当产量 Q 为多少时利润最大？最大利润是多少？

B 组

某商品的需求函数为 $Q=100-p^2$，求：

(1) 需求弹性函数.

(2) $p=4$ 时的需求弹性.

(3) $p=4$ 时，若价格上涨 1%，收益的变化是多少？

第5章 不定积分

学习要点

已知一个函数求它的导数，在第3章中已经学习了.这是微分学的基本问题.在科学技术、实际问题中，还会遇到与此相反的问题，即已知一个函数 $F(x)$ 的导数 $f(x)$，求原函数 $F(x)$ 的问题.这个问题就是本章要学习的重点内容——不定积分.不定积分从概念上来讲，是十分简明易学的，但在具体运算当中如何得到原函数 $F(x)$，却存在一定的难度.因此，我们要着重掌握以下知识点.

(1)掌握不定积分的概念及其性质；

(2)掌握不定积分的基本公式；

(3)掌握计算不定积分的法则——换元法和分部积分法.

不定积分的概念、性质及不定积分的计算方法.

5.1 不定积分的概念

由导数概念知道，若知道物体运动的路程函数 $s=s(t)$，则物体运动的速度是 $s'=v(t)$.反过来，若知物体运动的速度 $v(t)$，又如何得到物体的路程函数呢？在许多实际问题中，常常会遇到类似的逆问题.

例如，(1)$(\quad)'=\cos x$

(2)$(\quad)'=2e^{2x}$

显见，在(1)中填上函数 $\sin x$ 后，$(\sin x)'=\cos x$，在(2)中填上 e^{2x} 函数后，$(e^{2x})'=2e^{2x}$，引入下列定义.

5.1.1 原函数的概念

定义 5.1 设 $F(x)$ 和 $f(x)$ 在区间 I 上有意义,使得对任意的 $x\in I$ 有 $F'(x)=f(x)$,则称 $F(x)$ 为 $f(x)$ 在区间 I 上的一个原函数. 例如,函数 $\sin x$ 是函数 $\cos x$ 的一个原函数,e^{2x} 是 $2e^{2x}$ 的一个原函数.

关于一个函数的原函数问题,作以下说明:

(1)如果函数 $f(x)$ 在给定区间上连续,则函数 $f(x)$ 一定有原函数存在.

(2)如果函数 $f(x)$ 存在原函数,则它的原函数不唯一.

请看下例:

由于 $(\sin x)'=\cos x$,$\sin x$ 是 $\cos x$ 的一个原函数. 但 $(\sin x+1)'=\cos x$,$(\sin x+C)'=\cos x$(C 是任意常数),可见函数 $\cos x$ 有无穷多个原函数.

同理 $(x^2+3x+C)'=2x+3$,所以 x^2+3x+C 是 $2x+3$ 的无穷多个原函数. 据此,引进不定积分的概念.

5.1.2 不定积分的概念

定义 5.2 如果 $f(x)$ 在区间 I 上存在原函数 $F(x)$,则 $f(x)$ 在区间 I 的全体原函数称为 $f(x)$ 在区间 I 上的不定积分,记为

$$\int f(x)\,dx = F(x) + C$$

其中,$\int$ 称为积分符号;$f(x)$ 称为被积函数;x 称为积分变量;$f(x)\,dx$ 称为被积表达式;C 称为积分常数.

需要特别指出,$\int f(x)\,dx = F(x)+C$ 表示"$f(x)$ 在区间 I 上的所有原函数",因此等式中的符号和常数是不可省略的.

下面看几个简单实例.

例 1 求 $\int \cos x\,dx$.

解 因为

$$(\sin x)' = \cos x$$

所以,

$$\int \cos x\,dx = \sin x + C.$$

例 2 求 $\int x\,dx$.

解 因为

$$\left(\frac{1}{2}x^2\right)' = x$$

所以,

$$\int x\,dx = \frac{1}{2}x^2 + C$$

为了叙述上的方便,今后讨论不定积分时,不再指明它的积分区间,除特别说明外,所讨论

的不定积分都是在它的连续区间内进行的.

5.1.3 不定积分的几何意义

如果$F(x)$是$f(x)$的一个原函数,那么称曲线$y=F(x)$为被积函数$f(x)$的一条积分曲线.由于$\int f(x)\mathrm{d}x=F(x)+C$,因此,不定积分$\int f(x)\mathrm{d}x$的几何意义是,积分曲线$y=F(x)$沿着$y$轴从$-\infty$到$+\infty$平行移动所得到的积分曲线族.这个积分曲线族中的所有曲线都可表示成$y=F(x)+C$,它们在同一横坐标处的切线彼此平行.如图5-1所示.

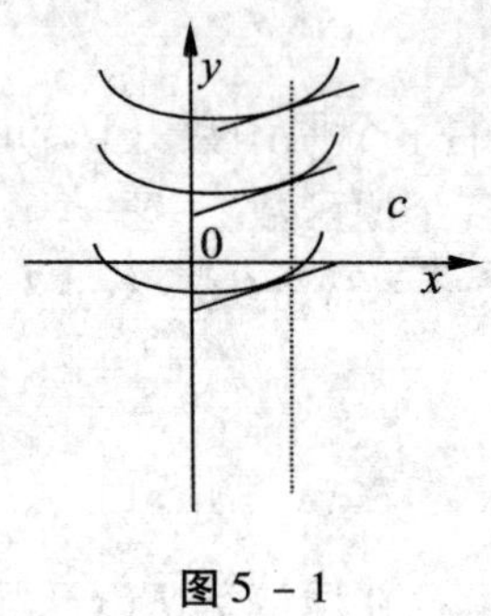

图5-1

5.1.4 不定积分的基本公式

由于不定积分是求导数的逆运算,因此,由求函数的导数基本公式可以得到相应的不定积分基本公式.

(1) $$\int k\mathrm{d}x=kx+C$$

(2) $$\int x^{a}\mathrm{d}x=\frac{1}{1+a}x^{a+1}+C(a\neq-1)$$

(3) $$\int\frac{1}{x}\mathrm{d}x=\ln|x|+C(x\neq0)$$

(4) $$\int a^{x}\mathrm{d}x=\frac{1}{\ln a}a^{x}+C(a>0,a\neq1)$$

(5) $$\int \mathrm{e}^{x}\mathrm{d}x=\mathrm{e}^{x}+C$$

(6) $$\int \sin x\mathrm{d}x=-\cos x+C$$

(7) $$\int \cos x\mathrm{d}x=\sin x+C$$

(8) $$\int \sec^{2}x\mathrm{d}x=\tan x+C$$

(9) $$\int \csc^{2}x\mathrm{d}x=-\cot x+C$$

(10) $$\int \sec x\tan x\mathrm{d}x=\sec x+C$$

(11)　$$\int \csc x \cot x \mathrm{d}x = -\csc x + C$$

(12)　$$\int \frac{1}{\sqrt{1-x^2}} \mathrm{d}x = \arcsin x + C$$

(13)　$$\int \frac{1}{1+x^2} \mathrm{d}x = \arctan x + C$$

上述公式是积分的最基本公式,类似于算术运算的“九九表”,因此必须熟练掌握.

5.1.5　不定积分的性质

性质 1　$\left(\int f(x)\mathrm{d}x\right)' = f(x)$,或者 $\mathrm{d}\int f(x)\mathrm{d}x = f(x)\mathrm{d}x$

性质 2　$\int F'(x)\mathrm{d}x = F(x) + C$,或者$\int \mathrm{d}F(x) = F(x) + C$

两等式表明:导数或微分与不定积分互为逆运算的关系.

性质 3　$\int kf(x)\mathrm{d}x = k\int f(x)\mathrm{d}x$,其中 k 为非零常数.

性质 4　$\int [f(x) \pm g(x)]\mathrm{d}x = \int f(x)\mathrm{d}x \pm \int g(x)\mathrm{d}x$.

性质 4 表明:对有限个函数的和(差)可逐项积分.

利用积分基本公式和积分基本性质,对某些不定积分可以直接计算出来,称这种计算积分的方法为“直接积分法”. 请看下例:

例 3　计算$\int (\sin x + x^3 - \mathrm{e}^x)\mathrm{d}x$.

解
$$\begin{aligned}\int (\sin x + x^3 - \mathrm{e}^x)\mathrm{d}x &= \int \sin x\mathrm{d}x + \int x^3\mathrm{d}x - \int \mathrm{e}^x\mathrm{d}x \\ &= -\cos x + \frac{1}{4}x^4 - \mathrm{e}^x + C\end{aligned}$$

例 4　计算$\int \left(\sec^2 x + \frac{1}{1+x^2}\right)\mathrm{d}x$.

解
$$\begin{aligned}\int \left(\sec^2 x + \frac{1}{1+x^2}\right)\mathrm{d}x &= \int \sec^2 x\mathrm{d}x + \int \frac{1}{1+x^2}\mathrm{d}x \\ &= \tan x + \arctan x + C\end{aligned}$$

对于某些题目,我们可作一些变换后,再直接用积分公式计算.

例 5　计算$\int (1 + \sqrt[3]{x})^2\mathrm{d}x$.

解
$$\begin{aligned}\int (1 + \sqrt[3]{x})^2\mathrm{d}x &= \int (1 + 2x^{\frac{1}{3}} + x^{\frac{2}{3}})\mathrm{d}x \\ &= \int \mathrm{d}x + 2\int x^{\frac{1}{3}}\mathrm{d}x + \int x^{\frac{2}{3}}\mathrm{d}x \\ &= x + \frac{3}{2}x^{\frac{4}{3}} + \frac{3}{5}x^{\frac{5}{3}} + C\end{aligned}$$

例 6 计算$\int\cos^2\frac{x}{2}\mathrm{d}x$.

解

$$\begin{aligned}\int\cos^2\frac{x}{2}\mathrm{d}x &= \frac{1}{2}\int(1+\cos x)\mathrm{d}x\\ &= \frac{1}{2}\int\mathrm{d}x+\frac{1}{2}\int\cos x\mathrm{d}x\\ &= \frac{1}{2}x+\frac{1}{2}\sin x+C\end{aligned}$$

5.1.6 不定积分应用举例

例 7 已知一曲线经过点(1,3),并且曲线上任一点的切线的斜率等于该点横坐标的两倍,求该曲线方程.

解 设所求方程为 $y=F(x)$,据题意可得 $F'(x)=2x$,于是

$$F(x)=\int 2x\mathrm{d}x=x^2+C$$

因为

$$F(1)=3$$

所以 $C=2$,$y=x^2+2$ 就是所求曲线的方程.

例 8 设某企业生产某种产品的边际收入为 $210q-3q^2$(万元/t),求该企业生产该产品的总收入函数,并求出总收入达到最大值时的产值.

解 设该产品的总收入函数是 $R=R(q)$,据题意,有 $R'=210q-3q^2$,因此

$$R(q)=\int R'(q)\mathrm{d}q=\int(210q-3q^2)\mathrm{d}q=105q^2-q^3+C$$

因为产量为零时收入为零,即 $R(0)=0$,所以 $C=0$,故 $R(q)=105q^2-q^3$,令 $R'(q)=0$,解得 $q=70$($q=0$ 舍去),又因为 $R=R(q)$ 的最大值存在,所以产量为 70 t 时,总收入最大.

习题 5.1

A 组

1. 填空题.

(1)$x^2+\sin x$ 的一个原函数是________,而________的原函数是 $x^2+\sin x$.

(2)$\mathrm{d}\int\cos x\mathrm{d}x=$______;$\int\mathrm{d}\cos x=$______;$(\int\cos x\mathrm{d}x)'=$______;$\int\cos' x\mathrm{d}x=$______.

(3)已知 $f(x)$ 的一个原函数为 $\ln|\sec x+\tan x|$,则$\int f(x)\mathrm{d}x=$________.

(4)若 $f(x)$ 的一个原函数是 $\sin x$,则 $f(x)$ 的所有原函数为________.

(5)通过点(1,1)的积分曲线 $y=\int x^2\mathrm{d}x$ 的方程是________.

2. 单选题.

(1) $\int f(x)\mathrm{d}x=\mathrm{e}^x\cos x+C$,则 $f(x)=$(　　)

A. $\mathrm{e}^x(\cos x-\sin x)$　　　　B. $\mathrm{e}^x(\cos x-\sin x)+C$

C. $e^x\cos x$　　D. $-e^x\sin x$

(2)若 $F(x)$、$G(x)$ 均为 $f(x)$ 的原函数,则 $F'(x)-G'(x)=(\quad)$

A. $f(x)$　　B. 0

C. $F(x)$　　D. $f'(x)$

(3)用求导验证的方法选择,$\int\sin 2x\mathrm{d}x=(\quad)$

A. $-\cos 2x+C$　　B. $\cos 2x+C$

C. $-\frac{1}{2}\cos 2x+C$　　D. $-2\cos 2x+C$

3. 计算下列不定积分.

(1) $\int\frac{(x^2+x)(x-1)}{x^2}\mathrm{d}x$　　(2) $\int\sqrt{x}(x+1)\mathrm{d}x$

(3) $\int\sqrt{x\sqrt{x}}\,\mathrm{d}x$　　(4) $\int\frac{e^{2x}-1}{e^x+1}\mathrm{d}x$

4. 应用题.

(1)已知一条曲线上任一点处的切线的斜率等于该点横坐标的倒数,又知曲线过点(1,2),求该曲线的方程.

(2)设某厂产出某产品 q 单位的总收入 R 是 q 的函数 $R(q)$,边际收入函数为 $R'(q)=50-2q$,如果该产品可在市场上全部售出,求总收入函数 $R(q)$.

B 组

计算下列不定积分.

(1) $\int 90^t\mathrm{d}t$　　(2) $\int\frac{2}{\sqrt{1-x^2}}$

(3) $\int\frac{\cos x+\cos 3x}{2}\mathrm{d}x$　　(4) $\int(-\sec^2x+\csc^2x)\mathrm{d}x$

5.2　不定积分的换元积分法

5.2.1　第一换元积分法(凑微分法)

有一些不定积分,虽然不能利用直接积分法进行计算,但是通过适当的变量代换后就可以直接积分了.

定理 5.1　若 $f(u)$ 存在原函数 $F(u)$,$u=\varphi(x)$ 存在连续导数 $\varphi'(x)$,则

$$\int f[\varphi(x)]\varphi'(x)\mathrm{d}x=\int f[\varphi(x)]\mathrm{d}\varphi(x)$$

$$=\int f(u)\mathrm{d}u=F(u)+C$$

这种积分的方法称为第一换元积分法.

例 1　计算 $\int(5+x)^{10}\mathrm{d}x$.

解　由微分性质 $dx = d(5+x)$，只要令 $u = 5+x$ 就有

$$\begin{aligned}\int(5+x)^{10}dx &= \int(5+x)^{10}d(5+x)\\ &= \int u^{10}du = \frac{1}{11}u^{11} + C\\ &= \frac{1}{11}(5+x)^{11} + C\end{aligned}$$

例 2　计算 $\int e^{6x}dx$.

解　由于 $dx = \frac{1}{6}d(6x)$，于是

$$\begin{aligned}\int e^{6x}dx &= \int\frac{1}{6}e^{6x}d(6x)\\ &= \frac{1}{6}\int e^{u}du = \frac{1}{6}e^{u} + C\\ &= \frac{1}{6}e^{6x} + C\end{aligned}$$

第一类换元积分法又形象地被称为凑微分法. 其基本思路根据积分公式的要求，设法"凑"成积分公式类型，然后进行计算. 这个过程没有固定的模式，要具体问题具体分析，要想将计算的不定积分转换为用基本公式计算，方法灵活，技巧性强，只有不断总结和提高.

例 3　计算 $\int 2xe^{x^2}dx$.

解

$$\int 2xe^{x^2}dx = \int e^{x^2}dx^2 = e^{x^2} + C$$

例 4　计算 $\int\tan x dx$.

解

$$\int\tan x dx = \int\frac{\sin x}{\cos x}dx = \int\frac{-1}{\cos x}d\cos x = -\ln|\cos x| + C$$

例 5　计算 $\int\frac{1}{a^2+x^2}dx$.

解

$$\begin{aligned}\int\frac{1}{a^2+x^2}dx &= \int\frac{1}{a^2}\frac{1}{1+\left(\frac{x}{a}\right)^2}dx\\ &= \frac{1}{a}\int\frac{1}{1+\left(\frac{x}{a}\right)^2}d\left(\frac{x}{a}\right)\\ &= \frac{1}{a}\arctan\frac{x}{a} + C\end{aligned}$$

例 6　计算 $\int\frac{1}{x\ln x}dx$.

解　由于 $(\ln x)' = \frac{1}{x}$ 或 $\frac{1}{x}dx = d\ln x$，

则
$$\int \frac{1}{x\ln x}dx = \int \frac{1}{\ln x}d\ln x = \ln|\ln x| + C$$

例7　计算$\int \sin^2 x dx$和$\int \sin^3 x dx$.

解　由于$\sin^2 x = \frac{1-\cos 2x}{2}$,那么
$$\begin{aligned}\int \sin^2 x dx &= \int \frac{1-\cos 2x}{2}dx \\ &= \frac{1}{2}\int dx - \frac{1}{2}\int \cos 2x dx \\ &= \frac{1}{2}x - \frac{1}{4}\int \cos 2x d(2x) \\ &= \frac{x}{2} - \frac{1}{4}\sin 2x + C\end{aligned}$$

由于$\sin^3 x = \sin^2 x \sin x = (1-\cos^2 x)\sin x$,又$\sin x dx = d(-\cos x)$,因此
$$\begin{aligned}\int \sin^3 x dx &= \int (1-\cos^2 x)d(-\cos x) \\ &= \int \cos^2 x d\cos x - \int d\cos x \\ &= \frac{1}{3}\cos^3 x - \cos x + C\end{aligned}$$

上面例子说明了在计算三角函数不定积分时,常用三角函数的平方关系、倍半角公式来降幂,从而使计算简便.

5.2.2　第二换元积分法

所掌握的积分基本公式以及所采用的积分方法,对于被积函数是无理式的不定积分,未必有效.本节仅介绍无理式积分的一些基本方法.

定理5.2　如果$x = \varphi(t)$单调、可导,并且$f(\varphi(t))\varphi'(t)$存在原函数$F(t)$,那么$\int f(x)dx = \int f(\varphi(t))\varphi'(t)dt = F(t) + C = F(\varphi^{-1}(x)) + C$,请看下面的例子.

例8　计算$\int \frac{1}{1+\sqrt{1+x}}dx$.

解　令$\sqrt{1+x} = t$,于是$x = t^2 - 1$,这时$dx = 2tdt$把这些关系式代入原式,得
$$\begin{aligned}\int \frac{1}{1+\sqrt{1+x}}dx &= \int \frac{1}{1+t}2tdt \\ &= \int \left(2 - \frac{2}{1+t}\right)dt \\ &= 2t - 2\ln|1+t| + C \\ &= 2\sqrt{1+x} - 2\ln|1+\sqrt{1+x}| + C\end{aligned}$$

在第二换元积分法中,关键是找到$x = \varphi(t)$.使得对自变量x的积分转化为对变量t的积分,使积分变得容易一些.下面介绍几种常用的换元方法.

1. 三角代换(俗称"脱帽子"运算)

例 9 计算 $\int \sqrt{a^2 - x^2}\,dx$.

解 令 $x = a\sin t$,那么 $dx = a\cos t dt$,因此有

$$\int \sqrt{a^2 - x^2}\,dx = \int \sqrt{a^2 - a^2\sin^2 t}\,a\cos t dt = a^2\int \cos^2 t dt$$

$$= a^2\int \frac{1 + \cos 2t}{2}dt = \frac{a^2}{2}t + \frac{a^2}{4}\sin 2t + C$$

画出以 t 为锐角,x 为对边,a 为斜边的辅助直角三角形,如图 5－2 所示,于是

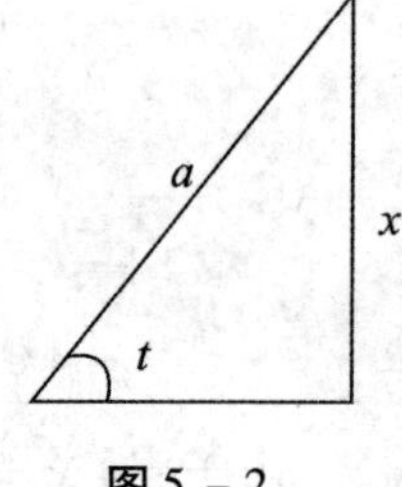

图 5－2

$$\sin t = \frac{x}{a}, \cos t = \frac{\sqrt{a^2 - x^2}}{a}$$

$$\sin 2t = 2\sin t\cos t = \frac{2}{a^2}x\sqrt{a^2 - x^2}$$

因此

$$\int \sqrt{a^2 - x^2}\,dx = \frac{a^2}{2}\arcsin\frac{x}{a} + \frac{x}{2}\sqrt{a^2 - x^2} + C$$

常用的几种三角代换方法:

(1)被积函数形如 $f(x, \sqrt{a^2 - x^2})$ 时,可考虑令 $x = a\sin t$(或 $a\cos t$),代入原式后进行计算.

(2)被积函数形如 $f(x, \sqrt{a^2 + x^2})$ 时,可考虑令 $x = a\tan t$(或 $a\cot t$),代入原式后进行计算.

(3)被积函数形如 $f(x, \sqrt{x^2 - a^2})$ 时,可考虑令 $x = a\sec t$(或 $a\csc t$),代入原式后进行计算.

需说明,用以上三角函数变换,在开根号时都是在主值区间内考虑的,所以通常取正号.

2. 根式代换

例 10 计算 $\int \frac{1}{(1 + \sqrt[3]{x})\sqrt{x}}dx$.

解 令 $x = t^6$, $dx = 6t^5 dt$

$$原式 = \int \frac{6t^5}{(1 + t^2)t^3}dt = 6\int \frac{t^2}{1 + t^2}dt$$

$$= 6\int \frac{t^2 + 1 - 1}{1 + t^2}dt = 6\int\left(1 - \frac{1}{1 + t^2}\right)dt$$

$$= 6t - 6\arctan t + C = 6\sqrt[6]{x} - 6\arctan\sqrt[6]{x} + C$$

例 11 计算 $\int \frac{1}{\sqrt{e^x - 1}}dx$.

解 令 $\sqrt{e^x - 1} = t$,则

$$x = \ln(t^2 + 1), dx = \frac{2t}{t^2 + 1}$$

$$原式 = 2\int \frac{1}{t^2 + 1}dt = 2\arctan t + C = 2\arctan\sqrt{e^x - 1} + C$$

上述两例的基本思路是无理函数有理化. 在做无理函数积分时,思路要开阔,技巧要灵活. 有的情况下,这样做可能就计算不出结果;有的情况下,即使能算出结果,但计算量相当大,在练习中去总结,题目类型做多了,思路自然就会开阔起来.

习题 5.2

A 组

1. 填空题.

(1) $2^x\mathrm{d}x=\mathrm{d}$ ________　　(2) $\dfrac{1}{x}\mathrm{d}x=\mathrm{d}$ ________

(3) $\dfrac{1}{\sqrt{x}}\mathrm{d}x=\mathrm{d}$ ________　　(4) $x\mathrm{e}^{x^2}\mathrm{d}x=\mathrm{d}$ ________

(5) $(3x^2+1)\mathrm{d}x=\mathrm{d}$ ________　　(6) $x\sqrt{x^2-1}\,\mathrm{d}x=\mathrm{d}$ ________

(7) $(2x+1)^2\mathrm{d}x=\mathrm{d}$ ________　　(8) $x\sqrt{x^2-1}\,\mathrm{d}x=\mathrm{d}$ ________

(9) $(a+b)^m\mathrm{d}x=\mathrm{d}$ ________　　(10) $\sin(ax+b)\mathrm{d}x=\mathrm{d}$ ________

(11) $\cos(\omega x+\varphi)\mathrm{d}x=\mathrm{d}$ ________

2. 单选题.

(1) $\int\dfrac{1}{x}\mathrm{d}\left(\dfrac{1}{x}\right)=$ (　　)

A. $-\dfrac{1}{x^2}+C$　　B. $\dfrac{1}{2x^2}+C$

C. $\dfrac{1}{x}+C$　　D. $\ln|x|+C$

(2) 若 $f(x)=1+x$ 则 $\int f(\sqrt{x})\mathrm{d}x=$ (　　)

A. $\dfrac{2}{3}\sqrt{x^3}+x+C$　　B. $\dfrac{2}{3}\sqrt{(x+1)^3}+C$

C. $\dfrac{1}{2\sqrt{x}}+C$　　D. $\dfrac{1}{2\sqrt{x+1}}+C$

(3) $\int\dfrac{2+\ln x}{x}\mathrm{d}x=$ (　　)

A. $2x+\dfrac{1}{2}\ln^2x+C$　　B. $\dfrac{1}{2}(x+\ln x)^2+C$

C. $(2+\ln x)^2+C$　　D. $2\ln x+\dfrac{1}{2}\ln^2x+C$

(4) 要求积分 $\int\dfrac{\sqrt{x^2-2}}{x}\mathrm{d}x$,则令(　　)

A. $x=\sqrt{2}\sin t$　　B. $x=2\tan t$

C. $x=\sqrt{2}\tan t$　　D. $x=\sqrt{2}\sec t$

3. 计算不定积分.

(1) $\int(2x-1)^{12}\mathrm{d}x$

(2) $\int\frac{1}{\sqrt{9-x^2}}\mathrm{d}x$

(3) $\int 3^{2-5x}\mathrm{d}x$

(4) $\int\frac{1}{1-x^2}\mathrm{d}x$

(5) $\int\cos(\omega x+\varphi)\mathrm{d}x$

(6) $\int\sqrt{x+a}\,\mathrm{d}x$

(7) $\int\frac{2}{3+2x}\mathrm{d}x$

(8) $\int\sin mx\cos mx\mathrm{d}x$

(9) $\int\frac{1}{a^2-x^2}\mathrm{d}x$

4. 计算不定积分.

(1) $\int\frac{1}{1+\sqrt{x}}\mathrm{d}x$

(2) $\int\frac{\sqrt{2x+1}}{1+\sqrt{2x+1}}\mathrm{d}x$

(3) $\int\frac{x^2}{\sqrt{1-x^2}}\mathrm{d}x$

(4) $\int\frac{\sqrt{x^2-9}}{x}\mathrm{d}x$

B 组

计算下列不定积分.

(1) $\int x\mathrm{e}^{-x^2}\mathrm{d}x$

(2) $\int\frac{\mathrm{d}x}{x(1+2\ln x)}$

(3) $\int\cos^3x\cdot\sin x\mathrm{d}x$

(4) $\int(10^x-10^{-x})^2\mathrm{d}x$

5.3　分部积分法

前面所介绍的积分方法,都是把一种类型的积分转换成另一种便于计算的积分. 鉴于这样一种思想,借助于两个函数乘积的求导法则,来实现积分转换,这就是下面将要学习的分部积分法.

如果设 u,v 可导,则 $(uv)'=u'v+uv'$ 上式两边积分,有

$$\int(uv)'\mathrm{d}x=\int u'v\mathrm{d}x+\int uv'\mathrm{d}x$$

即

$$\int uv'\mathrm{d}x=uv-\int u'v\mathrm{d}x \text{ 或} \int u\mathrm{d}v=uv-\int v\mathrm{d}u$$

这就是分部积分公式,从公式知若积分 $\int u\mathrm{d}v$ 很难计算,就转化计算 $uv-\int v\mathrm{d}u$.

例 1　计算 $\int x\mathrm{e}^x\mathrm{d}x$.

解

$$\int x\mathrm{e}^x\mathrm{d}x=\int x\mathrm{d}\mathrm{e}^x=x\mathrm{e}^x-\int\mathrm{e}^x\mathrm{d}x=x\mathrm{e}^x-\mathrm{e}^x+C$$

在这个例题中,如果先选择 x 放到微分符号里面去,就有

$$\int xe^x dx = \int e^x d\left(\frac{1}{2}x^2\right) = \frac{1}{2}x^2e^x - \frac{1}{2}\int x^2 de^x = \frac{1}{2}x^2e^x - \frac{1}{2}\int x^2e^x dx$$

这样做非但没有解决问题,反而使得积分式比原来的积分式更复杂了. 按这样的选择方式进行下去,是解决不了问题的. 这个例题说明,合理选择 u 和 v,是用好分部积分法计算不定积分的关键.

例 2　计算$\int x^2e^x dx$.

解
$$\int x^2e^x dx = \int x^2 de^x = x^2e^x - \int e^x dx^2 = x^2e^x - 2\int xe^x dx$$
$$= x^2e^x - 2\int x de^x = x^2e^x - 2(xe^x - e^x) + C$$

这个例子说明,需要连续使用分部积分法,方能完成积分计算.

例 3　计算$\int x\sin 3x dx$.

解
$$\int x\sin 3x dx = \int x d\left(-\frac{1}{3}\cos 3x\right) = -\frac{x}{3}\cos 3x + \frac{1}{3}\int \cos 3x dx$$
$$= -\frac{x}{3}\cos 3x + \frac{1}{9}\sin 3x + C$$

例 4　计算$\int \ln x dx$.

解
$$\int \ln x dx = x\ln x - \int x d\ln x = x\ln x - \int x\frac{1}{x}dx$$
$$= x\ln x - \int dx = x\ln x - x + C$$

例 5　计算$\int x^2\ln x dx$.

解
$$\int x^2\ln x dx = \int \ln x d\left(\frac{1}{3}x^3\right) = \frac{x^3}{3}\ln x - \frac{1}{3}\int x^3 d\ln x$$
$$= \frac{x^3\ln x}{3} - \frac{1}{3}\int x^2 dx = \frac{x^3}{3}\ln x - \frac{1}{9}x^3 + C$$

例 6　计算$\int \arctan x dx$.

解
$$\int \arctan x dx = x\arctan x - \int x d\arctan x = x\arctan x - \int \frac{x}{1+x^2}dx$$
$$= x\arctan x - \frac{1}{2}\ln(1+x^2) + C$$

上面这些例子再一次说明,正确选择 u 和 v 是分部积分法的关键. 一般而言,如果被积函数中出现反三角函数、对数函数、幂函数、三角函数、指数函数时,可依次选择它们当作 u.

在有的情况下,多次分部积分后出现了循环现象,又回到原来的不定积分. 此时可以通过解方程求出该不定积分.

例 7　计算$\int e^{ax}\sin bx dx$.

解
$$\int e^{ax}\sin bx dx = \int \sin bx d\left(\frac{1}{a}e^{ax}\right) = \frac{1}{a}e^{ax}\sin bx - \frac{1}{a}\int e^{ax} d\sin bx$$

$$= \frac{1}{a}e^{ax}\sin bx - \frac{b}{a}\int e^{ax}\cos bx\mathrm{d}x = \frac{1}{a}e^{ax}\sin bx - \frac{b}{a^2}\int \cos bx\mathrm{d}e^{ax}$$

$$= \frac{1}{a}e^{ax}\sin bx - \frac{b}{a^2}e^{ax}\cos bx + \frac{b}{a^2}\int e^{ax}\mathrm{d}\cos bx$$

$$= \frac{1}{a}e^{ax}\sin bx - \frac{b}{a^2}e^{ax}\cos bx - \frac{b^2}{a^2}\int e^{ax}\sin bx\mathrm{d}x\text{（移项）}$$

$$\text{原积分} = e^{ax}\left(\frac{a}{a^2+b^2}\sin bx - \frac{b}{a^2+b^2}\cos bx\right) + C$$

在有的情况下，换元积分法与分部积分法要结合起来使用.

例 8 计算$\int e^{\sqrt{3x+2}}\mathrm{d}x$.

解 令$\sqrt{3x+2}=t$，则$x=\frac{t^2-2}{3}$，因此$\mathrm{d}x=\frac{2}{3}t\mathrm{d}t$，代入原式得

$$\int e^{\sqrt{3x+2}}\mathrm{d}x = \frac{2}{3}\int te^t\mathrm{d}t$$

到此，再用分部积分法进行计算

$$\int e^{\sqrt{3x+2}}\mathrm{d}x = \frac{2}{3}\int te^t\mathrm{d}t = \frac{2}{3}\int t\mathrm{d}e^t = \frac{2}{3}te^t - \frac{2}{3}\int e^t\mathrm{d}t$$

$$= \frac{2}{3}te^t - \frac{2}{3}e^t + C$$

$$= \frac{2}{3}(\sqrt{3x+2}-1)e^{\sqrt{3x+2}} + C$$

关于不定积分的技巧问题，再作一点补充说明. 求不定积分时，运用的方法往往是多样的，到底选用哪种方法？选用的标准就看哪种方法省时省力. 例如，求$\int\frac{\cos x}{1+\sin x}\mathrm{d}x$，如果将$\cos\mathrm{d}x$写成$\mathrm{d}(1+\sin x)$，则不定积分立即就可得出结果. 作为练习，同学们计算以下题目①$\int\frac{\mathrm{d}x}{x(\ln x)^2}$；②$\int\sin^5 x\cos x\mathrm{d}x$；③$\int\frac{\mathrm{d}x}{\sqrt{x}(1+x)}$；④$\int x^2\sqrt{1-x^3}\mathrm{d}x$；⑤$\int\frac{\mathrm{d}x}{\arcsin x\sqrt{1-x^2}}$；⑥$\int\frac{\sin\sqrt{x}}{\sqrt{x}}\mathrm{d}x$.

另外，对于初等函数，在其定义的区间上原函数是一定存在的，但是，我们须明白：原函数存在并不等于原函数都可以用初等函数表示出来. 例如，$\int e^{-x^2}\mathrm{d}x$，$\int\frac{\mathrm{d}x}{\ln x}$，$\int\frac{\sin x}{x}\mathrm{d}x$等看起来简单，然而它们的原函数并不能用初等函数的有限式表示出来.

习 题 5.3

A 组

1. 填空题.

(1) 设函数$f(x)$的二阶导数$f''(x)$是连续的，那么$\int xf''(x)\mathrm{d}x=$________.

(2) $\int[f(x)+xf'(x)]\mathrm{d}x=$ ________.

(3) 已知函数 $f(x)$ 的某个原函数为 $\sin x$,则 $\int xf'(x)\mathrm{d}x=$ ________.

2. 计算不定积分.

(1) $\int x\sin x\mathrm{d}x$

(2) $\int x\arctan x\mathrm{d}x$

(3) $\int \mathrm{e}^x\cos x\mathrm{d}x$

(4) $\int x\mathrm{e}^{-x}\mathrm{d}x$

(5) $\int x^2\cos x\mathrm{d}x$

(6) $\int x\tan^2 x\mathrm{d}x$

3. 设 $f(x)$ 的原函数为 $\frac{\sin x}{x}$,试求 $\int xf'(x)\mathrm{d}x$.

B组

计算不定积分.

(1) $\int x^3\ln x\mathrm{d}x$

(2) $\int \frac{\ln x}{x^3}\mathrm{d}x$

(3) $\int \frac{\mathrm{d}x}{x(1+x)}$

(4) $\int \frac{x^5}{\sqrt{1-x^2}}\mathrm{d}x$

(5) $\int \frac{\sqrt{x}}{1-\sqrt[3]{x}}\mathrm{d}x$

(6) $\int\left[\ln(\ln x)+\frac{1}{\ln x}\right]\mathrm{d}x$

5.4 积 分 表

从计算不定积分的过程中,已经体会到计算不定积分的方法是相当灵活而又复杂的了. 为了使用上的方便,将不定积分用列表的形式给出来. 在列表时按照被积函数式的类别来排列,查表时可根据被积函数的类别来查表. 如果函数类别与表中被积函数相异时,可将被积函数变形后,合乎积分表中的公式,再查表(积分表见附录).

例1 查表计算 $\int \frac{x\mathrm{d}x}{(3x+4)^2}$.

解 在积分表(一) 中,被积函数含有 $ax+b$ 是公式7

$$\int \frac{x\mathrm{d}x}{(ax+b)^2}=\frac{1}{a^2}\left(\ln|ax+b|+\frac{b}{ax+b}\right)+C$$

此时,$a=3,b=4$. 于是

$$\int \frac{x\mathrm{d}x}{(3x+4)^2}=\frac{1}{9}\left(\ln|3x+4|+\frac{4}{3x+4}\right)+C$$

例2 查表计算 $\int \frac{\mathrm{d}x}{9+5\sin x}$.

解 在积分表(十一) 中,被积函数含有 $a+b\sin x$ 是公式101(或102),此时 $a=9,b=5$,于是

$$\int \frac{dx}{9+5\sin x} = \frac{2}{\sqrt{9^2-5^2}}\arctan\frac{9\tan\frac{x}{2}+5}{\sqrt{9^2-5^2}} + C = \frac{2}{\sqrt{56}}\arctan\frac{9\tan\frac{x}{2}+5}{\sqrt{56}} + C$$

例 3　查表计算$\int \frac{dx}{x^2\sqrt{9x^2+4}}$.

解　积分在表中查不到,先进行变量变换,再查表.

令 $3x = t$,则 $x = \frac{1}{3}t$, $dx = \frac{1}{3}dt$,于是

$$\int \frac{dx}{x^2\sqrt{9x^2+4}} = \int \frac{1}{\frac{t^2}{9}\sqrt{t^2+4}}\frac{1}{3}dt = 3\int \frac{dt}{t^2\sqrt{t^2+2^2}}$$

在积分表中,被积函数含有 $\sqrt{t^2+2^2}$ 是表(六)中的公式 38. 此时 $a = 2$,于是得

$$\int \frac{dt}{t^2\sqrt{t^2+2^2}} = -\frac{\sqrt{t^2+4}}{4t} + C = -\frac{\sqrt{9x^2+4}}{12x} + C$$

代回原式

$$\int \frac{dx}{x^2\sqrt{9x^2+4}} = -\frac{\sqrt{9x^2+4}}{4x} + C$$

例 4　查表计算$\int \sin^4 x dx$.

解　在积分表中(十一)类公式 93

$$\int \sin^4 x dx = -\frac{1}{4}\sin^3 x\cos x + \frac{3}{4}\int \sin^2 x dx$$

而积分$\int \sin^2 x dx$ 由 93 得

$$\int \sin^2 x dx = \frac{x}{2} - \frac{1}{4}\sin 2x + C$$

于是原积分为

$$\int \sin^4 x dx = -\frac{1}{4}\sin^3 x\cos x + \frac{3}{4}\left(\frac{x}{2} - \frac{1}{4}\sin 2x\right) + C$$

由例 4 知,凡遇到此类题,可对被积函数先"降幂"再去查表.

习 题 5.4

利用积分表,计算下列不定积分.

(1) $\int \frac{dx}{x(5+4x)^2}$　　(2) $\int \frac{dx}{4-3\cos x}$

(3) $\int \frac{dx}{x\sqrt{4x^2+9}}$　　(4) $\int e^{2x}\cos x dx$

(5) $\int \cos^4 x dx$　　(6) $\int \frac{dx}{(1+x^2)^2}$

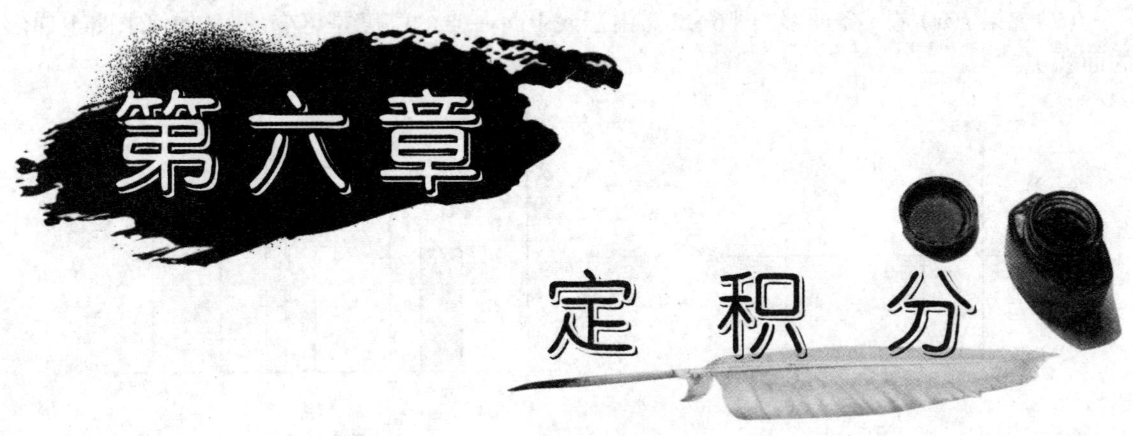

第六章 定积分

学习要点

积分学由不定积分和定积分组成. 不定积分是微分的逆运算,那么不定积分与定积分又有什么内在的联系呢? 早在17世纪中叶,牛顿和莱布尼茨先后提出了定积分的概念,并发现了它们之间的联系. 给出了计算定积分的一般方法,即所谓的"牛顿－莱布尼茨"公式. 这样就为定积分解决实际问题提供了有力的工具,并且将独立的微分学与积分学统一起来了,构成了完整的微积分学体系. 所以本章中的学习要点和重点内容如下:

(1)从实际问题出发,全面正确理解定积分的概念;

(2)掌握定积分的性质;

(3)掌握定积分的计算方法. 牛顿－莱布尼茨公式、换元法和分部积分法.

定积分的概念、性质,计算方法.

6.1 引入定积分问题举例

6.1.1 曲边梯形的面积计算

设连续函数 $f(x)\geqslant 0(x\in[a,b])$,求由曲边 $y=f(x)$,直线 $x=a,x=b$ 及 x 轴所围成的曲边梯形的面积 A.

分析:

(1)如果 $f(x)$ 在 $[a,b]$ 上是常数,如 $f(x)=C$(图 6－1),那么曲边梯形是一个矩形,面积容易求出 $A=C(b-a)$.

(2)如果$f(x)$是一条曲线(图 6-2),由于底上每一点的高度是可变的,又如何求曲边梯形的面积呢?

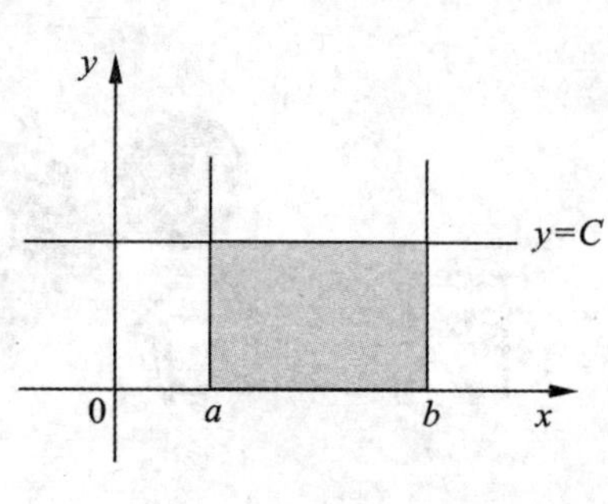

图 6-1

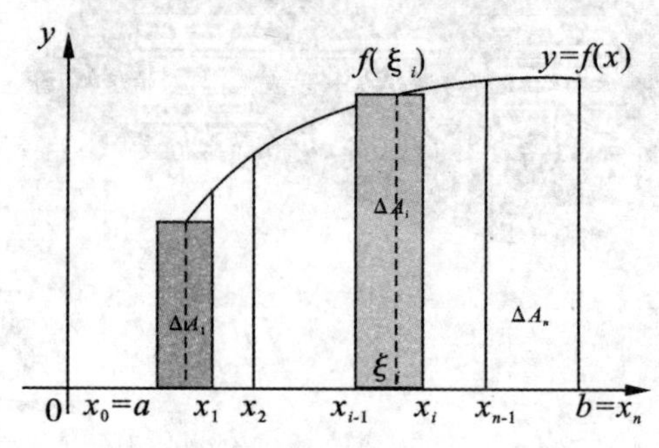

图 6-2

为了解决这个问题,分 3 步进行:

1. 分割

在区间$[a,b]$上任意地插入$n-1$个分点

$$a=x_0<x_1<x_2<\cdots<x_{i-1}<x_i<\cdots<x_{n-1}<x_n=b$$

将区间$[a,b]$分划成n个小区间$I_i=[x_{i-1},x_i]\ (i=1,2,\cdots,n)$,且记小区间的长度为

$$\Delta x_i=x_i-x_{i-1}\ (i=1,2,\cdots,n)$$

2. 求 A 的近似值

过每个分点作平行于y轴的直线段,这些直线段将曲边梯形分划成n个小的曲边梯形,用ΔA_i记第i个小曲边梯形的面积. 由于曲边$f(x)$在$[a,b]$上是连续变化的,但在很小的一段区间$[x_{i-1},x_i]$上的变化是很小的,即可近似地视为不变. 这样一来,对第i个窄小曲边梯形,在其对应区间$I_i=[x_{i-1},x_i]$上任意地取一点ξ_i,以$f(\xi_i)$作为近似高,则

$$\Delta A_i\approx f(\xi_i)\Delta x_i\ (i=1,2,3,\cdots,n)$$

于是

$$A\approx\sum_{i=1}^{n}\Delta A_i=\sum_{i=1}^{n}f(\xi_i)\Delta x_i$$

3. 求 A 的精确值

显然当小区间$I_i=[x_{i-1},x_i]$的长度Δx_i越小,$\Delta A_i\approx f(\xi_i)\Delta x_i$近似程度就越高,使得$A\approx\sum_{i=1}^{n}f(\xi_i)\Delta x_i$近似程度越高,于是为了得到面积$A$的精确值,只需将区间$[a,b]$无限地细分,使得每个小区间的长度都趋向于零.

若记$\lambda=\max\{\Delta x_1,\Delta x_2,\cdots,\Delta x_n\}$,当$\lambda\to 0$时,就得到面积$A$的精确值,即

$$A=\lim_{\lambda\to 0}\sum_{i=1}^{n}f(\xi_i)\Delta x_i$$

6.1.2 变速直线运动的路程

设某物体作变速直线运动,已知速度$v=v(t)$是时间间隔$[T_1,T_2]$上的连续函数,且$v(t)\geqslant 0$,求物体在时间间隔$[T_1,T_2]$内所经过的路程. 由于物体不做匀速运动,因此,不能用匀速运动的计算方法来计算路程,应分 3 步来计算:

1. 分割

在时间间隔$[T_1,T_2]$内任意地插入 $n-1$ 个分点

$$T_1 = t_0 < t_1 < t_2 < \cdots < t_{i-1} < t_i < \cdots < t_{n-1} < t_n = T_2$$

划分成 n 个时间区间即$[t_0,t_1],[t_1,t_2],\cdots,[t_{i-1},t_i],\cdots,[t_{n-1},t_n]$.
各时间区间的长度依次为

$$\Delta t_1 = t_1 - t_0, \Delta t_2 = t_2 - t_1, \cdots, \Delta t_i = t_i - t_{i-1}, \cdots, \Delta t_n = t_n - t_{n-1}$$

记各时间区间内物体运动所经过的路程依次为 $\Delta S_1,\Delta S_2,\cdots,\Delta S_i,\cdots,\Delta S_n$.

2. 求近似值

在时间间隔$[t_{i-1},t_i]$内，物体所经过的路程 ΔS_i 的近似值为

$$\Delta S_i \approx v(\xi_i)\Delta t_i \quad (i = 1,2,\cdots,n)$$

即，将物体在$[t_{i-1},t_i]$上的速度视为不变的，用 $v(\xi_i)$ 来近似代替. 当$[t_{i-1},t_i]$这一时间间隔很短时，S 的近似值为

$$S \approx \sum_{i=1}^{n} \Delta S_i = \sum_{i=1}^{n} v(\xi_i)\Delta t_i$$

3. 求 S 的精确值

若记 $\lambda = \max\{\Delta t_1,\Delta t_2,\cdots,\Delta t_n\}$，当 $\lambda \to 0$ 时，S 的精确值为

$$S = \lim_{\lambda \to 0} \sum_{i=1}^{n} v(\xi_i)\Delta t_i$$

上述两例，尽管其实际意义不同，但有两点是一致的.

(1)曲边梯形的面积值 A 由高 $y=f(x)$ 及 x 的变化区间$[a,b]$来决定；变速直线运动的路程 S 由速度 $v=v(t)$ 及 t 的变化区间$[T_1,T_2]$来决定.

(2)计算 A 与 S 的方法、步骤相同，且均归结到一种结构完全相同的和式极限

$$A = \lim_{\lambda \to 0} \sum_{i=1}^{n} f(\xi_i)\Delta x_i \qquad S = \lim_{\lambda \to 0} \sum_{i=1}^{n} v(\xi_i)\Delta t_i$$

抛开上述问题的实际意义，根据数量关系上的共同属性，引入定积分概念.

6.2　定积分的概念

定义 6.1　设函数 $f(x)$ 在$[a,b]$上连续且有界，在$[a,b]$中任意插入 $n-1$ 个分点

$$a = x_0 < x_1 < x_2 < \cdots < x_{i-1} < x_i < \cdots < x_{n-1} < x_n = b$$

把区间分划成 n 个小区间

$$[x_0,x_1],[x_1,x_2],\cdots,[x_{i-1},x_i],\cdots,[x_{n-1},x_n]$$

各区间的长度依次为

$$\Delta x_1 = x_1 - x_0, \Delta x_2 = x_2 - x_1, \cdots, \Delta x_i = x_i - x_{i-1}, \cdots, \Delta x_n = x_n - x_{n-1}$$

在每个小区间$[x_{i-1},x_i]$上任取一点 $\xi_i(x_{i-1} \leqslant \xi_i \leqslant x_i)$，作函数值 $f(\xi_i)$ 与小区间长度 Δx_i 的乘积 $f(\xi_i)\Delta x_i(i = 1,2,3,\cdots,n)$. 作和式 $S = \sum_{i=1}^{n} f(\xi_i)\Delta x_i$. 记 $\lambda = \max\{\Delta x_1,\Delta x_2,\cdots,\Delta x_n\}$，若不论对区间$[a,b]$上怎样的分法，也不论对小区间$[x_{i-1},x_i]$上的点 ξ_i 怎样的取法，只要当 $\lambda \to 0$ 时，和 S 总趋向于确定的值 I. 称这个极限值 I 为函数 $f(x)$ 在区间$[a,b]$上的定积分.

记作
$$\int_a^b f(x)\,dx$$

即
$$\int_a^b f(x)\,dx = \lim_{\lambda \to 0} \sum_{i=1}^{n} f(\xi_i)\Delta x_i$$

其中，$f(x)$ 叫做被积函数；$f(x)\,dx$ 叫做被积表达式；x 叫做积分变量；$[a,b]$ 叫做积分区间；a 叫做积分下限；b 叫做积分上限. 如果 $f(x)$ 在 $[a,b]$ 上的定积分存在，就说 $f(x)$ 在 $[a,b]$ 上可积.

6.2.1　定积分的几何意义

在 $[a,b]$ 上，当 $f(x) \geqslant 0$ 时，$\int_a^b f(x)\,dx$ 表示由曲线 $y=f(x)$，直线 $x=a$，$x=b$ 与 x 轴所围成的曲边梯形的面积（图 6－3）.

在 $[a,b]$ 上，当 $f(x) \leqslant 0$ 时，$\int_a^b f(x)\,dx$ 表示该曲边梯形面积的负值（图 6－4）. 因此，定积分 $\int_a^b f(x)\,dx$ 是一个确定的数值.

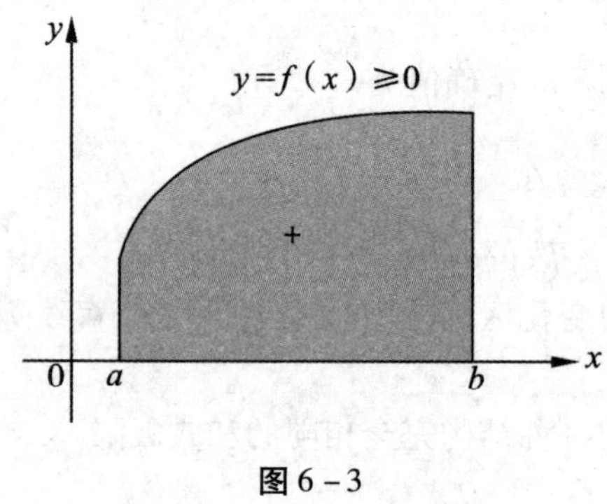

图 6－3

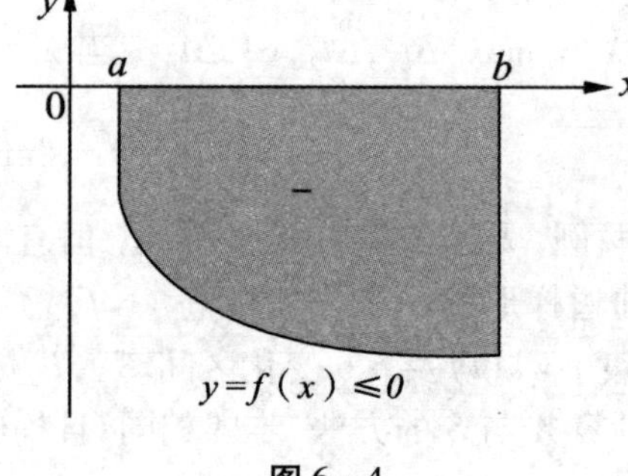

图 6－4

6.2.2　定积分与积分变量无关

（1）定积分 $\int_a^b f(x)\,dx$ 与被积函数 $f(x)$ 及积分区间 $[a,b]$ 有关. 而与积分变量无关，即
$$\int_a^b f(x)\,dx = \int_a^b f(u)\,du = \int_a^b f(t)\,dt$$

（2）为以后计算和应用方便，特规定
$$\int_a^b f(x)\,dx = -\int_b^a f(x)\,dx$$

特别的，当 $a=b$ 时，规定
$$\int_a^a f(x)\,dx = 0$$

一个函数 $f(x)$ 在 $[a,b]$ 上应满足怎样的条件，函数在 $[a,b]$ 上一定可积呢？对于这样的重要问题，不作深入讨论，仅给出下列两个定理.

定理 6.1　设 $f(x)$ 在区间 $[a,b]$ 上连续，则 $f(x)$ 在 $[a,b]$ 上可积.

定理 6.2　设 $f(x)$ 在区间 $[a,b]$ 上有界，且只有有限个间断点，则 $f(x)$ 在 $[a,b]$ 上可积.

6.3　定积分的性质

设$f(x)$，$g(x)$在相应区间上连续，可讨论的定积分性质都在定积分存在的情况下进行，对于定积分的上下限不作限制.

性质1　函数的和(差)的定积分等于它们的定积分的和(差)，即

$$\int_a^b [f(x) \pm g(x)]\mathrm{d}x = \int_a^b f(x)\mathrm{d}x \pm \int_a^b g(x)\mathrm{d}x$$

性质1对有限个函数代数和的积分也成立.

性质2　被积函数的常数因子可以提到定积分符号前面，即

$$\int_a^b kf(x)\mathrm{d}x = k\int_a^b f(x)\mathrm{d}x \quad (k\text{为常数})$$

性质3(定积分的比较性质)　如果在$[a,b]$有$f(x) \geqslant g(x)$，则

$$\int_a^b f(x)\mathrm{d}x \geqslant \int_a^b g(x)\mathrm{d}x(a < b)$$

性质4(定积分的可加性)　若将定积分区间分为两部分，则在整个区间上的定积分等于这两部分区间上定积分之和，即

$$\int_a^b f(x)\mathrm{d}x = \int_a^c f(x)\mathrm{d}x + \int_c^b f(x)\mathrm{d}x$$

性质5(定积分的估值性质)　设M,m为$f(x)$在$[a,b]$上的最大值、最小值，则

$$m(b-a) \leqslant \int_a^b f(x)\mathrm{d}x \leqslant M(b-a)$$

习题6.3

A组

1. 画出下列用定积分表示的曲边梯形的面积.

(1)$\int_1^4 \mathrm{d}x$　　(2)$\int_0^1 \mathrm{e}^x\mathrm{d}x$　　(3)$\int_{-1}^1 x^3\mathrm{d}x$

2. 利用定积分的几何意义，说明下列等式的含义.

(1)$\int_0^2 (x+1)\mathrm{d}x = 4$　　(2)$\int_0^1 2x\mathrm{d}x = 1$

(3)$\int_0^1 \sqrt{1-x^2}\mathrm{d}x = \frac{\pi}{4}$　　(4)$\int_{-\pi}^{\pi} \pi\sin x\mathrm{d}x = 0$

(5)$\int_{-\frac{\pi}{2}}^{\frac{\pi}{2}} \cos x\mathrm{d}x = 2\int_0^{\frac{\pi}{2}} \cos x\mathrm{d}x$

3. 不计算积分，比较下列各组积分值的大小.

(1)$\int_0^1 x\mathrm{d}x, \int_0^1 x^2\mathrm{d}x$　　(2)$\int_1^2 x\mathrm{d}x, \int_1^2 x^2\mathrm{d}x$　　(3)$\int_0^{\frac{\pi}{2}} x\mathrm{d}x, \int_0^{\frac{\pi}{2}} \sin x\mathrm{d}x$

4. 估计下列积分值.

(1) $\int_{1}^{4}(x^2+1)\mathrm{d}x$　　(2) $\int_{0}^{-2}x\mathrm{e}^x\mathrm{d}x$

B 组

1. 证明下列不等式.

(1) $1<\int_{0}^{1}\mathrm{e}^x\mathrm{d}x<\mathrm{e}$　　(2) $0<\int_{0}^{\frac{\pi}{2}}\sin 2x\mathrm{d}x\leqslant 1$

2. 估计下列积分的值.

(1) $\int_{1}^{2}\frac{x}{1+x^2}\mathrm{d}x$　　(2) $\int_{1}^{4}\frac{1}{\sqrt{x}}\mathrm{d}x$

6.4　牛顿 - 莱布尼茨公式

根据定积分的定义来计算定积分比较复杂,有时甚至不可能计算. 下面学习的牛顿 - 莱布尼茨公式提供了计算定积分的有效而简便的方法.

定理 6.3　设函数 $f(x)$ 在 $[a,b]$ 上连续, $F(x)$ 为 $f(x)$ 在 $[a,b]$ 上的原函数,则 $\int_{a}^{b}f(x)\mathrm{d}x=F(b)-F(a)$,记为 $F(x)\big|_a^b$ 或 $[F(x)]_a^b$.

牛顿 - 莱布尼茨公式是积分学中最基本的公式,它是由牛顿(Newton)和莱布尼茨(Leibniz)在 17 世纪首先发现的,故被命名为牛顿 - 莱布尼茨公式. 公式揭示了积分学中不定积分与定积分的内在联系. 不定积分是作为导数(或微分)的逆运算引入的,所以也可以说它建立了微分学与积分学之间的联系,由于这个原因,通常也称之为微积分基本公式.

需要强调的是在用此公式求定积分时,先求出 $f(x)$ 在 $[a,b]$ 上的一个原函数 $F(x)$. 然后再计算 $F(b)$ 与 $F(a)$ 之差.

例 1　计算 $\int_{1}^{2}\frac{\mathrm{d}x}{x}$.

解　因为 $\ln|x|$ 是 $\frac{1}{x}$ 的一个原函数,因此

$$\int_{1}^{2}\frac{\mathrm{d}x}{x}=[\ln|x|]_1^2=\ln 2$$

例 2　计算 $\int_{0}^{1}x^2\mathrm{d}x$.

解　因为 $\frac{1}{3}x^3$ 是 x^2 的一个原函数,因此

$$\int_{0}^{1}x^2\mathrm{d}x=\left[\frac{1}{3}x^3\right]_0^1=\frac{1}{3}-0=\frac{1}{3}$$

在计算熟练后,可以两步作一步走. 同时,在作积分计算时,方法要灵活.

例 3　求 $\int_{1}^{2}\left(3x^2+\frac{1}{x}\right)\mathrm{d}x$.

解

$$\int_{1}^{2}\left(3x^2+\frac{1}{x}\right)\mathrm{d}x=\int_{1}^{2}3x^2\mathrm{d}x+\int_{1}^{2}\frac{1}{x}\mathrm{d}x$$

$$= [x^3]_1^2 + [\ln|x|]_1^2$$
$$= 8 - 1 + \ln 2 - \ln 1 = 7 + \ln 2$$

例 4　求$\int_0^{\frac{\pi}{2}} 2\sin^2\frac{x}{2}\mathrm{d}x$.

解
$$\int_0^{\frac{\pi}{2}} 2\sin^2\frac{x}{2}\mathrm{d}x = \int_0^{\frac{\pi}{2}}(1-\cos x)\mathrm{d}x$$
$$= \int_0^{\frac{\pi}{2}}\mathrm{d}x - \int_0^{\frac{\pi}{2}}\cos x\mathrm{d}x = [x]_0^{\frac{\pi}{2}} - [\sin x]_0^{\frac{\pi}{2}}$$
$$= \frac{\pi}{2} - \sin\frac{\pi}{2} + \sin 0 = \frac{\pi}{2} - 1$$

例 5　求$\int_0^1 \frac{x^2}{1+x^2}\mathrm{d}x$.

解
$$\int_0^1 \frac{x^2}{1+x^2}\mathrm{d}x = \int_0^1 \frac{x^2+1-1}{1+x^2}\mathrm{d}x$$
$$= \int_0^1\left(1-\frac{1}{1+x^2}\right)\mathrm{d}x$$
$$= [x - \arctan x]_0^1 = 1 - \frac{\pi}{4}$$

例 6　求$\int_{-1}^2 |x|\mathrm{d}x$.

解　由于$f(x) = |x| = \begin{cases} x & (0 < x \leqslant 2) \\ -x & (-1 \leqslant x \leqslant 0) \end{cases}$

于是
$$\int_{-1}^2 |x|\mathrm{d}x = \int_{-1}^0(-x)\mathrm{d}x + \int_0^2 x\mathrm{d}x$$
$$= \left[-\frac{1}{2}x^2\right]_{-1}^0 + \left[\frac{1}{2}x^2\right]_0^2$$
$$= \frac{1}{2} + 2 = \frac{5}{2}$$

习题 6.4

A 组

1. 求下列定积分.

(1) $\int_1^2\left(x+\frac{1}{x}\right)^2\mathrm{d}x$　　(2) $\int_0^{\pi}(\cos x + \sin x)\mathrm{d}x$

(3) $\int_{-\frac{1}{2}}^{\frac{1}{2}}\frac{1}{\sqrt{1-x^2}}\mathrm{d}x$　　(4) $\int_{\frac{1}{\sqrt{3}}}^{\sqrt{3}}\frac{1}{1+x^2}\mathrm{d}x$

(5) $\int_0^1 \mathrm{e}^{2x}\mathrm{d}x$　　(6) $\int_{-\frac{\pi}{2}}^{\frac{\pi}{2}}\cos^2 t\mathrm{d}t$

(7) $\int_1^4 \sqrt{x}\,dx$

2. $f(x)=\begin{cases} x^2 & (-1\leqslant x\leqslant 0) \\ x-1 & (0<x\leqslant 1)\end{cases}$，求$\int_{-\frac{1}{2}}^{\frac{1}{2}} f(x)\,dx$.

3. 求由 $y=x^2$ 与直线 $x=1, x=2$ 及 x 轴所成的图形的面积.

B 组

1. 求下列定积分.

(1) $\int_a^b x^n dx$　　(2) $\int_a^b \frac{1}{x^2}dx$

2. 计算下列积分.

(1) $\int_0^{2\pi} |\sin x|\,dx$　　(2) $\int_4^1 \left(\sqrt{x}+\frac{1}{\sqrt{x}}\right)dx$

(3) $\int_0^1 \frac{e^x-e^{-x}}{2}dx$

6.5 定积分的计算方法

由上一节知，定积分的计算方法与不定积分的计算联系十分紧密，通常计算一个定积分可以先通过计算一个相应的不定积分来实现. 因此定积分的计算也有换元积分法与分部积分法.

6.5.1 定积分的换元积分法

定理 6.4（定积分换元积分法） 若函数 $f(x)$ 在 $[a,b]$ 上连续，$x=\varphi(t)$ 在 $[\alpha,\beta]$ 上有连续导数，且满足

$$\varphi(\alpha)=a, \varphi(\beta)=b, a\leqslant\varphi(t)\leqslant b, t\in[\alpha,\beta]$$

则有定积分换元公式

$$\int_a^b f(x)\,dx=\int_\alpha^\beta f[\varphi(t)]\varphi'(t)\,dt \text{（证明略）}$$

从公式看到，在用换元法计算定积分时，一旦用新变量表示原函数后，不必作变量还原，而只要用新的积分限进行计算就可以了. 但要注意，在换元的同时必须换限.

例 1 $\int_1^4 \frac{dx}{1+\sqrt{x}}$.

解 令 $\sqrt{x}=t$，则

$$x=t^2, dx=2t\,dt, x=1, t=1; x=4, t=2$$

$$\text{原式}=\int_1^2 \frac{2t\,dt}{1+t}=2\int_1^2\left(1-\frac{1}{1+t}\right)dt=2[t-\ln(1+t)]\Big|_1^2=2\left(1-\ln\frac{3}{2}\right)$$

例 2 $\int_0^a \sqrt{a^2-x^2}\,dx$.

解 令 $x=a\sin t$，则

$$\sqrt{a^2-x^2}=a\cos t, dx=a\cos t\,dt, x=0, t=0; x=a, t=\frac{\pi}{2}$$

$$原式 = \int_0^{\frac{\pi}{2}} a\cos t \cdot a\cos t\mathrm{d}t = a^2\int_0^{\frac{\pi}{2}} \frac{1+\cos 2t}{2}\mathrm{d}t = \frac{a^2}{2}\left(t + \frac{1}{2}\sin 2t\right)\Big|_0^{\frac{\pi}{2}} = \frac{\pi}{4}a^2$$

例3　计算$\int_0^{\frac{\pi}{2}} \sin t\cos^2 t\mathrm{d}t$.

解　逆向使用公式,令 $x = \cos t, \mathrm{d}x = -\sin t\mathrm{d}t$,当 t 由 0 变到$\frac{\pi}{2}$时,x 由 1 减到 0,则有

$$\int_0^{\frac{\pi}{2}} \sin t\cos^2 t\mathrm{d}t = -\int_1^0 x^2\mathrm{d}x = \int_0^1 x^2\mathrm{d}x = \frac{1}{3}$$

例4　$f(x)$ 在$[-a,a]$上连续,证明:

(1)若$f(x)$为偶函数,则$\int_{-a}^{a} f(x)\mathrm{d}x = 2\int_0^a f(x)\mathrm{d}x$.

(2)若$f(x)$为奇函数,则$\int_{-a}^{a} f(x)\mathrm{d}x = 0$.

证明

$$\int_{-a}^{a} f(x)\mathrm{d}x = \int_{-a}^{0} f(x)\mathrm{d}x + \int_0^a f(x)\mathrm{d}x$$

对$\int_{-a}^{0} f(x)\mathrm{d}x$,令 $x = -t$,则

$$\int_{-a}^{0} f(x)\mathrm{d}x = \int_a^0 f(-t)\mathrm{d}(-t) = \int_0^a f(-t)\mathrm{d}t$$

记为

$$\int_0^a f(-x)\mathrm{d}x$$

得

$$\int_{-a}^{a} f(x)\mathrm{d}x = \int_0^a [f(x) + f(-x)]\mathrm{d}x$$

(1)若$f(x)$为偶函数,则$f(-t) = f(t)$,故

$$\int_{-a}^{a} f(x)\mathrm{d}x = 2\int_0^a f(x)\mathrm{d}x$$

(2)若$f(x)$为奇函数,则$f(-t) = -f(t)$,故

$$\int_{-a}^{a} f(x)\mathrm{d}x = 0$$

例5　利用例4的结论求$\int_{-1}^{1} \frac{x+1}{x^2+1}\mathrm{d}x$.

解　由

$$\int_{-1}^{1} \frac{x+1}{x^2+1}\mathrm{d}x = \int_{-1}^{1} \frac{x}{x^2+1}\mathrm{d}x + \int_{-1}^{1} \frac{1}{x^2+1}\mathrm{d}x$$

而 $y = \frac{x}{1+x^2}$ 是奇函数,因此

$$\int_{-1}^{1} \frac{x}{x^2+1}\mathrm{d}x = 0$$

又 $y = \frac{1}{1+x^2}$ 是偶函数,因此

$$\int_{-1}^{1} \frac{1}{x^2+1}\mathrm{d}x = 2\int_0^1 \frac{1}{x^2+1}\mathrm{d}x = 2\arctan x\Big|_0^1 = \frac{\pi}{2}$$

于是,积分$\int_{-1}^{1}\frac{x+1}{x^2+1}dx=\frac{\pi}{2}$.

6.5.2 定积分的分部积分法

定理6.5(定积分分部积分法) 若$u(x),v(x)$为$[a,b]$上的连续可微函数,则有定积分分部积分公式

$$\int_a^b u(x)v'(x)dx=u(x)v(x)\Big|_a^b-\int_a^b u'(x)v(x)dx.$$

证明 因为uv是$uv'+u'v$在$[a,b]$上的一个原函数,所以有

$$\int_a^b u(x)v'(x)dx+\int_a^b u'(x)v(x)dx=\int_a^b[u(x)v'(x)+u'(x)v(x)]dx=u(x)v(x)\Big|_a^b$$

移项后即为上式.

为方便起见,将公式写成

$$\int_a^b u(x)dv(x)=u(x)v(x)\Big|_a^b-\int_a^b v(x)du(x)$$

这个公式与不定积分的分部积分公式十分相似,但须注意的是这个公式每项都带有积分限.

例6 $\int_1^e x\ln x dx$.

解 原式 $=\frac{1}{2}\int_1^e \ln x dx^2=\frac{1}{2}x^2\ln x\Big|_1^e-\frac{1}{2}\int_1^e x^2\cdot\frac{1}{x}dx=\frac{e^2}{2}-\frac{x^2}{4}\Big|_1^e=\frac{e^2+1}{4}$

例7 $\int_0^1 x\arctan x dx$.

解

$$\begin{aligned}原式&=\frac{1}{2}\int_0^1 \arctan x dx^2=\frac{1}{2}x^2\arctan x\Big|_0^1-\frac{1}{2}\int_1^e x^2\cdot\frac{1}{1+x^2}dx\\&=\frac{\pi}{8}-\frac{1}{2}(x-\arctan x)\Big|_0^1=\frac{\pi-2}{4}\end{aligned}$$

例8 $\int_0^1 e^{\sqrt{x}}dx$.

解 令$\sqrt{x}=t$,即$x=t^2$,当$x=0,t=0$;当$x=1,t=1$

$$原式=\int_0^1 e^t 2t dt=2\int_0^1 t de^t=2\left(te^t\Big|_0^1-\int_0^1 e^t dt\right)=2e-2e^t\Big|_0^1=2$$

例9 计算$\int_1^e x^2\ln x dx$.

解

$$\begin{aligned}原式&=\int_1^e x^2\ln x dx=\frac{1}{3}\int_1^e \ln x d(x^3)\\&=\frac{1}{3}\left(x^3\ln x\Big|_1^e-\int_1^e x^2 dx\right)\\&=\frac{1}{3}\left(e^3-\frac{1}{3}x^3\Big|_1^e\right)=\frac{1}{9}(2e^3+1)\end{aligned}$$

习题 6.5

A 组

1. 用换元积分法计算下列定积分.

(1) $\int_0^1 (2x-1)^4 dx$　　(2) $\int_0^{\frac{\pi}{2}} \cos^3 x dx$

(3) $\int_0^2 \sqrt{4-x^2} dx$　　(4) $\int_0^1 \frac{x}{1+x^2} dx$

(5) $\int_1^e \frac{1+\ln x}{x} dx$　　(6) $\int_2^5 \frac{x}{\sqrt{x-1}} dx$

(7) $\int_0^1 \frac{\arctan x}{1+x^2} dx$　　(8) $\int_0^1 \frac{1}{e^x+e^{-x}} dx$

2. 用分部积分法计算下列定积分.

(1) $\int_0^{\frac{\pi}{2}} x\cos 2x dx$　　(2) $\int_0^{\frac{\pi}{2}} e^x \sin x dx$

(3) $\int_0^{\frac{1}{2}} \arcsin x dx$　　(4) $\int_0^1 x e^{-x} dx$

(5) $\int_0^{\frac{\pi}{\omega}} t\sin\omega t dt$

3. 计算下列定积分.

(1) $\int_0^1 \frac{1}{1+e^x} dx$　　(2) $\int_0^1 x^2\sqrt{1-x^2} dx$

(3) $\int_0^{\frac{\pi}{2}} x^2 \sin x dx$　　(4) $\int_0^1 \frac{x}{\sqrt{1-x^2}} dx$

(5) $\int_0^2 \ln(5+x) dx$　　(6) $\int_1^e \frac{3-\ln x}{x} dx$　　(7) $\int_0^1 \frac{\sqrt{x}}{3-\sqrt{x}} dx$

4. 设函数 $f(x)$ 在[0,9] 上连续,并且 $\int_0^9 f(x) dx = 8$,求 $\int_0^3 x f(x^2) dx$.

B 组

1. 计算下列积分.

(1) $\int_0^1 t e^{\frac{t^2}{2}} dt$　　(2) $\int_{-2}^2 \frac{x+1}{x^2+1} dx$

(3) $\int_{-1}^1 \frac{x^4}{x^2+1} dx$　　(4) $\int_1^4 \frac{\ln x}{\sqrt{x}} dx$

2. 计算 $\int_0^1 \frac{\ln(1+x)}{1+x^2} dx$ 的值.

3. 计算 $\int_0^1 \sqrt{1-x^2} dx$ 的值.

学习要点

在解决类似于“曲边梯形的面积”“物体作变速直线运动的路程”等实际问题中，定积分有着广泛的应用. 应先掌握“微元法”是如何将一个具体问题表述为定积分的. 从而，掌握“微分法”的思想和方法，进一步加深理解和掌握定积分的理论和它的实际应用.

本章的学习要点重点如下：

(1) 定积分的微元法；

(2) 掌握定积分求曲边形平面图形面积，简单几何体体积的方法.

微分法，用定积分求平面图形面积及简单立体体积.

7.1　定积分的微元法

定积分概念的引入，体现了在微观意义下，没有什么“曲、直”之分，“曲顶”的图形可以看成是“平顶”的，“不均匀”的可以看成是“均匀”的. 简单地说，就是以“直”代“曲”，以“不变”代“变”. 用这一思想来指导实际应用，许多计算公式可以比较便利地得出来.

引例 7.1　求如图 7－1 所示图形的面积时，在 $[a,b]$ 上任取一点 x，此处任给一个“宽度”Δx，那么这个微小的“矩形”的面积为

$$dS = f(x)\Delta x = f(x)dx$$

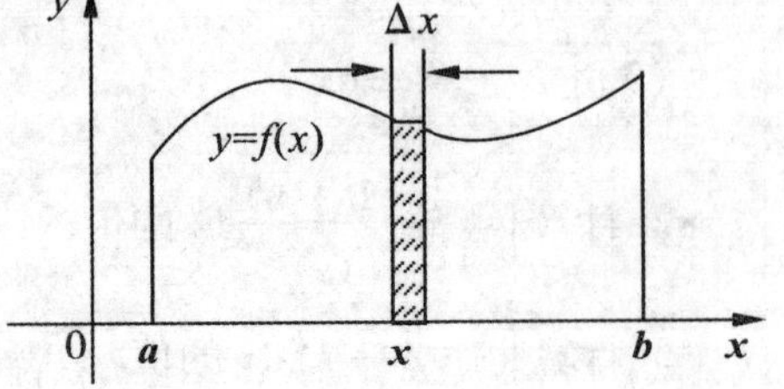

图 7－1

此时把 $dS = f(x)dx$ 称为“面积微元”. 把这些微小的面积全

部累加起来,就是整个图形的面积了.这种累加通过什么来实现呢?当然就是通过积分,它就是

$$S = \int_a^b f(x)\,dx.$$

这些"面积微元",几乎就是细线段,当这些数不清的"细线段"一根一根地累加起来,就形成了整个图形的面积.把这样的思想方法称为"微元法".

引例7.2　求变速直线运动的质点的运行路程的时候,在 T_0 到 T_1 的时间内,任取一个时间值 t,再任给一个时间增量 Δt,那么在这个非常短暂的时间增量(Δt)内质点作匀速运动,质点的速度为 $v(t)$,其运行的路程当然就是

$$dS = v(t)\Delta t = v(t)\,dt$$

$dS = v(t)\,dt$ 就是"路程微元",把它全部累加就是

$$S = \int_{T_0}^{T_1} v(t)\,dt$$

用微元法的思想方法,还可以建立"弧长微元""体积微元"等.所以微元法在解决实际问题中非常有用.

7.2　平面图形的面积

下面应用微元法,推出由两条直线和两条曲线围成的平面图形面积的计算公式.

设平面图形由平行于 y 轴的两条直线 $x = a$;$x = b$ 和两条曲线 $y = g(x)$;$y = f(x)$ 所围成,那么称该图形为 X-型的平面图形.如图7-2所示.

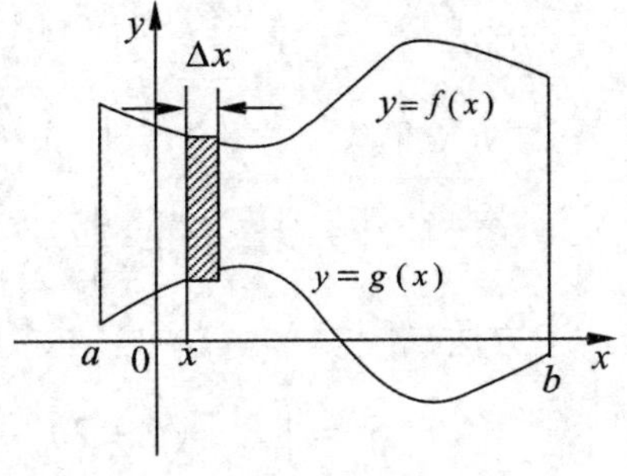

图7-2

为了求这个图形的面积 S,在 $[a,b]$ 上任取一点 x,再任给 x 一个增量 Δx,于是面积微元为

$$dS = [f(x) - g(x)]\Delta x = [f(x) - g(x)]\,dx$$

于是

$$S = \int_a^b [f(x) - g(x)]\,dx$$

一般有

$$dS = |f(x) - g(x)|\Delta x = |f(x) - g(x)|\,dx$$

因此

$$S = \int_a^b |f(x) - g(x)|\,dx$$

平面图形由平行于 x 轴的两条直线 $y = c$;$y = d$ 和两条曲线 $x = f(y)$;$x = g(y)$ 所围成,如图7-3所示.

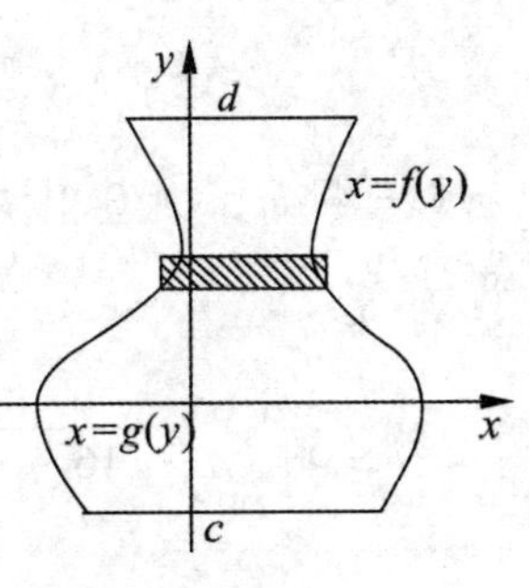

图7-3

为求这个图形的面积 S,在 $[c,d]$ 上任取一点 y,再任给 y 一个增量 Δy,于是面积微元为

$$dS = [f(y) - g(y)]\Delta y = [f(y) - g(y)]\,dy$$

于是

$$S = \int_c^d [f(y) - g(y)]\,dy$$

一般有

$$dS = |f(y) - g(y)| \Delta y = |f(y) - g(y)| dy$$

于是

$$S = \int_c^d |f(y) - g(y)| dy$$

例 1 求由曲线 $x = y^2$ 以及直线 $y = x - 2$ 所围的平面图形的面积(图 7 - 4).

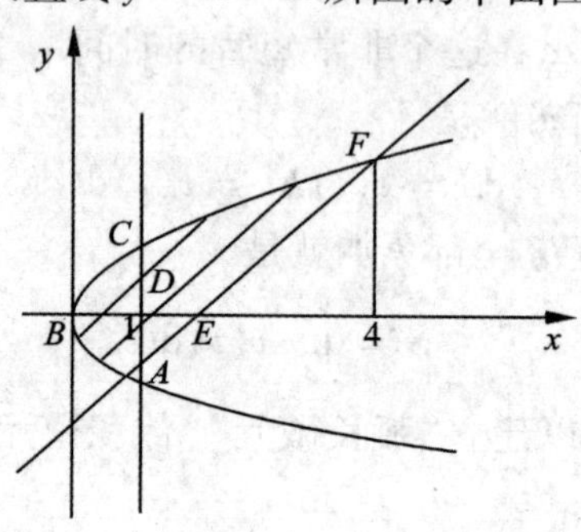

图 7 - 4

解 求交点. 由$\begin{cases} x = y^2 \\ y = x - 2 \end{cases}$,得 $A(1, -1)$, $F(4,2)$

方法一

$$S = \int_0^1 [\sqrt{x} - (-\sqrt{x})] dx + \int_1^4 [\sqrt{x} - (x - 2)] dx$$

$$= \frac{4}{3}\sqrt{x^3}\Big|_0^1 + \left(\frac{2}{3}\sqrt{x^3} - \frac{1}{2}x^2 + 2x\right)\Big|_1^4 = \frac{4}{3} + \frac{19}{6} = \frac{9}{2}$$

方法二

$$S = \int_{-1}^2 [(y + 2) - y^2] dy = \left(\frac{1}{2}y^2 + 2y - \frac{1}{3}y^3\right)\Big|_{-1}^2 = \frac{10}{3} + \frac{7}{6} = \frac{9}{2}$$

例 2 求椭圆 $9x^2 + 16y^2 = 144$ 的面积.

解 根据椭圆的对称性,所求椭圆的面积 $S = 4S_1$(图 7 - 5)

于是

$$S = 4\int_0^4 \frac{3}{4}\sqrt{16 - x^2} dx$$

令 $x = 4\sin t$, x 从 0 单调递增变到 4,相当于 t 从 0 单调递增变到 $\frac{\pi}{2}$,于是

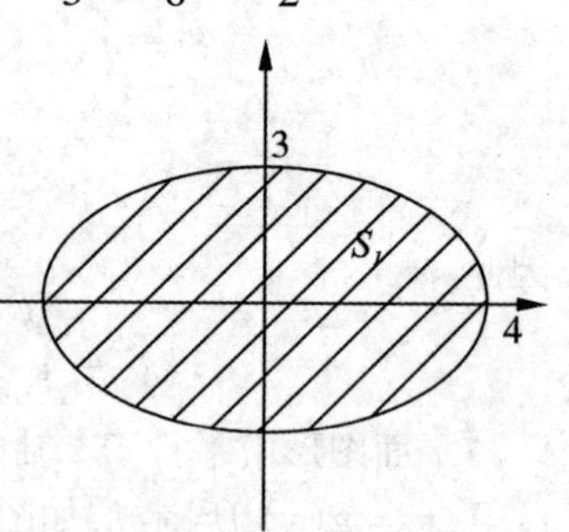

图 7 - 5

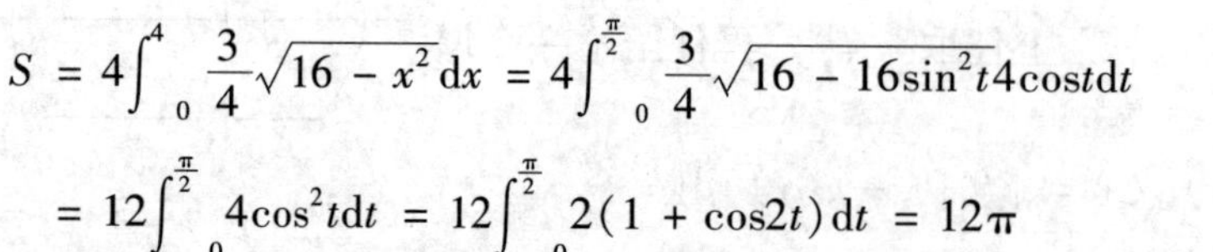

$$S = 4\int_0^4 \frac{3}{4}\sqrt{16 - x^2} dx = 4\int_0^{\frac{\pi}{2}} \frac{3}{4}\sqrt{16 - 16\sin^2 t} 4\cos t dt$$

$$= 12\int_0^{\frac{\pi}{2}} 4\cos^2 t dt = 12\int_0^{\frac{\pi}{2}} 2(1 + \cos 2t) dt = 12\pi$$

在计算平面图形面积的过程中,经常会遇到对称图形. 在这种情况下,只要求某一部分图形的面积,再利用对称性即可得出最终的结果.

习题 7.2

A 组

1. 求下列图形中画有斜线部分的面积.

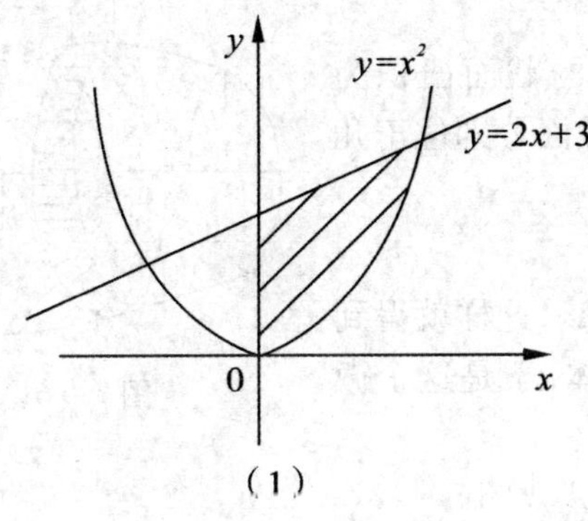

(1)

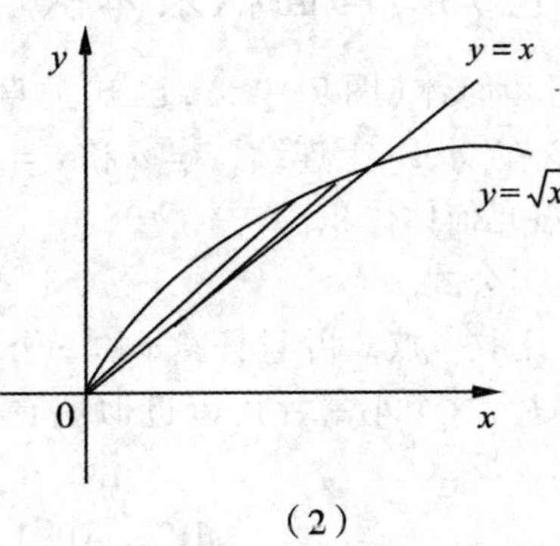

(2)

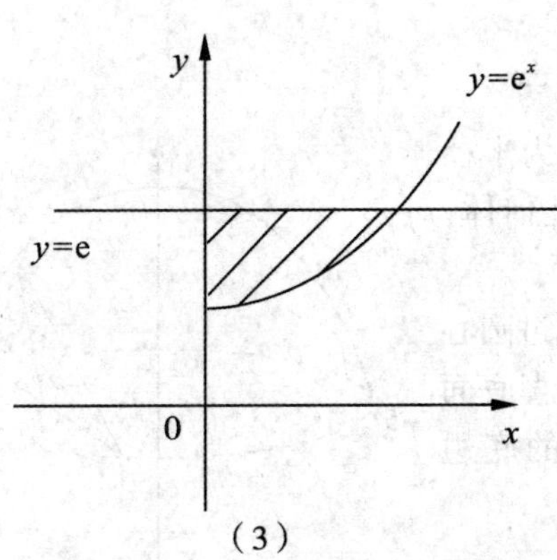

(3)

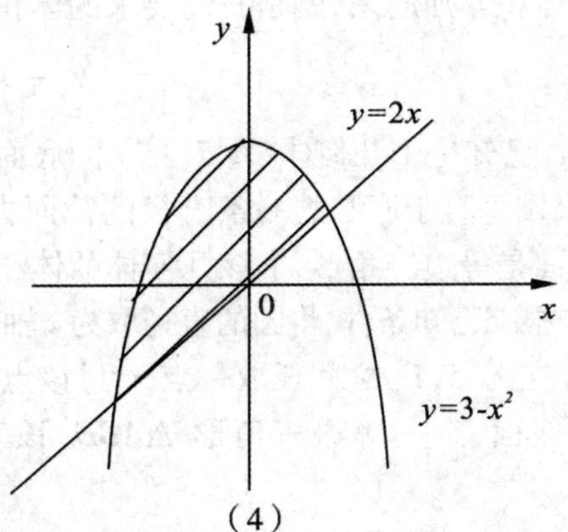

(4)

2. 求曲线 $y=x^2, y=(x-2)^2$ 与 x 轴围成的图形的面积.

3. 求下列曲线所围成的图形的面积.

(1) $y=\sin x(0\leqslant x\leqslant \pi), y=0$

(2) $y=x^3, y=x$

B 组

1. 求由曲线 $y=e^x, y=e^{-x}, x=1$ 所围成的图形的面积.

2. 求椭圆 $\frac{x^2}{a^2}+\frac{y^2}{b^2}=1$ 的面积.

7.3 几何体体积

本节仅介绍特殊的几何体求其体积的问题. 其一,已知几何体截面面积求体积;其二,求由一平面图形绕坐标轴旋转生成的立体体积. 下面逐一介绍.

7.3.1 已知截面面积求体积

设一个空间几何体(图 7-6),已知垂直 x 轴的截面面积为 $A(x)$,并且 $A(x)$ 在 $[a,b]$ 上连续,$x=a$ 和 $x=b$ 的截面分别位于几何体的两端,求该几何体体积.

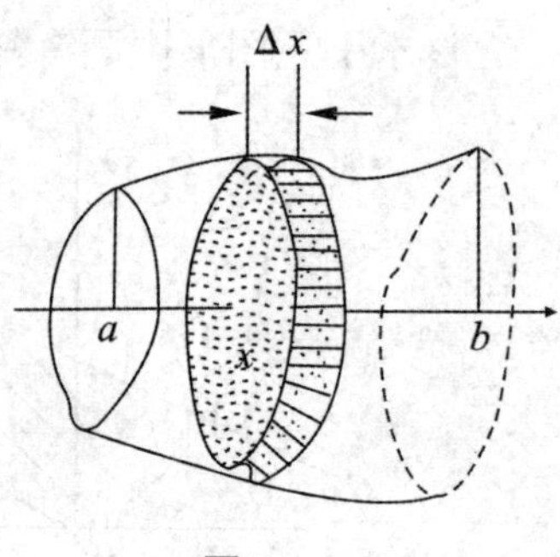

图 7-6

用微元法导出公式.

在 $[a,b]$ 上任取一点 x,并且任给 x 的一个增量 Δx,这样就得到一个非常薄的薄片,这个小薄片可以近似地看成柱体,于是这个微小的柱体体积为

$$dV = A(x)\Delta x = A(x)dx$$

把这些小体积累加起来,就是我们要求的体积. 即

$$V = \int_a^b A(x)dx$$

例1 已知一个几何体(图 7-7) 的底面是以 5 为半径的圆,如果用垂直于底圆的一条直径的截面去截该几何体,截得的截面是等边三角形,求该几何体的体积.

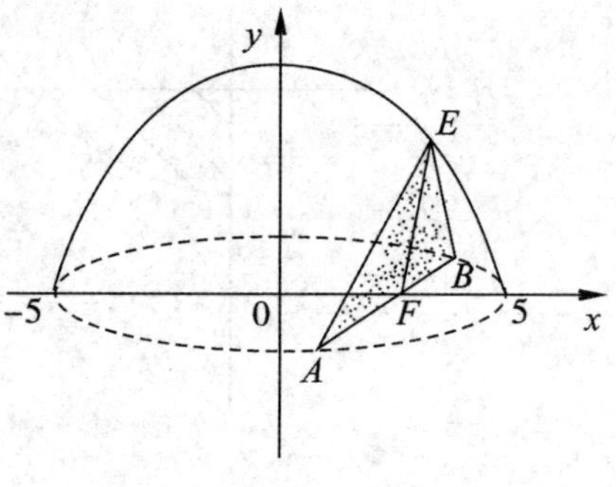

图 7-7

解 根据已知条件,将圆的直径取为 x 轴,取 y 轴过圆心并垂直圆. 在 $[-5,5]$ 之间任取一点 x,过该点截取垂直底面及 x 轴的截面,得一等边三角形 $\triangle ABE$,该三角形的底边 AB 为

$$AB = 2\sqrt{25-x^2}$$

高 FE 为

$$FE = \frac{\sqrt{3}}{2}AE = \frac{\sqrt{3}}{2}AB = \sqrt{3}\sqrt{25-x^2}$$

该三角形的面积为

$$A(x) = \frac{1}{2}AB \times FE = \sqrt{3}(25-x^2)$$

所求几何体体积为

$$V = \int_{-5}^{5} A(x)dx = \sqrt{3}\int_{-5}^{5}(25-x^2)dx = \frac{500}{3}\sqrt{3}$$

7.3.2 旋转体体积

1. 绕 x 轴旋转

设平面图形(图 7-8) 以 $x=a, x=b, y=0$ 以及 $y=f(x)$ 为边界,求该图形绕 x 轴旋转

一周的旋转体体积.

显然这是一个平面图形绕 x 轴旋转一周的旋转体体积问题. 我们仍然用“微元法”来解决这一问题.

在 $[a,b]$ 上任取一点 x,再任给一个自变量的增量 Δx,得到一个细长条,该细长条我们可以把它看成矩形,该矩形的宽为 Δx,高为 $f(x)$,那么这个小“矩形”绕 x 轴旋转一周的旋转体就是一个小圆柱体,由于这个圆柱体非常的薄,其厚度就是 Δx,圆柱体体积是

$$\text{体积} = \text{底面积} \times \text{高}$$

于是,小圆柱体的体积微元是

$$\mathrm{d}V = \pi f^2(x)\Delta x = \pi f^2(x)\,\mathrm{d}x$$

再把这些微小的圆柱体体积累加起来,也就是积分,即得所求的体积为

$$V_x = \pi\int_a^b f^2(x)\,\mathrm{d}x$$

这样旋转出来的旋转体如图 7 - 9 所示.

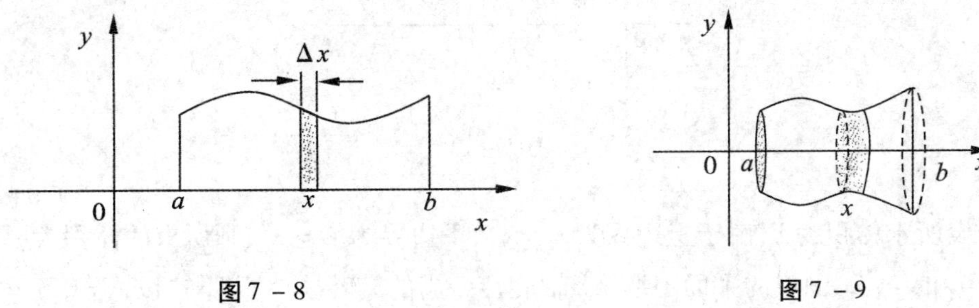

图 7 - 8　　图 7 - 9

例 2　将抛物线 $y = x^2$,x 轴及直线 $x = 0$,$x = 2$ 所围成的平面图形绕 x 轴旋转一周,求所形成的旋转体的体积(图 7 - 10).

解　根据公式得

$$V = \pi\int_0^2 y^2\,\mathrm{d}x = \pi\int_0^2 x^4\,\mathrm{d}x = \pi\left[\frac{x^5}{5}\right]_0^2 = \frac{32}{5}\pi$$

例 3　计算由 $\frac{x^2}{a^2} + \frac{y^2}{b^2} = 1$ 所围成的图形绕 x 轴旋转而成的旋转体的体积,旋转椭球体如图 7 - 11 所示.

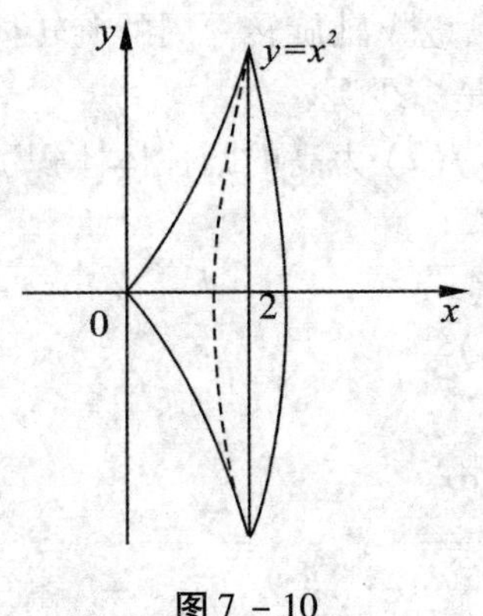

图 7 - 10

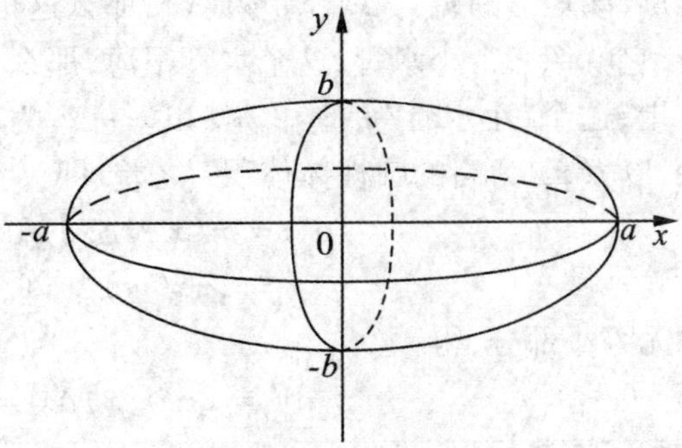

图 7 - 11

解 此椭球体可看作是由半个椭圆 $y=\frac{b}{a}\sqrt{a^2-x^2}$ 及 x 轴所围成的图形绕 x 轴旋转而成的立体.

由公式可得所求体积为

$$V=\pi\int_{-a}^{a}\frac{b^2}{a^2}(a^2-x^2)\,\mathrm{d}x=\pi\frac{b^2}{a^2}\left[a^2x-\frac{1}{3}x^3\right]_{-a}^{a}=\frac{4}{3}\pi ab^2$$

例4 求由曲线 $y=x^2$ 和 $x=y^2$ 所围的平面图形(图7-12)绕 x 轴旋转一周的旋转体体积.

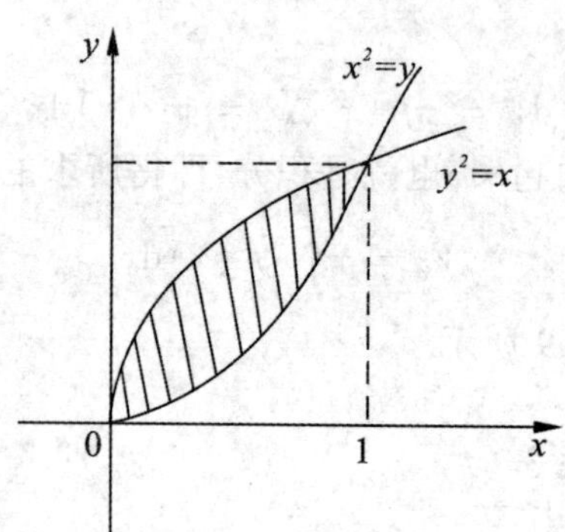

图7-12

解 设所求体积为 V,由于上边界为 $x=y^2$,下边界为 $y=x^2$,则所求的体积为"以 $x=0$,$x=1$,$y=0$ 和 $y=\sqrt{x}$ 围成的平面图形绕 x 轴旋转一周的旋转体体积"与"以 $x=0$,$x=1$,$y=0$ 和 $x=y^2$ 围成的平面图形绕 x 轴旋转一周的旋转体体积"之差,即

$$V=\int_0^1\pi x\,\mathrm{d}x-\int_0^1\pi x^4\,\mathrm{d}x=\frac{3}{10}\pi$$

2. 绕 y 轴旋转

现在再来学习一个平面图形绕 y 轴旋转而成的旋转体体积的求法.

设一个平面图形由 $x=a$,$x=b$,$y=0$ 以及 $y=f(x)$ 所围(图7-8),求该图形绕 y 轴旋转一周的旋转体体积.

依然用"微元法"来解决这一问题.

在 $[a,b]$ 上任取一点 x,再任给自变量以增量 Δx,得到一个细长条,这个细长条我们依旧把它看成矩形,该矩形的宽为 Δx,高为 $f(x)$,那么这个小"矩形"绕 y 轴旋转一周的旋转体就是一个圆柱壳,它就像一个小水管,这个水管很薄,那么它的体积是多少呢?

事实上,这个"小水管"的体积是"以 $x+\Delta x$ 为底半径,以 $f(x)$ 为高的圆柱体体积"与"以 x 为底半径,以 $f(x)$ 为高的圆柱体体积"之差. 即

$$\begin{aligned}\mathrm{d}V&=\pi(x+\Delta x)^2f(x)-\pi x^2f(x)\\&=2\pi xf(x)\Delta x+\pi f(x)(\Delta x)^2\end{aligned}$$

略去高阶无穷小部分,得

$$\mathrm{d}V=2\pi xf(x)\Delta x=2\pi xf(x)\,\mathrm{d}x$$

于是所求几何体体积为

$$V_y=2\pi\int_a^b xf(x)\,\mathrm{d}x$$

例 5　求 $4x = y^2$ 以及 $x = 4$ 所围的平面图形绕 y 轴旋转一周的旋转体体积(图 7 - 13).

解　方法一　由于抛物线上边界与下边界的方程分别为

$$y = 2\sqrt{x}, y = -2\sqrt{x}$$

那么,在 x 处($0 \leqslant x \leqslant 4$) 细长条旋出的微小体积为

$$dV = 2\pi x[2\sqrt{x}\,dx - (-2\sqrt{x})\,dx] = 8\pi x^{\frac{3}{2}}dx$$

所以所求得体积为

$$V = \int_0^4 8\pi x^{\frac{3}{2}}dx = \frac{16}{5}\pi x^{\frac{5}{2}}\Big|_0^4 = \frac{512}{5}\pi$$

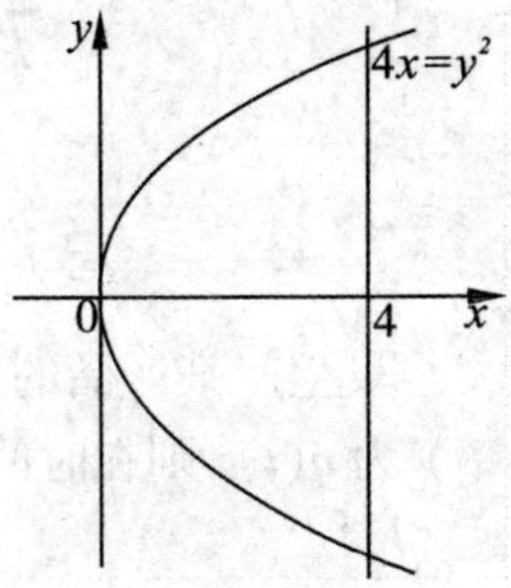

图 7 - 13

方法二　曲线 $4x = y^2(-4 \leqslant y \leqslant 4)$ 绕 y 轴一周的旋转体体积为

$$V_1 = \int_{-4}^4 \pi\left(\frac{y^2}{4}\right)^2 dy = \frac{\pi}{16}\frac{1}{5}y^5\Big|_{-4}^4 = \frac{\pi}{8}\frac{1}{5}4^5 = \frac{2^7}{5}\pi$$

以 4 为底圆半径,以 8 为高的圆柱体体积为

$$V_2 = 8 \times 4^2\pi = 2^7\pi$$

因此,所求旋转体体积为

$$V = V_2 - V_1 = 2^7\pi - \frac{2^7}{5}\pi = \frac{2^9}{5}\pi = \frac{512}{5}\pi$$

习题 7.3

A 组

1. 用定积分求由 $y = x^2 + 1, y = 0, x = 0$ 和 $x = 1$ 所围成的平面图形绕 x 轴旋转一周所得旋转体的体积.

2. 分别求下列平面图形绕指定轴旋转所得的旋转体的体积.

(1) $y = \sqrt{x}, x = 2, y = 0$,绕 x 轴.

(2) $y = e^x, y = e, x = 0$,绕 y 轴.

(3) $y = x^2, y^2 = x$,绕 x 轴.

B 组

1. 求由曲线 $y = e^x, y = e, x = 0$ 所围成的图形绕 x 轴旋转所得的旋转体体积.

2. 求椭圆 $\frac{x^2}{a^2} + \frac{y^2}{b^2} = 1$ 分别绕 x 轴和 y 轴旋转所生成的旋转椭球体体积.

7.4　定积分在经济方面的应用

7.4.1　总产量

设生产某产品的产量 Q 是时间 t 的函数 $Q = Q(t)$，若已知产量对时间的变化率(即生产率)为 $q(t)$，则在时间从 t_1 到 t_2 内的总产量为

$$Q = \int_{t_1}^{t_2} q(t)\,\mathrm{d}t$$

7.4.2　总收入、总成本、总利润

设 $R'(x)$，$C'(x)$，$L'(x)$ 分别是产量的边际收入、边际成本、边际利润. C_0 为固定成本，则根据边际概念和定积分定义，有

$$R(x) = \int_0^x R'(t)\,\mathrm{d}t$$

$$C(x) = \int_0^x C'(t)\,\mathrm{d}t + C_0$$

$$L(x) = \int_0^x L'(t)\,\mathrm{d}t - C_0$$

其中 x 为产量，$R(x)$，$C(x)$，$L(x)$ 分别是产量为 x 单位时的总收入、总成本、总利润.

例 1　设某茶叶企业生产某种出口茶叶的边际成本和边际收入(日产量 x 包，每包 1kg)的函数：$\begin{cases} C'(x) = x + 10(\text{元/包}) \\ R'(x) = 310 - 4x(\text{元/包}) \end{cases}$，其固定成本为 3000 元.

求：(1)日产量为多少时，其利润最大？

(2)在获得最大利润生产水平上的总收入、总成本、总利润各是多少？

解　(1)由于

$$L'(x) = R'(x) - C'(x)$$

即

$$L'(x) = 300 - 5x$$

令 $L'(x) = 0$，得 $x = 60$ 包

又因为 $L''(60) = -5 < 0$，所以日产量为 60 包时，企业获利最大.

(2)

$$R(60) = \int_0^{60} (310 - 4x)\,\mathrm{d}x = (310x - 2x^2)\Big|_0^{60} = 11400 \text{ 元}$$

$$C(60) = \int_0^{60} (x + 10)\,\mathrm{d}x + 3000 = \left(\frac{1}{2}x^2 + 10x\right)\Big|_0^{60} + 3000 = 5400 \text{ 元}$$

$$L(60) = R(60) - C(60) = 6000 \text{ 元}$$

因此，日产量为 60 包时，最佳生产水平的获利额为 6000 元，此时的总收入、总成本、总利润分别是 11400 元、5400 元、6000 元.

习 题 7.4

1. 已知生产某产品 x 台的边际成本和边际收入分别为

$$\begin{cases} C'(x)=300+\frac{1}{3}x(\text{元/台}) \\ R'(x)=700-x(\text{元/台}) \end{cases}$$

其中 $R(x)$ 和 $C(x)$ 分别是产量为 x 时的总收入函数、总成本函数. 其固定成本为 1 万元. 求产量为多少时,总利润最大? 最大总利润是多少?

2. 已知某产品总产量的变化率是时间 t(单位:年)的函数 $f(t)=100t+50(t\geqslant 0)$,求第一个五年和第二个五年的总产量分别是多少?

3. 某产品的边际成本和边际收入函数分别为

$$\begin{cases} C'(x)=1 \\ R'(x)=11-x \end{cases},\text{单位:万元/百台}.$$

求:(1)产量等于多少时,总利润最大?

(2)在利润最大时又生产了 100 台,总利润减少了多少?

第8章 微分方程

学习要点

在解决实际问题中，常常应用到变量和变量的导数之间的函数关系. 同时可建立起它们的方程，通过求解这个方程，可以得到未知函数的表达式，进而使问题得到解决. 因此，微分方程是高等数学联系实际并用于实际的有力工具. 在学习本章时，其知识点和重点如下：

(1) 掌握微分方程的概念；方程的阶、通解、特解等概念；

(2) 掌握一阶微分方程和二阶常系数微分方程的解法；

(3) 掌握3种可降阶的微分方程的解法.

可分离变量，一阶线性方程和二阶常系数齐次(非齐次)线性方程的解法.

8.1 微分方程的概念

首先，先看以下例子.

引例8.1

$$x^2+y^2=R^2(R>0) \tag{8-1}$$

$$\frac{x^2}{a^2}+\frac{y^2}{b^2}=1(a>b>0) \tag{8-2}$$

式(8-1)和式(8-2)分别是圆和椭圆方程. 若将y视为x的函数，即有$y=f(x)$的关系，那么式(8-1)和式(8-2)乃是隐函数表达式. 若对式(8-1)和式(8-2)两端求导数，得

$$x+y\frac{\mathrm{d}y}{\mathrm{d}x}=0 \tag{8-3}$$

$$\frac{x}{a^2}+\frac{y\,\mathrm{d}y}{b^2\,\mathrm{d}x}=0 \tag{8-4}$$

显见,式(8-3)(8-4)和式(8-1)(8-2)是不同的方程,式(8-1)(8-2)是含有未知数 x 和 y 的二元二次方程,而式(8-3)(8-4)不仅含有未知数 x 和未知函数 y,而且还含有未知函数 y 的导数$\frac{dy}{dx}$.

引例 8.2 列出曲线任意点 $M(x,y)$ 处,切线斜率等于该点横坐标的平方的曲线方程.

解 曲线方程为 $y=f(x)$,根据题意得方程

$$\frac{dy}{dx}=x^2 \tag{8-5}$$

方程中含有函数的导数. 在实际问题中,类似式(8-3)至式(8-5)的方程屡见不鲜. 于是,给出如下微分方程及相关的一些概念:

定义 8.1(微分方程) 方程中凡含有未知函数导数(或微分)的方程,称为微分方程,如式(8-3)至式(8-5).

定义 8.2(微分方程的阶) 在一微分方程中,所出现的各阶导数的最高阶数,称为微分方程的阶. 式(8-3)至式(8-5)是一阶微分方程. $y''-y'=f(x)$,$y'''=x^2+1$ 分别是二阶和三阶微分方程. 一般称 $F(x,y,y',\cdots,y^{(n)})=0$ 为 n 阶微分方程. 其中 x 是自变量,y 是未知函数.

若未知函数是一元函数的微分方程,称为常微分方程;若未知函数是多元函数的微分方程,称为偏微分方程,如式(8-3)至式(8-5)是常微分方程,而 $Z''_{xx}+Z''_{yy}=0$ 是偏微分方程. 本章主要学习常微分方程.

例 1 判断下列方程是否为微分方程,若是,指出其阶数.

(1) $y'=ax+b$ (a,b 是常数且 $a\neq 0$).

(2) $(x-y)dx+xydy=0$.

(3) $y''+py'+6=f(x)$.

(4) $\frac{d^2y}{dx^2}+\frac{b}{a}\tan x=0$ (a,b 是常数).

(5) $ax^2+by+c=0$ (a,b 是常数).

解 (1)至(4)均是微分方程,(1)和(2)是一阶微分方程,(3)和(4)是二阶微分方程,(5)不是微分方程.

定义 8.3(微分方程的解) 如果将某一函数代入微分方程中,使方程恒等,称此函数为微分方程的解.

例 2 验证:(1)函数 $y=x^3$ 是否是方程 $y'-3x^2=0$ 的解.

(2)函数 $y=3\sin x$ 是否是方程 $y'-3\cos x=0$ 的解.

(3)函数 $y=e^{2x}+C$ 是否是方程 $y''-2y'=0$ 的解.

解 (1) $y'=3x^2$ 代入方程 $y'-3x^2=0$ 成立.

(2) $y'=3\cos x$ 代入方程 $y'-3\cos x=0$ 成立.

(3) $y'=2e^{2x}$,$y''=4e^{2x}$代入方程 $y''-2y'=0$ 成立.

所给出的函数,均是给定方程的解.

定义 8.4(方程的通解) 若在微分方程的解中所含任意常数的个数等于微分方程的阶数,这些任意常数不能合并,称这一解为微分方程的通解.

例 3 验证函数 $y=\frac{1}{12}x^4+C_1x+C_2$ 是方程 $y''-x^2=0$ 的通解.

解 由 $y=\frac{1}{12}x^4+C_1x+C_2$ 得

$$y'=\frac{1}{3}x^3+C_1, y''=x^2$$

代入方程 $y''-x^2=x^2-x^2=0$ 成立.

由于在函数 $y=\frac{1}{12}x^4+C_1x+C_2$ 中,任意常数 C_1 和 C_2 恰等于方程的阶数为2,且 C_1 和 C_2 不能合并,故 $y=\frac{1}{12}x^4+C_1x+C_2$ 是方程的通解.

定义 8.5(方程的特解) 在微分方程的通解中,通过给予任意常数以确定的值而得到的解,称为微分方程的特解.

为了确定微分方程通解中的任意常数的值而附加的条件,称为方程的初始条件,一般一阶微分方程的初始条件表示为

$$y|_{x=x_0}=y_0 \text{ 或 } y(x_0)=y_0$$

二阶微分方程的初始条件表示为

$$y|_{x=x_0}=y_0, y'|_{x=x_0}=y_1 \text{ 或 } y(x_0)=y_0, y'(x_0)=y_1$$

例4 曲线通过点(1,2),并且曲线任意点 $M(x,y)$ 处的切线斜率等于 M 点横坐标的立方,求曲线方程.

解 设所求曲线方程为 $y=f(x)$,据题意得

$$\begin{cases}\frac{dy}{dx}=x^3 \\ y|_{x=1}=2 \qquad \text{(初始条件)}\end{cases}$$

由方程积分得通解 $y=\frac{1}{4}x^4+C$,再根据初始条件,在 $x=1$ 时,$y=2$ 代入通解中得 $C=\frac{7}{4}$,故所求的曲线方程是 $y=\frac{1}{4}x^4+\frac{7}{4}$,此解就是方程的特解.

习题 8.1

A 组

1. 下列方程哪些是微分方程,若是,请指出它们的阶.

(1) $y''+y'-5x=0$　　(2) $3y'+3x+5=(y'')^2$

(3) $y^3+y^2+1=0$　　(4) $y'+\frac{y}{x}=0$

(5) $y''=\ln x$　　(6) $4y''-5y'+6y=e^{2x}$

(7) $ay^2+by+c=0$

2. 验证下列各给定的函数是否是所给方程的解,若是,请说明是通解还是特解.

(1) $y''-7y'+12y=0, y=C_1e^{3x}+C_2e^{4x}$

(2) $y''+(y')^2=1, y=x$

(3) $xy''+2y'-xy=0, y=C_1e^x+C_2e^{-x}$

(4) $xy'+2y=x^4, y=\frac{C}{x^2}+\frac{1}{6}x^4$

(5) $x^2y''-xy'+y=0, y=Cx\ln x$

B 组

1. 验证函数 $y=C_1e^{\lambda_1 x}+C_2e^{\lambda_2 x}$ 是否为方程 $y''-(\lambda_1+\lambda_2)y'+\lambda_1\lambda_2 y=0$ 的解，若是，请说明是通解还是特解.

2. 若一条曲线过点 $A(1,0)$，并且该曲线上任一点 $M(x,y)$ 处的切线斜率等于 M 点横坐标的 4 次方，求曲线方程.

8.2　一阶微分方程

8.2.1　可分离变量的一阶微分方程

例如，(1)
$$\frac{dy}{dx}=(x+1)y$$

(2)
$$(1+x)y'=y^2\ln(x+1)$$

(3)
$$(x^2+1)y'=(y^2+y)$$

等形式的方程，总可以借助乘或除等运算将(1)(2)(3)变成方程左端只含有 y 的函数及其微分，方程右端只含有 x 的函数及其微分.

例如，(1)可分离为
$$\frac{dy}{y}=(x+1)dx$$

(2)可分离为
$$\frac{dy}{y^2}=\frac{\ln(x+1)}{1+x}dx$$

(3)可分离为
$$\frac{dy}{y^2+y}=\frac{dx}{x^2+1}$$

一般而言，$\frac{dy}{dx}=f(x)g(y)$ 称为可分离变量方程. 分离变量得 $\frac{dy}{g(y)}=f(x)dx$. 所以求解可分离变量的微分方程的方法步骤如下：

(1)分离变量.

(2)对分离变量后的方程两端积分，得通解.

(3)若有初始条件，根据初始条件，求特解.

例 1　求方程 $\frac{dy}{dx}=(x+1)y$ 的通解.

解　步骤(1)分离变量得
$$\frac{dy}{y}=(x+1)dx$$

(2)两端积分
$$\int\frac{dy}{y}=\int(x+1)dx$$

(3)通解 y
$$\ln|y|=\frac{x^2}{2}+x+C_1$$

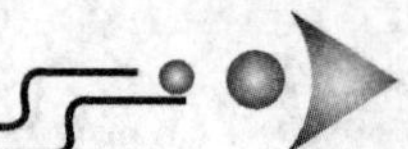

即 $$y = Ce^{\frac{1}{2}x^2 + x}\quad (\text{其中 } C = \pm e^{C_1})$$

例 2 求方程 $x\mathrm{d}x + y\mathrm{d}y = 0$ 在 $y(3) = 4$ 时的特解.

解 步骤(1)分离变量得 $$x\mathrm{d}x = -y\mathrm{d}y$$

(2)两端积分 $$\frac{1}{2}x^2 = -\frac{1}{2}y^2 + C_1$$

即 $$x^2 + y^2 = C(\text{其中 } C = 2C_1)$$

(3)利用初始条件 $x = 3$ 时,$y = 4$. 则得 $C = 25$,即方程的特解是

$$x^2 + y^2 = 25$$

此例说明:只要知道圆的微分方程及其初始条件,就能通过解微分方程而得到相应的圆的方程. 一般而言,若知某曲线的微分方程及其初始条件,通过解微分方程可得相应的曲线.

8.2.2 齐次微分方程

例如,(1) $$\frac{\mathrm{d}y}{\mathrm{d}x} = \frac{x - y}{x + y}$$

(2) $$\frac{\mathrm{d}y}{\mathrm{d}x} = \frac{y^2 - xy}{x^2 - 2xy}$$

(3) $$x^2y' - xyy' = -y^2$$

可将(1)(2)(3)化为以下形式:

(1) $$^*\frac{\mathrm{d}y}{\mathrm{d}x} = \frac{1 - \frac{y}{x}}{1 + \frac{y}{x}}$$

(2) $$^*\frac{\mathrm{d}y}{\mathrm{d}x} = \frac{\left(\frac{y}{x}\right)^2 - \frac{y}{x}}{1 - 2\frac{y}{x}}$$

(3) $$^*y' = \frac{-y^2}{x^2 - xy} = -\frac{\left(\frac{y}{x}\right)^2}{1 - \frac{y}{x}}$$

显见(1)*(2)*(3)*方程的右端是$f\left(\frac{y}{x}\right)$的形式.

一般形如$\frac{\mathrm{d}y}{\mathrm{d}x} = f\left(\frac{y}{x}\right)$的方程,称为齐次微分方程. 求解齐次微分方程的方法:

令 $u = \frac{y}{x}$即 $y = ux$ 转化为可分离变量微分方程求解,具体步骤如下:

(1)令 $u = \frac{y}{x}$, 即 $y = ux$, 求导$\frac{\mathrm{d}y}{\mathrm{d}x} = u + x\frac{\mathrm{d}u}{\mathrm{d}x}$并代入$\frac{\mathrm{d}y}{\mathrm{d}x} = f\left(\frac{y}{x}\right)$中, 得可分离变量的方程$u + x\frac{\mathrm{d}u}{\mathrm{d}x} = f(u)$.

(2)解上述方程.

(3)将$\frac{y}{x}$代换 u 即得方程的通解.

例 3　求方程$(x-y)\frac{\mathrm{d}y}{\mathrm{d}x}=x+y$ 的通解.

解　原方程改写为

$$\frac{\mathrm{d}y}{\mathrm{d}x}=\frac{x+y}{x-y}=\frac{1+\frac{y}{x}}{1-\frac{y}{x}}$$

令$\frac{y}{x}=u$ 即 $y=ux, y'=u+x\frac{\mathrm{d}u}{\mathrm{d}x}$代入方程得

$$u+x\frac{\mathrm{d}u}{\mathrm{d}x}=\frac{1+u}{1-u}$$

分离变量,得

$$\frac{1-u}{1+u^2}\mathrm{d}u=\frac{1}{x}\mathrm{d}x$$

两端积分

$$\int\frac{1-u}{1+u^2}\mathrm{d}u = \int\frac{1}{x}\mathrm{d}x$$

$$\arctan u-\frac{1}{2}\ln(1+u^2)-\ln|x|=C$$

代回 $u=\frac{y}{x}$,得方程通解

$$\arctan\frac{y}{x}-\frac{1}{2}\ln(x^2+y^2)=C$$

8.2.3　一阶线性微分方程

例如,(1)

$$y'+\frac{y}{x+1}=0$$

(2)

$$y'+3xy=\mathrm{e}^x\cos x$$

一般形如 $y'+p(x)y=q(x)$ 的方程,它关于 y 和 y'的一次,称为一阶线性微分方程.

当 $q(x)=0$ 时称为一阶线性齐次方程. (1)是一阶线性齐次方程.

当 $q(x)\neq 0$ 时称为一阶线性非齐次方程. (2)是一阶线性非齐次方程.

现在,我们分别来研究它们的解法.

1. 方程 $y'+p(x)y=0$ 的解法

显见,$y'+p(x)y=0$ 是一个可分离变量的微分方程.

即

$$\frac{1}{y}\mathrm{d}y=-p(x)\mathrm{d}x$$

按可分离变量方程的方法进行求解. 其通解为

$$y=C\mathrm{e}^{-\int p(x)\mathrm{d}x}$$

例 4　求 $y'+\frac{y}{x+1}=0$ 的通解.

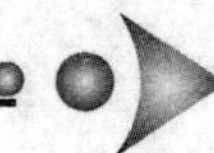

解 分离变量,得

$$\frac{1}{y}\mathrm{d}y=-\frac{1}{x+1}\mathrm{d}x$$

两端积分得

$$\ln|y|=-\ln|x+1|+\ln C$$

即
$$\ln|y|=\ln\left|\frac{C}{x+1}\right|$$

故通解为

$$y=\frac{C}{x+1}$$

2. 方程 y′+p(x)y=q(x)的解法

关于 $y'+p(x)y=q(x)$ 解法,直接给出以下公式

$$y=\mathrm{e}^{-\int p(x)\mathrm{d}x}\left(\int q(x)\mathrm{e}^{\int p(x)\mathrm{d}x}\mathrm{d}x+C\right)$$

其中,$p(x)$,$q(x)$ 由方程而定.

例 5 求 $xy'+y=x^3+x^2$ 的通解.

解 将方程化为标准式,得

$$y'+\frac{1}{x}y=x^2+x$$

其中

$$p(x)=\frac{1}{x}\quad q(x)=x^2+x$$

代入公式,得

$$\begin{aligned}y&=\mathrm{e}^{-\int\frac{1}{x}\mathrm{d}x}\left(\int(x^2+x)\mathrm{e}^{\int\frac{1}{x}\mathrm{d}x}\mathrm{d}x+C\right)\\&=x^{-1}\left[\int(x^2+x)x\mathrm{d}x+C\right]\\&=x^{-1}\left(\frac{1}{4}x^4+\frac{1}{3}x^3+C\right)\\&=\frac{1}{4}x^3+\frac{1}{3}x^2+Cx^{-1}\end{aligned}$$

习 题 8.2

A 组

1. 用可分离变量方法求解下列方程的通解或特解.

(1) $\frac{\mathrm{d}y}{\mathrm{d}x}=2xy$

(2) $\frac{\mathrm{d}y}{\mathrm{d}x}=\frac{1+y^2}{y(1+x^2)}$

(3) $\begin{cases}x\mathrm{d}y-8y\mathrm{d}x=0\\y|_{x=1}=1\end{cases}$

(4) $y'=1+x+y^2+xy^2$

2. 用代换 $u = \frac{y}{x}$ 方法求解下列方程的通解或特解.

(1) $y' = \frac{y}{x} - 2$　　(2) $\begin{cases} y' = \frac{y}{x} + \tan\frac{y}{x} \\ y|_{x=1} = \frac{\pi}{2} \end{cases}$

(3) $x^2\frac{\mathrm{d}y}{\mathrm{d}x} - xy\frac{\mathrm{d}y}{\mathrm{d}x} = -y^2$　　(4) $y' = \frac{y^2}{xy - x^2}$

(5) $y' = \frac{y}{x} - \frac{x}{y}$

3. 求下列一阶线性微分方程的通解或特解.

(1) $y' - \frac{2}{x+1}y = (x+1)^3$　　(2) $\frac{\mathrm{d}y}{\mathrm{d}x} - 2xy = \mathrm{e}^{x^2}$

(3) $y' = \frac{y}{1+x}$　　(4) $xy' + y = \sin x$

(5) $(x^2+1)\frac{\mathrm{d}y}{\mathrm{d}x} + 2xy = 4x^2$　　(6) $\begin{cases} xy' + y = 3 \\ y|_{x=1} = 0 \end{cases}$

B 组

求下列微分方程的通解或特解.

(1) $\sin x\cos y\mathrm{d}x = \cos x\sin y\mathrm{d}y$　　(2) $\frac{\mathrm{d}y}{\mathrm{d}x} - 2xy = x\mathrm{e}^{x^2}$

(3) $\begin{cases} xy' - 2y = x^2\mathrm{e}^x \\ y|_{x=1} = 0 \end{cases}$　　(4) $xy' - y - \sqrt{y^2 - x^2} = 0$

8.3　可降阶的二阶微分方程

一般而言,二阶和二阶以上的微分方程称为高阶微分方程,如下例:

(1)　$$y'' = x\mathrm{e}^{x^6}$$

(2)　$$xy'' = y$$

(3)　$$(x^2+1)y''' = y''$$

(4)　$$\frac{\mathrm{d}^{(n)}y}{\mathrm{d}x^n} = y^2$$

以上均是高阶微分方程. 本节仅研究 3 种类型的可降阶的二阶微分方程及其解法.

(1)方程形如 $y'' = f(x)$. 这种形式的微分方程的解法是对方程两端连续积分两次得通解即

积分
$$y' = \int f(x)\mathrm{d}x + C_1$$

再积分
$$y = \int\left[\int f(x)\mathrm{d}x + C_1\right]\mathrm{d}x$$

例 1　求方程 $y'' = 2\cos x$ 的通解.

解　积分

$$y' = \int 2\cos x \mathrm{d}x = 2\sin x + C_1$$

再积分

$$y = \int (2\sin x + C_1)\mathrm{d}x = -2\cos x + C_1 x + C_2$$

(2)方程形如 $y''=f(x,y')$. 此类方程中不显含变量 y. 解法:先令 $y'=p(x)$, $y''=\frac{\mathrm{d}p}{\mathrm{d}x}$,将 y', y'' 代入原方程得关于 p 的一阶方程 $\frac{\mathrm{d}p}{\mathrm{d}x}=f(x,p)$,从这个方程中,解出 p,再利用 $y'=p$ 解出 y.

例2 求方程 $y''=\frac{1}{x}y'$ 的通解.

解 方程不显含 y,令 $y'=p(x)$, $y''=\frac{\mathrm{d}p}{\mathrm{d}x}$,代入原方程得

$$\frac{\mathrm{d}p}{\mathrm{d}x}=\frac{1}{x}p$$

分离变量

$$\frac{\mathrm{d}p}{p}=\frac{\mathrm{d}x}{x}$$

积分

$$\ln|p| = \ln|x| + C = \ln|C_1 x|$$

即

$$p = C_1 x$$

代回

$$\frac{\mathrm{d}y}{\mathrm{d}x}=p$$

$$\frac{\mathrm{d}y}{\mathrm{d}x}=C_1 x$$

再积分

$$y=\frac{1}{2}C_1 x^2 + C_2$$

(3)方程形如 $y''=f(y,y')$. 此类方程中不显含变量 x. 在(2)中,利用 $y'=p(x)$ 来降低方程的阶数. 在此,将 p 视为以 y 作中间变量,x 为自变量,得

$$y''=\frac{\mathrm{d}p}{\mathrm{d}y}\cdot\frac{\mathrm{d}y}{\mathrm{d}x}=p\frac{\mathrm{d}p}{\mathrm{d}y}$$

代入原方程,得

$$p\frac{\mathrm{d}p}{\mathrm{d}y}=f(y,p)$$

这是关于 p 的一阶方程. 解出 p,再利用 $\frac{\mathrm{d}y}{\mathrm{d}x}=p$ 解出 y.

例3 求方程 $yy''=(y')^2$ 的通解.

解 令

$$y'=p, y''=p\frac{\mathrm{d}p}{\mathrm{d}y}$$

代入方程,得

$$yp\frac{\mathrm{d}p}{\mathrm{d}y}=p^2$$

$$p\left(y\frac{\mathrm{d}p}{\mathrm{d}y}-p\right)=0$$

由 $p=0$ 即 $y'=0, y=C$（不是方程的通解，舍去）

由 $$y\frac{\mathrm{d}p}{\mathrm{d}y}-p=0, \frac{1}{y}\mathrm{d}y=\frac{1}{p}\mathrm{d}p$$

$$\ln|y|-\ln|p|=C$$

即 $$p=C_1y$$

从而 $$\frac{\mathrm{d}y}{\mathrm{d}x}=C_1y$$

得 $$\ln|y|=C_1x+C_2$$

故 $$y=C_2\mathrm{e}^{C_1x}$$

习题 8.3

A 组

求下列各微分方程的通解或在给定初始条件下的特解.

(1) $y''=\mathrm{e}^{4x}$

(2) $y''=x^2+1$

(3) $y''=y'+x$

(4) $xy''+y'=0$

(5) $yy''-y'=(y')^2$

(6) $y''=5\sqrt{y}, y|_{x=0}=1, y'|_{x=0}=2$

B 组

求下列各微分方程的通解或在给定初始条件下的特解.

(1) $y''=(y')^3+y'$

(2) $y''=\frac{3}{2}y^2, y|_{x=3}=1, y'|_{x=3}=1$

8.4 二阶常系数线性微分方程

例如，(1) $$y''-2y'-3y=0$$

(2) $$y''-4y'+4y=0$$

(3) $$y''-y=x+1$$

(4) $$y''-y'-2y=\mathrm{e}^{2x}$$

方程中 y'', y' 和 y 的系数都是常数，且 y'', y' 和 y 均是一次的. 一般形如 $y''+py'+qy=f(x)$ 的微分方程，其中 p 和 q 为常数且 $f(x)\neq 0$ 的方程，称为二阶常系数线性非齐次微分方程.

当右端 $f(x)=0$ 时，即 $y''+py'+qy=0$，称为二阶常系数线性齐次微分方程.

8.4.1 二阶常系数线性齐次微分方程的通解及其求法

定理 8.1 如果设 y_1 和 y_2 是线性齐次微分方程的两个特解，则 $y=C_1y_1+C_2y_2$ 也是它的解. 其中 C_1 和 C_2 是任意常数.

当然这个解是不是方程的通解. 定理 8.1 没有给出明确的答案，那么特解 y_1 和特解 y_2 应满足什么条件，才能使 $C_1y_1+C_2y_2$ 是微分方程的通解呢？下面的定理给出了答案.

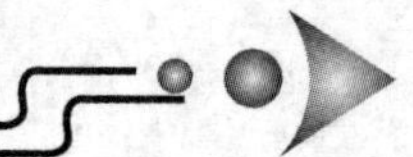

定理 8.2 如果 y_1 和 y_2 是线性齐次微分方程两个特解,且 $y_1/y_2 \neq k$(k 是常数),则 $y = C_1y_1 + C_2y_2$ 就是二阶线性齐次微分方程的通解.(注:$y_1/y_2 \neq k$ 称 y_1 和 y_2 是线性无关的)

这样一来,求二阶常系数线性齐次微分方程的通解,就变成求齐次微分方程的两个线性无关的特解 y_1 和 y_2 的问题,然后将 y_1、y_2 分别乘以常数 C_1 和 C_2 并相加,$C_1y_1 + C_2y_2$ 就是微分方程的通解. 如何寻求方程的两个特解呢? 由于线性齐次微分方程左端 y'',py' 和 qy 三项的代数和要为 0,根据这些特点,只有指数函数 $y = e^{rx}$ 满足方程 $y'' + py' + qy = 0$ 才可. 为了验证这一想法,将 $y, y' = re^{rx}, y'' = r^2e^{rx}$ 代入方程,得 $(r^2 + pr + q)e^{rx} = 0$. 由于 $e^{rx} \neq 0$,$r^2 + pr + q = 0$,这是一个关于 r 的一元二次方程——称为线性齐次方程 $y'' + py' + qy = 0$ 的特征方程. 由特征方程根的不同情况,便可得两个线性无关的特解 y_1 和 y_2.

为了掌握求二阶常系数线性齐次方程通解的过程,现以“程序化”的形式给出:

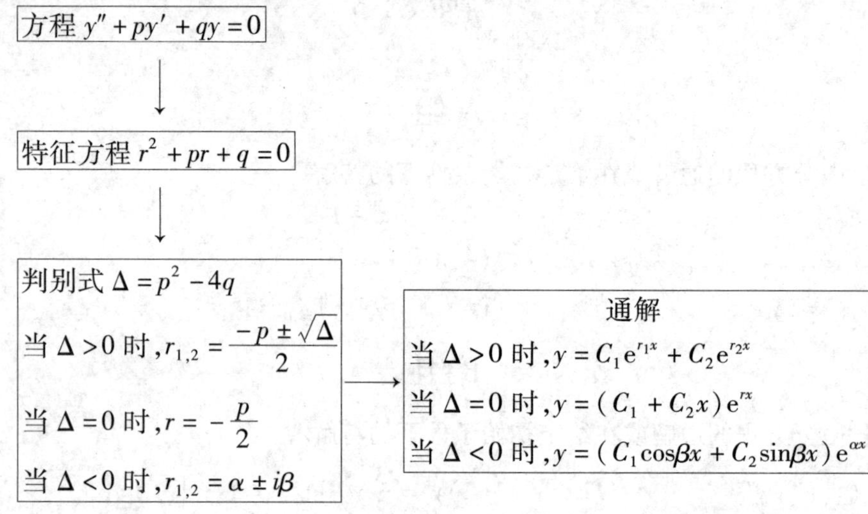

注:$\alpha \pm i\beta = -\frac{p}{2} \pm \frac{i}{2}\sqrt{4p - p^2}$.

例 1 求方程 $y'' + 2y' - 3y = 0$ 的通解.

解 特征方程 $r^2 + 2r - 3 = 0$,解特征方程

$$(r+3)(r-1) = 0$$

得 $$r_1 = 1, r_2 = -3 (\text{特解 } y_1 = e^x, y_2 = e^{-3x})$$

故通解 $$y = C_1y_1 + C_2y_2 = C_1e^x + C_2e^{-3x}$$

例 2 求方程 $y'' - 6y' + 9y = 0$ 的通解.

解 特征方程 $$r^2 - 6r + 9 = 0$$

由于 $\Delta = 36 - 36 = 0$,有重根 $r = 3$,故通解是

$$y = (C_1 + C_2x)e^{3x}$$

例 3 求方程 $y'' + 4y' + 13y = 0$ 的通解.

解 特征方程 $$r^2 + 4r + 13 = 0$$

由于 $$\Delta = 16 - 4 \times 13 = -36 < 0$$

有一双共轭复根

$$r_{1,2} = -2 \pm 3i$$

故方程的通解是

$$y=(C_1\cos 3x+C_2\sin 3x)e^{-2x}$$

8.4.2 二阶常系数线性非齐次微分方程的解

定理 8.3 如果设 y^* 微分是方程 $y''+py'+qy=f(x)$ 的一个特解. Y 是其对应齐次方程 $y''+py'+qy=0$的通解,和式 $y=y^*+Y$ 就是非齐次微分方程的通解.

由定理知,非齐次微分方程的通解由两部分组成,一部分是对应齐次微分方程的通解 Y,这个 Y 由前节知道,我们已经会计算了,而非齐次方程特解 y^* 怎么去求解呢? 由于非齐次方程右端$f(x)$会以各种不同的函数形式出现,难度可想而知. 现仅介绍$f(x)$在两种形式下求特解 y^* 的方法.

(1)如果$f(x)=e^{\lambda x}P_m(x)$型时,$y''+Py'+qy=e^{\lambda x}P_m(x)$具有特解

$$y^*=x^kQ_m(x)e^{\lambda x}$$

其中 $Q_m(x)$,$P_m(x)$是同此(m 次)多项式,k 随 λ 而定:

$$k=\begin{cases}0 & \text{当}\ \lambda\ \text{不是特征方程的根时}\\ 1 & \text{当}\ \lambda\ \text{是特征方程的单根时}\\ 2 & \text{当}\ \lambda\ \text{是特征方程的重根时}\end{cases}$$

例 4 求微分方程 $y''+2y'-3y=e^x$ 的特解.

解 此时,$f(x)=e^x$ 是$f(x)=e^{\lambda x}P_m(x)$型,其中 $P_m(x)=1$ 为常数,$\lambda=1$. 齐次方程的特征方程为 $r^2+2r-3=0$,特征根是 $r_1=-3$ 和 $r_2=1$,由于 $\lambda=1$ 是特征方程的单根,故特解设为

$$y^*=axe^x$$

将 y^* 代入原方程,得

$$4ae^x=e^x$$

即 $a=\dfrac{1}{4}$,从而所求的特解为

$$y^*=\frac{1}{4}ae^x$$

例 5 求微分方程 $y''-6y'+9y=(x+1)e^{3x}$的通解.

解 $f(x)=(x+1)e^{3x}$是 $P_m(x)e^{\lambda x}$型,其中 $P_m(x)=x+1$ 是一次多项式,$\lambda=3$. 齐次方程的特征方程为 $r^2-6r+9=0$,特征根为 $r_1=r_2=3$,于是该齐次微分方程的通解为

$$y=(C_1+C_2x)e^{3x}$$

由于 $\lambda=3$ 是特征方程的重根,故微分方程的特解设为

$$y^*=x^2(ax+b)e^{3x}$$

代入所给方程,得

$$(6ax+2b)e^{3x}=(x+1)e^{3x}$$

比较两端的同次幂的系数,得

$$6a=1,2b=1$$

即 $a=\dfrac{1}{6}$,$b=\dfrac{1}{2}$,所求特解为

$$y^*=x^2\left(\frac{1}{6}x+\frac{1}{2}\right)e^{3x}$$

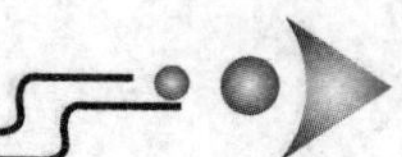

进而,所求微分方程的通解为

$$y=(C_1+C_2x)e^{3x}+x^2\left(\frac{1}{6}x+\frac{1}{2}\right)e^{3x}$$

(2)如果 $f(x)=e^{\lambda x}[P_l(x)\cos\alpha x+P_n(x)\sin\alpha x]$ 型,其中 λ,α 是常数,$P_l(x)$ 和 $P_n(x)$ 分别是 l 次和 n 次多项式,设微分方程的特解形式为

$$y^*=x^k e^{\lambda x}[R_m^{(1)}(x)\cos\alpha x+R_m^{(2)}(x)\sin\alpha x]$$

其中 $R_m^{(1)}(x),R_m^{(2)}(x)$ 是 m 次多项式,$m=\max\{l,n\}$,k 随 $\lambda+i\alpha$ 是不是特征方程的根而定

$$k=\begin{cases}0,\text{不是特征方程的根}\\1,\text{是特征方程的单根}\end{cases}$$

例6 求微分方程 $y''+y=x\cos2x$ 的一个特解.

解 此时,$f(x)=x\cos2x$ 属于 $f(x)=e^{\lambda x}[P_l^{(x)}\cos\alpha x+P_n^{(x)}\sin\alpha x]$ 型,其中 $\lambda=0,l=1,n=0$,$m=\max\{1,0\}$,$\alpha=2$. 原方程对应的齐次方程 $y''+y=0$. 它的特征方程的根是 i. 而 $\lambda+\alpha i=0+2i$ 不是特征方程的根. 取 $k=0$,于是,设微分方程的特解为

$$y^*=(ax+b)\cos2x+(cx+d)\sin2x$$

将 $y^*,y^{*\prime},y^{*\prime\prime}$ 代入方程,整理后得

$$(-3ax-3b+4c)\cos2x-(3cx+3d+4a)\sin2x=x\cos2x$$

比较两端同类项系数,得

$$\begin{cases}-3a=1\\-3b+4c=0\\-3c=0\\-3d-4a=0\end{cases}$$

解上述方程组,得 $a=-\frac{1}{3},b=0,c=0,d=\frac{4}{9}$ 于是,微分方程的特解为

$$y^*=-\frac{1}{3}x\cos2x+\frac{4}{9}\sin2x$$

习题 8.4

A 组

1. 求下列二阶常系数线性齐次微分方程的通解.

(1) $y''-2y'-3y=0$　　(2) $y''-4y'+4y=0$

(3) $y''+y'-2y=0$　　(4) $y''+4y'+3y=0$

(5) $y''-2y'+2y=0$　　(6) $y''-2y'+5y=0$

2. 求下列二阶常系数线性非齐次微分方程通解或在给定条件下的特解.

(1)求 $y''+y'-2y=e^{-x}$ 的通解.

(2)求 $y''+3y'=3x$ 的通解.

(3)求 $y''+y'=x+1$ 的特解.

(4)求 $y''+2y'=e^{2x}$ 的特解.

(5)求 $y''-3y'+2y=5,y|_{x=0}=1,y'|_{x=0}=2$ 的特解.

(6)求 $y''+y=3\sin x$ 的一个特解.

B 组

1. 求解二阶常系数齐次线性微分方程.

$$\begin{cases} y''+25y=0 \\ y|_{x=0}=2,y'|_{x=0}=5 \end{cases}$$

2. 求微分方程 $y''+y=4x\mathrm{e}^{x}$ 在初始条件 $y|_{x=0}=0,y'|_{x=0}=1$ 下的特解.

第9章 线性代数

学习要点

线性代数在各行业,各领域都有广泛的应用.行列式、矩阵、线性方程组是线性代数的主要内容.行列式和矩阵又是判定线性方程组有解、无解以及如何求解等问题的重要工具.因此,在本章内容中,应掌握以下知识内容:

(1)二阶和三阶行列式的概念及其计算方法;

(2)理解 n 阶行列式的概念及如何将 $n(n\geqslant3)$ 阶行列式转化为 $(n-1)$ 阶, $(n-2)$ 阶…直到 $(n=2)$ 或 $(n=3)$ 阶行列式.从而掌握 $n(n\geqslant3)$ 阶行列式的计算方法;

(3)熟练掌握克莱姆(Cramer)法则及其应用;

(4)熟练掌握矩阵,矩阵的运算,矩阵的初等变换,矩阵秩的求法;

(5)熟练掌握线性方程组解的判定及其解法——消元法.

二阶、三阶、四阶行列式的计算,克莱姆(Cramer)法则,矩阵的秩,矩阵的初等变换,线性方程组解的判定及其解法.

9.1 二阶和三阶行列式

为了学习二阶、三阶行列式,先学习下例.

例1 某养殖场原有15头黄牛和5只羊,每天约用饲料325kg,由于市场情况好,经济效益好.该养殖场又购买了黄牛10头,羊5只,这时每天约用饲料550kg.问每头黄牛和每只羊一天各需多少饲料?

解 根据题意,设 x 为一头黄牛每天需要的饲料(kg), y 为一只羊每天需要的饲料(kg).据题意,得

$$\begin{cases}15x + 5y = 325\\25x + 10y = 550\end{cases}$$

这是一个二元一次线性方程组.

类似此问题,在生产或是生活中非常多.现在我们先从二元一次、三元一次方程组的一般形式出发.引进二阶或三阶行列式,然后用行列式给出方程组的解法.

例 2　解方程组

$$\begin{cases}a_{11}x + a_{12}y = b_1 & (1)\\a_{21}x + a_{22}y = b_2 & (2)\end{cases}$$

解　用消元法将(1) $\times a_{22}$ 得

$$a_{11}a_{22}x + a_{12}a_{22}y = b_1a_{22} \tag{3}$$

(2) $\times a_{12}$ 得

$$a_{12}a_{21}x + a_{12}a_{22}y = b_2a_{12} \tag{4}$$

(3) - (4) 得

$$(a_{11}a_{22} - a_{12}a_{21})x = b_1a_{22} - b_2a_{12}$$

若 $a_{11}a_{22} - a_{12}a_{21} \neq 0$,得 $x = \dfrac{b_1a_{22} - b_2a_{12}}{a_{11}a_{22} - a_{12}a_{21}}$

同理,(2) $\times a_{11}$ - (1) $\times a_{21}$ 得

$$(a_{11}a_{22} - a_{12}a_{21})y = b_2a_{11} - b_1a_{21}$$

于是,方程组的解是

$$\begin{cases}x = \dfrac{b_1a_{22} - b_2a_{12}}{a_{11}a_{22} - a_{12}a_{21}}\\[2ex]y = \dfrac{b_2a_{11} - b_1a_{21}}{a_{11}a_{22} - a_{12}a_{21}}\end{cases} \tag{5}$$

若引进记号

$$D = a_{11}a_{22} - a_{12}a_{21} = \begin{vmatrix}a_{11} & a_{12}\\a_{21} & a_{22}\end{vmatrix}$$

则规定 $\begin{vmatrix}a_{11} & a_{12}\\a_{21} & a_{22}\end{vmatrix}$ 为二阶行列式.其中 $a_{11},a_{12},a_{21},a_{22}$ 叫二阶行列式的元素,横排叫行,竖排叫列.显见,二阶行列式由 2×2 个数组成.$\begin{vmatrix}a_{11} & a_{12}\\a_{21} & a_{22}\end{vmatrix}$ 又叫系数组成的行列式.于是,式(5) 的分子 $b_1a_{22} - b_2a_{12}$ 与 $b_2a_{11} - b_1a_{21}$ 可用二阶行列式表出

$$D_x = \begin{vmatrix}b_1 & a_{12}\\b_2 & a_{22}\end{vmatrix} \qquad D_y = \begin{vmatrix}a_{11} & b_1\\a_{21} & b_2\end{vmatrix}$$

于是,一般二元一次方程组,若 $\begin{vmatrix}a_{11} & a_{12}\\a_{21} & a_{22}\end{vmatrix} \neq 0$,则有唯一的一组解.这组解用二阶行列式表示是

$$x = \frac{D_x}{D} = \frac{\begin{vmatrix} b_1 & a_{12} \\ b_2 & a_{22} \end{vmatrix}}{\begin{vmatrix} a_{11} & a_{12} \\ a_{21} & a_{22} \end{vmatrix}} \qquad y = \frac{D_y}{D} = \frac{\begin{vmatrix} a_{11} & b_1 \\ a_{21} & b_2 \end{vmatrix}}{\begin{vmatrix} a_{11} & a_{12} \\ a_{21} & a_{22} \end{vmatrix}} \qquad (*)$$

现在,用二阶行列式给出例 1 的解,此时,

$a_{11} = 15, a_{12} = 5, a_{21} = 25, a_{22} = 10, b_1 = 325, b_2 = 550$,那么解出 x, y

则:方程组的解为

$$\begin{cases} x = 20 \\ y = 5 \end{cases}$$

例 3 解方程组

$$\begin{cases} 2x + 3y = 3 \\ 3x - 5y = 14 \end{cases}$$

解 现在用公式(*)来解例 3,注意到

$$a_{11} = 2, a_{12} = 3, a_{21} = 3, a_{22} = -5, b_1 = 3, b_2 = 14,$$

代入公式得:

$$x = \frac{\begin{vmatrix} 3 & 3 \\ 14 & -5 \end{vmatrix}}{\begin{vmatrix} 2 & 3 \\ 3 & -5 \end{vmatrix}} = \frac{3 \times (-5) - 3 \times 14}{2 \times (-5) - 3 \times 3} = \frac{-57}{-19} = 3$$

$$y = \frac{\begin{vmatrix} 2 & 3 \\ 3 & 14 \end{vmatrix}}{\begin{vmatrix} 2 & 3 \\ 3 & -5 \end{vmatrix}} = \frac{2 \times 14 - 3 \times 3}{2 \times (-5) - 3 \times 3} = \frac{19}{-19} = -1$$

方程组的解是

$$\begin{cases} x = 3 \\ y = -1 \end{cases}$$

因此,二元一次方程组可用二阶行列式来求解.

例 4 解方程组

$$\begin{cases} a_{11}x + a_{12}y + a_{13}z = b_1 \\ a_{21}x + a_{22}y + a_{23}z = b_2 \\ a_{31}x + a_{32}y + a_{33}z = b_3 \end{cases}$$

解 用消元法,可得到与二元一次方程组类似的结论. 若引进记号

$$D = \begin{vmatrix} a_{11} & a_{12} & a_{13} \\ a_{21} & a_{22} & a_{23} \\ a_{31} & a_{32} & a_{33} \end{vmatrix}$$

$$= a_{11}a_{22}a_{33} + a_{12}a_{23}a_{31} + a_{13}a_{21}a_{32} - a_{13}a_{22}a_{31} - a_{12}a_{21}a_{33} - a_{11}a_{23}a_{32}$$

则规定 D 为三阶行列式. 显见,三阶行列式由 3×3 个元素组成. 这样一来,方程组当系数组成的行列式

$$D=\begin{vmatrix} a_{11} & a_{12} & a_{13} \\ a_{21} & a_{22} & a_{23} \\ a_{31} & a_{32} & a_{33} \end{vmatrix} \neq 0$$

时,有唯一解,并且这组解可用三阶行列式表示:

$$x=\frac{\begin{vmatrix} b_1 & a_{12} & a_{13} \\ b_2 & a_{22} & a_{23} \\ b_3 & a_{32} & a_{33} \end{vmatrix}}{D}, y=\frac{\begin{vmatrix} a_{11} & b_1 & a_{13} \\ a_{21} & b_2 & a_{23} \\ a_{31} & b_3 & a_{33} \end{vmatrix}}{D}, z=\frac{\begin{vmatrix} a_{11} & a_{12} & b_1 \\ a_{21} & a_{22} & b_2 \\ a_{31} & a_{32} & b_3 \end{vmatrix}}{D} \qquad (**)$$

此公式很容易记忆,公式的分母是方程组的系数按原来的次序组成的三阶行列式,未知数 x 的分子是把系数行列式的第一列换成常数项所得的行列式,其余列不变.未知数 y 和 z 的行列式有类似的规律.

计算三阶行列式是用对角线法来计算:实线上三数之积取正号,虚线上三数之积取负号,然后相加.

$$\left|\begin{array}{ccc|cc} a_{11} & a_{12} & a_{13} & a_{11} & a_{12} \\ a_{21} & a_{22} & a_{23} & a_{21} & a_{22} \\ a_{31} & a_{32} & a_{33} & a_{31} & a_{32} \end{array}\right.$$

$$=a_{11}a_{22}a_{33}+a_{12}a_{23}a_{31}+a_{13}a_{21}a_{32}-a_{13}a_{22}a_{31}-a_{11}a_{23}a_{32}-a_{12}a_{21}a_{33}$$

例5　解方程组

$$\begin{cases} 3x+2y-z=3 \\ 2x+3y+z=12 \\ x+y+2z=11 \end{cases}$$

解　现在用公式(* *)来求解,此时我们应注意到

$$a_{11}=3, a_{12}=2, a_{13}=-1, a_{21}=2, a_{22}=3, a_{23}=1,$$
$$a_{31}=1, a_{32}=1, a_{33}=2, b_1=3, b_2=12, b_3=11$$

代入公式(* *)得

$$D=\begin{vmatrix} 3 & 2 & -1 \\ 2 & 3 & 1 \\ 1 & 1 & 2 \end{vmatrix}=18+2-2-(-3+3+8)=10$$

$$D_x=\begin{vmatrix} 3 & 2 & -1 \\ 12 & 3 & 1 \\ 11 & 1 & 2 \end{vmatrix}=18+22-12-(-33+48+3)=10$$

$$D_y=\begin{vmatrix} 3 & 3 & -1 \\ 2 & 12 & 1 \\ 1 & 11 & 2 \end{vmatrix}=72+3-22-(-12+33+12)=20$$

$$D_z=\begin{vmatrix} 3 & 2 & 3 \\ 2 & 3 & 12 \\ 1 & 1 & 11 \end{vmatrix}=99+24+6-(9+36+44)=40$$

$$x=\frac{D_x}{D}=\frac{10}{10}=1, y=\frac{D_y}{D}=\frac{20}{10}=2, z=\frac{D_z}{D}=\frac{40}{10}=4$$

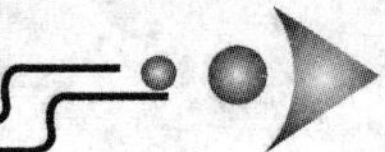

于是,方程组的解是

$$\begin{cases} x=1 \\ y=2 \\ z=4 \end{cases}$$

因此,三元一次方程组可用三阶行列式来求解.

习 题 9.1

A 组

1. 计算下列行列式.

(1) $\begin{vmatrix} 100 & 4 \\ 2 & 1 \end{vmatrix}$　　(2) $\begin{vmatrix} 0 & 1 \\ 1 & 0 \end{vmatrix}$

(3) $\begin{vmatrix} 1 & 2 & 1 \\ 3 & 1 & -1 \\ 3 & 1 & -4 \end{vmatrix}$　　(4) $\begin{vmatrix} 1 & 2 & 3 \\ -2 & 1 & -3 \\ 1 & -4 & -5 \end{vmatrix}$

(5) $\begin{vmatrix} 1 & 2 & 3 \\ -2 & 1 & -3 \\ 1 & -4 & -5 \end{vmatrix}$　　(6) $\begin{vmatrix} 1 & 2 & 3 \\ 4 & 5 & 6 \\ 7 & 8 & 9 \end{vmatrix}$

2. 用二阶行列式解下列方程组.

(1) $\begin{cases} 2x-3y=8 \\ 3x-y=1 \end{cases}$　　(2) $\begin{cases} x\tan\alpha+y=\sin(\alpha+\beta) \\ x-y\tan\alpha=\cos(\alpha+\beta) \end{cases}$

B 组

用二阶或三阶行列式解下列方程组.

(1) $\begin{cases} x+y+z=1 \\ x+\omega y+\omega^2 z=\omega \\ x+\omega^2 y+\omega z=\omega^2 \end{cases}$ 其中 ω 是 1 的虚立方根.

(2) 解方程 $\begin{vmatrix} 1 & 1 & 2 \\ x & 2-x^2 & 2 \\ 2 & 3 & 1 \end{vmatrix}=0.$

9.2　n 阶行列式

在实际问题中往往会碰到未知数不止 3 个的线性方程组. 为了研究它们的求解的情况,需要将二阶、三阶行列式加以推广,引进 n 阶行列式的概念. 换言之,解线性方程组,要通过行列式的计算来达到目的,所以行列式的性质和计算就是本章要学习的重点内容.

为了把二阶和三阶行列式的概念推广到 n 阶行列式,再来分析一下三阶行列式计算的特点.

$$\begin{vmatrix} a_{11} & a_{12} & a_{13} \\ a_{21} & a_{22} & a_{23} \\ a_{31} & a_{32} & a_{33} \end{vmatrix} = a_{11}a_{22}a_{33} + a_{12}a_{23}a_{31} + a_{13}a_{21}a_{32} - a_{13}a_{22}a_{31} - a_{12}a_{21}a_{33} - a_{11}a_{23}a_{32}$$

$$= a_{11}(a_{22}a_{33} - a_{23}a_{32}) - a_{12}(a_{21}a_{33} - a_{23}a_{31}) + a_{13}(a_{21}a_{32} - a_{22}a_{31})$$

若用二阶行列式表示得

$$\begin{vmatrix} a_{11} & a_{12} & a_{13} \\ a_{21} & a_{22} & a_{23} \\ a_{31} & a_{32} & a_{33} \end{vmatrix} = a_{11}\begin{vmatrix} a_{22} & a_{23} \\ a_{32} & a_{33} \end{vmatrix} - a_{12}\begin{vmatrix} a_{21} & a_{23} \\ a_{31} & a_{33} \end{vmatrix} + a_{13}\begin{vmatrix} a_{21} & a_{22} \\ a_{31} & a_{32} \end{vmatrix}$$

易见,三阶行列式是6项的代数和,每项是不同行不同列元素之积,并且三阶行列式可用一行元素与3个二阶行列式之积的代数和表示,即划去 a_{11}, a_{12}, a_{13} 所在的行和列,剩下的元素按原来的顺序组成的二阶行列式,即 $\begin{vmatrix} a_{22} & a_{23} \\ a_{32} & a_{33} \end{vmatrix}$, $\begin{vmatrix} a_{21} & a_{23} \\ a_{31} & a_{33} \end{vmatrix}$, $\begin{vmatrix} a_{21} & a_{22} \\ a_{31} & a_{32} \end{vmatrix}$ 分别与 a_{11}, a_{12}, a_{13} 的乘积之和. 各项的符号由元素 a_{ij} 行标与列标之和的奇偶性决定,当 $i+j$ 是偶数时取"正"号,当 $i+j$ 是奇数时取"负"号,因此,二阶行列式右端:a_{11}, a_{13} 的脚标之和分别是偶数2和4取正号;a_{12} 的脚标之和是奇数3取负号. 更一般地我们有下列定义:

定义9.1 将行列式中第 i 行第 j 列的元素 a_{ij} 所在的行和列的各元素划去,剩余元素按原来的位置次序排成一个新的行列式,这个新的行列式称为元素 a_{ij} 的余子式,记作 M_{ij},把 $(-1)^{i+j}M_{ij}$ 称为元素 a_{ij} 的代数余子式,记作 A_{ij},

$$\begin{vmatrix} a_{11} & \cdots & \overline{a_{1j}} & \cdots & a_{1n} \\ & & | & & \\ \overline{a_{i1}} & — & a_{ij} & — & \overline{a_{in}} \\ & & | & & \\ a_{n1} & \cdots & \overline{a_{nj}} & \cdots & a_{nn} \end{vmatrix}$$

即

$$A_{ij} = (-1)^{i+j}M_{ij}$$

从定义知,三阶行列式一行元素的代数余子式分别是

$$A_{11} = (-1)^{1+1}M_{11} \qquad A_{12} = (-1)^{1+2}M_{12} \qquad A_{13} = (-1)^{1+3}M_{13}$$

所以,三阶行列式可用一行元素及其对应的代数余子式来表示,即

$$\begin{vmatrix} a_{11} & a_{12} & a_{13} \\ a_{21} & a_{22} & a_{23} \\ a_{31} & a_{32} & a_{33} \end{vmatrix} = a_{11}A_{11} + a_{12}A_{12} + a_{13}A_{13}$$

定义9.2 将 $n \times n$ 个数 $a_{ij}(i,j=1,2,\cdots n)$ 排成一个正方形数表,形如

$$\begin{vmatrix} a_{11} & a_{12} & \cdots & a_{1n} \\ a_{21} & a_{22} & \cdots & a_{2n} \\ \cdots & \cdots & \cdots & \cdots \\ a_{n1} & a_{n2} & \cdots & a_{nn} \end{vmatrix}$$

称为 n 阶行列式.

一阶行列式($n=1$)由一个数组成,记为a,当$n\geqslant 2$时,规定

$$\begin{vmatrix} a_{11} & a_{12} & \cdots & a_{1n} \\ a_{21} & a_{22} & \cdots & a_{2n} \\ \cdots & \cdots & \cdots & \cdots \\ a_{n1} & a_{n2} & \cdots & a_{nn} \end{vmatrix} = a_{11}A_{11} + a_{12}A_{12} + \cdots + a_{1n}A_{1n}$$

$$= a_{21}A_{21} + a_{22}A_{22} + \cdots a_{2n}A_{2n}$$

$$\cdots$$

$$= a_{n1}A_{n1} + a_{n2}A_{n2} + \cdots + a_{nn}A_{nn}$$

此n阶行列式的表示方法,叫做行列式按某行展开(对列同样成立),它表明n阶行列式的值等于某行中各元素与它各自的代数余子式的乘积之和.这样在计算n阶行列式的值时,就可以据上述定义计算.但须注意的是当n相当大时,n阶行列式各元素的代数余子式可能是很高阶的行列式.因此,用上述定义计算n阶行列式仍然存在困难.不过当学习了行列式的性质后,可以简化行列式的计算,以减少计算行列式的困难.

另外,须注意:计算三阶行列式的方法,对于四阶行列式和四阶以上的行列式是不适用的.例如,对于四阶行列式

$$\begin{vmatrix} a_{11} & a_{12} & a_{13} & a_{14} \\ a_{21} & a_{22} & a_{23} & a_{24} \\ a_{31} & a_{32} & a_{33} & a_{34} \\ a_{41} & a_{42} & a_{43} & a_{44} \end{vmatrix}$$

若按定义计算,它可用4个三阶行列式来表示,而每一个三阶行列式有6项,共计$4\times 6=24$项.若用计算三阶行列式的方法计算四阶行列式,只能得到8项,显然是不合适的.

例1 求下列行列式的余子式M_{11},M_{12},M_{13}及代数余子式A_{11},A_{12},A_{13}并求A的值.

$$A=\begin{vmatrix} 1 & 0 & -1 \\ 1 & 2 & 0 \\ -1 & 3 & 2 \end{vmatrix}$$

解

$$M_{11}=\begin{vmatrix} 2 & 0 \\ 3 & 2 \end{vmatrix}=4$$

$$M_{12}=\begin{vmatrix} 1 & 0 \\ -1 & 2 \end{vmatrix}=2$$

$$M_{13}=\begin{vmatrix} 1 & 2 \\ -1 & 3 \end{vmatrix}=5$$

于是

$$A_{11}=(-1)^{1+1}M_{11}=4 \qquad A_{12}=(-1)^{1+2}M_{12}=-2 \qquad A_{13}=(-1)^{1+3}M_{13}=5$$

行列式A的值为

$$A=1\times A_{11}+0\times A_{12}+(-1)\times A_{13}=1\times 4+0\times(-2)+(-1)\times 5=-1$$

例2 按第一行展开,计算下列行列式.

$$A=\begin{vmatrix}1&3&7&2\\2&1&0&-2\\7&4&1&-6\\-3&-2&4&5\end{vmatrix}$$

解　按第一行展开

$$A=1\times(-1)^{1+1}\begin{vmatrix}1&0&-2\\4&1&-6\\-2&4&5\end{vmatrix}+3\times(-1)^{1+2}\begin{vmatrix}2&0&-2\\7&1&-6\\-3&4&5\end{vmatrix}+$$

$$7\times(-1)^{1+3}\begin{vmatrix}2&1&-2\\7&4&-6\\-3&-2&5\end{vmatrix}+2\times(-1)^{1+4}\begin{vmatrix}2&1&0\\7&4&1\\-3&-2&4\end{vmatrix}$$

$$=\begin{vmatrix}1&0&-2\\4&1&-6\\-2&4&5\end{vmatrix}-3\begin{vmatrix}2&0&-2\\7&1&-6\\-3&4&5\end{vmatrix}+7\begin{vmatrix}2&1&-2\\7&4&-6\\-3&-2&5\end{vmatrix}-2\begin{vmatrix}2&1&0\\7&4&1\\-3&-2&4\end{vmatrix}$$

$$=-7+12+21-10-16$$

习题 9.2

A 组

1. 计算行列式.

(1) $A=\begin{vmatrix}0&3&0&0\\0&1&5&0\\0&0&2&4\\1&0&0&1\end{vmatrix}$　　(2) $B=\begin{vmatrix}1&1&14&7\\3&5&0&1\\5&7&4&3\\7&1&16&5\end{vmatrix}$

2. 计算行列式.

$$C=\begin{vmatrix}a_{11}&a_{12}&a_{13}&a_{14}\\0&a_{22}&a_{23}&a_{24}\\0&0&a_{33}&a_{34}\\0&0&0&a_{44}\end{vmatrix}$$

3. 求行列式的第一列元素的余子式和代数余子式.

$$A=\begin{vmatrix}a&1&2&3\\b&-1&0&1\\c&0&2&3\\d&1&-1&-2\end{vmatrix}$$

4. 若行列式 $A=\begin{vmatrix}4&3&0&-1\\2&1&9&3\\7&0&8&9\\-3&1&7&-5\end{vmatrix}$，试按第二行展开，计算行列式.

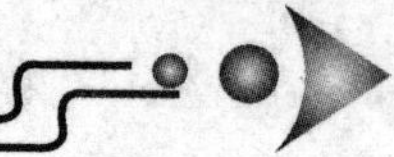

B 组

1. 若行列式 $A=\begin{vmatrix} 2 & 7 & 0 & 1 \\ 1 & 2 & 5 & 0 \\ 0 & -1 & 2 & -1 \\ 3 & 8 & 1 & 2 \end{vmatrix}$,试按第二列展开,计算行列式.

2. 计算行列式 $A=\begin{vmatrix} 1 & -1 & 1 & 1 & 1 \\ -1 & 1 & 1 & 2 & 0 \\ -1 & -1 & 3 & 0 & 0 \\ 1 & 4 & 0 & 0 & 0 \\ 5 & 0 & 0 & 0 & 0 \end{vmatrix}$.

9.3 n 阶行列式的性质

行列式的计算是一个既重要又复杂的问题.计算二阶行列式要计算两项.

三阶行列式要计算 3 个二阶行列式,即要计算 $3\times2=6$ 项.

n 阶行列式要计算:$n\times(n-1)\times(n-2)\times\cdots\times3\times2\times1=n!$ 项.

随着 n 的增大,计算量也相应增大.因此,需要进一步学习行列式的性质,根据行列式的性质来简化行列式的计算.

定义 9.3 设有行列式

$$A=\begin{vmatrix} a_{11} & a_{12} & \cdots & a_{1n} \\ a_{21} & a_{22} & \cdots & a_{2n} \\ \cdots & \cdots & \cdots & \cdots \\ a_{n1} & a_{n2} & \cdots & a_{nn} \end{vmatrix}$$

若把 A 的行列依次互换,所得到的行列式记作

$$A'=\begin{vmatrix} a_{11} & a_{21} & \cdots & a_{n1} \\ a_{12} & a_{22} & \cdots & a_{n2} \\ \cdots & \cdots & \cdots & \cdots \\ a_{1n} & a_{2n} & \cdots & a_{nn} \end{vmatrix}$$

则 A'称作 A 的转置行列式.

行列式有下列主要性质:

性质 1 行列式 A 的值,等于它的转置行列式 A'的值.

不难验证

$$A=\begin{vmatrix} 1 & 2 & 1 \\ 2 & 1 & -1 \\ 3 & 1 & -4 \end{vmatrix}=6 \qquad A'=\begin{vmatrix} 1 & 2 & 3 \\ 2 & 1 & 1 \\ 1 & -1 & -4 \end{vmatrix}=6$$

显见,$A=A'$.

对于 n 阶行列式 A，用定义不难得出 $A=A'$. 此性质说明了行具有的性质，列亦具有同样的性质.

性质 2　若交换行列式任意两行(列)，则行列式的值要改变符号.

例如，$A=\begin{vmatrix}1&2&1\\2&1&-1\\3&1&-4\end{vmatrix}=6$，交换第二行、第三行，计算得

$$B=\begin{vmatrix}1&2&1\\3&1&-4\\2&1&-1\end{vmatrix}=-6$$

显见，$B=-A$.

性质 3　行列式中有两行(列)对应元素相同，则行列式的值等于零.

例如，$\begin{vmatrix}2&0&2\\-1&8&-1\\5&10&5\end{vmatrix}=0$，由于行列式的第一列和第三列对应元素相同，故行列式的值为 0.

性质 4　用数 k 乘行列式某一行(列)的各元素，等于用数 k 乘行列式. 换言之，行列式某一行(列)有公因数时，可提到行列式的外面.

例如，$\begin{vmatrix}4&2&4\\-4&3&1\\2&3&5\end{vmatrix}=\begin{vmatrix}2\times2&2\times1&2\times2\\-4&3&1\\2&3&5\end{vmatrix}=2\times\begin{vmatrix}2&1&2\\-4&3&1\\2&3&5\end{vmatrix}=20$

推论 1　若行列式中某两行(列)对应元素成比例，则行列式的值为零.

例如，因第二行、第三行对应元素成比例，$\begin{vmatrix}1&3&2\\4&6&8\\2&3&4\end{vmatrix}=0$.

推论 2　若行列式某行(列)的各元素全是零，则行列式的值为零.

例如，$\begin{vmatrix}a_{11}&a_{12}&a_{13}\\0&0&0\\a_{31}&a_{32}&a_{33}\end{vmatrix}=0$

性质 5　若行列式的某行元素都是两数之和

$$a_{ij}=b_j+c_i(j=1,2,3\cdots n)$$

则行列式等于两个行列式之和，即

$$\begin{vmatrix}a_{11}&a_{12}&\cdots&a_{1n}\\\cdots&\cdots&\cdots&\cdots\\b_1+c_1&b_2+c_2&\cdots&b_n+c_n\\\cdots&\cdots&\cdots&\cdots\\a_{n1}&a_{n2}&\cdots&a_{nn}\end{vmatrix}=\begin{vmatrix}a_{11}&a_{12}&\cdots&a_{1n}\\\cdots&\cdots&\cdots&\cdots\\b_1&b_2&\cdots&b_n\\\cdots&\cdots&\cdots&\cdots\\a_{n1}&a_{n2}&\cdots&a_{nn}\end{vmatrix}+\begin{vmatrix}a_{11}&a_{12}&\cdots&a_{1n}\\\cdots&\cdots&\cdots&\cdots\\c_1&c_2&\cdots&c_n\\\cdots&\cdots&\cdots&\cdots\\a_{n1}&a_{n2}&\cdots&a_{nn}\end{vmatrix}$$

例如，$\begin{vmatrix}2&1&2\\-4&3&1\\1+1&1+2&2+3\end{vmatrix}=\begin{vmatrix}2&1&2\\-4&3&1\\1&1&2\end{vmatrix}+\begin{vmatrix}2&1&2\\-4&3&1\\1&2&3\end{vmatrix}$

性质6 行列式的某一行(列)乘数 k,然后加到另一行(列)的对应元素上,行列式的值不变.

$$\begin{vmatrix} a_{11} & a_{12} & \cdots & a_{1n} \\ \cdots & \cdots & \cdots & \cdots \\ a_{i1} & a_{i2} & \cdots & a_{in} \\ \cdots & \cdots & \cdots & \cdots \\ a_{j1} & a_{j2} & \cdots & a_{jn} \\ \cdots & \cdots & \cdots & \cdots \\ a_{n1} & a_{n2} & \cdots & a_{nn} \end{vmatrix} = \begin{vmatrix} a_{11} & a_{12} & \cdots & a_{1N} \\ \cdots & \cdots & \cdots & \cdots \\ a_{i1}+ka_{j1} & a_{i2}+ka_{j2} & \cdots & a_{in}+ka_{jn} \\ \cdots & \cdots & \cdots & \cdots \\ a_{j1} & a_{j2} & \cdots & a_{jn} \\ \cdots & \cdots & \cdots & \cdots \\ a_{n1} & a_{n2} & \cdots & a_{nn} \end{vmatrix}$$

例如,下面行列式,第一列分别乘以 -2, -3 加到第二列、第三列上(这种行(列)变换记在等号上(下)面,以后不再作声明)可简化行列式的计算.

$$\begin{vmatrix} 1 & 2 & 3 & 0 \\ 1 & 0 & 1 & 2 \\ 3 & -1 & -1 & 0 \\ 1 & 2 & 0 & -5 \end{vmatrix} \xlongequal[①\times(-3)+③]{①\times(-2)+②} \begin{vmatrix} 1 & 0 & 0 & 0 \\ 1 & -2 & -2 & 2 \\ 3 & -7 & -10 & 0 \\ 1 & 0 & -3 & -5 \end{vmatrix}$$

$$\xlongequal{按第一行展开} \begin{vmatrix} -2 & -2 & 2 \\ -7 & -10 & 0 \\ 0 & -3 & -5 \end{vmatrix} = 2\begin{vmatrix} -1 & -1 & 1 \\ -7 & -10 & 0 \\ 0 & -3 & -5 \end{vmatrix}$$

$$\xlongequal[③+②]{③+①} 2\begin{vmatrix} 0 & 0 & 1 \\ -7 & -10 & 0 \\ -5 & -8 & -5 \end{vmatrix} \xlongequal{按第三列展开} 2\begin{vmatrix} -7 & -10 \\ -5 & -8 \end{vmatrix} = 12$$

此例说明:在计算行列式时,我们可将行列式某行(列)除一元素外,其余元素化为零,可简化行列式的计算.

性质7(行列展开定理) 行列式等于任意一行(列)的各元素与其对应的代数余子式的乘积之和. 而与另一行(列)的代数余子式之积的和等于零.

以三阶行列式为例,此性质可表述为

$$A = \begin{vmatrix} a_{11} & a_{12} & a_{13} \\ a_{21} & a_{22} & a_{23} \\ a_{31} & a_{32} & a_{33} \end{vmatrix}$$

若按第一行展开,得

$$A = a_{11}A_{11} + a_{12}A_{12} + a_{13}A_{13}$$

但是

$$a_{11}A_{21} + a_{12}A_{22} + a_{13}A_{23} = 0$$

例如, $\begin{vmatrix} 4 & -1 & 6 & 2 \\ 2 & -3 & 1 & 0 \\ 0 & 4 & 0 & 0 \\ 5 & 7 & -1 & 0 \end{vmatrix} \xlongequal{按第四列展开} 2\times(-1)^{1+4}\begin{vmatrix} 2 & -3 & 1 \\ 0 & 4 & 0 \\ 5 & 7 & -1 \end{vmatrix}$

$$\xlongequal{\text{按第二行展开}}(-2)\times 4\times(-1)^{2+2}\begin{vmatrix}2 & 1\\ 5 & -1\end{vmatrix}=-8\times(-7)=56$$

读者们可验证

$$a_{11}A_{21}+a_{12}A_{22}+a_{13}A_{23}+a_{14}A_{24}=0$$

习题 9.3

A 组

利用行列式的性质计算下列行列式.

(1) $\begin{vmatrix}1 & -2 & 0 & 4\\ 2 & -5 & 1 & -3\\ 4 & 1 & -2 & 6\\ -3 & 2 & 7 & 1\end{vmatrix}$　　(2) $\begin{vmatrix}2 & 1 & -3 & -1\\ 3 & 1 & 0 & 7\\ -1 & 2 & 4 & -2\\ 1 & 0 & -1 & 5\end{vmatrix}$

(3) $\begin{vmatrix}1 & 0 & 3 & 2\\ 0 & 1 & -2 & 1\\ 3 & -2 & 4 & 2\\ 2 & 1 & 2 & 7\end{vmatrix}$　　(4) $\begin{vmatrix}1 & 2 & 3 & 4\\ 2 & 3 & 4 & 1\\ 3 & 4 & 1 & 2\\ 4 & 1 & 2 & 3\end{vmatrix}$

B 组

利用行列式的性质计算下列行列式.

(1) $\begin{vmatrix}1+x & 1 & 1 & 1\\ 1 & 1-x & 1 & 1\\ 1 & 1 & 1+y & 1\\ 1 & 1 & 1 & 1-y\end{vmatrix}$　　(2) $\begin{vmatrix}1 & 1 & 1\\ 1 & 1+\cos\alpha & 1+\sin\alpha\\ 1 & 1-\sin\alpha & 1+\cos\alpha\end{vmatrix}$

9.4　行列式的计算

行列式在解线性方程组时,十分重要.因此,对行列式的计算要加强学习.前面已提到计算三阶行列式的方法,对于四阶和四阶以上的行列式,已经不适用.为了使计算简便,在计算行列式时,一般地先运用性质 6 把某行(列)中的元素除一个元素之外,其余元素尽量化成零,然后依照性质 7 把行列式按行(列)展开使行列式的计算变得相对容易.

现举例说明.

例 1　计算行列式

$$\begin{vmatrix}3 & -1 & -1 & 2\\ -5 & 1 & 3 & -4\\ 2 & 0 & 1 & -1\\ 1 & -5 & 3 & -1\end{vmatrix} \text{ 和 } \begin{vmatrix}a+2b & a+4b & 6+6b\\ a+3b & a+5b & a+7b\\ a+4b & a+6b & a+8b\end{vmatrix}$$

解
$$\begin{vmatrix} 3 & -1 & -1 & 2 \\ -5 & 1 & 3 & -4 \\ 2 & 0 & 1 & -1 \\ 1 & -5 & 3 & -1 \end{vmatrix} \xlongequal[③+④]{③\times(-2)+①} \begin{vmatrix} 5 & 1 & -1 & 1 \\ -11 & 1 & 3 & -1 \\ 0 & 0 & 1 & 0 \\ -5 & -5 & 3 & 2 \end{vmatrix}$$

$$\xlongequal{\text{按第三行展开}} 1\times(-1)^{3+3}\begin{vmatrix} 5 & 1 & 1 \\ -11 & 1 & -1 \\ -5 & -5 & 2 \end{vmatrix}$$

$$\xlongequal[①\times(-2)+③]{①+②} \begin{vmatrix} 5 & 1 & 1 \\ -6 & 2 & 0 \\ -15 & -7 & 0 \end{vmatrix} \xlongequal{\text{按第三列展开}} 1\times(-1)^{3+1}\begin{vmatrix} -6 & 2 \\ -15 & -7 \end{vmatrix} = 72$$

$$\begin{vmatrix} a+2b & a+4b & a+6b \\ a+3b & a+5b & a+7b \\ a+4b & a+6b & a+8b \end{vmatrix} \xlongequal[①\times(-1)+③]{①\times(-1)+②} \begin{vmatrix} a+2b & a+4b & a+6b \\ b & b & b \\ 2b & 2b & 2b \end{vmatrix} = 0$$

在利用行列式性质作行列式计算时，在已掌握其运算技巧的基础上，可省略计算行列式的中间变换过程. 如下列各例.

例2 计算行列式

$$\begin{vmatrix} a_{11} & 0 & 0 & 0 \\ a_{21} & a_{22} & 0 & 0 \\ a_{31} & a_{32} & a_{33} & 0 \\ a_{41} & a_{42} & a_{43} & a_{44} \end{vmatrix}$$

解
$$\text{原式} = a_{11}\begin{vmatrix} a_{22} & 0 & 0 \\ a_{32} & a_{33} & 0 \\ a_{42} & a_{43} & a_{44} \end{vmatrix} = a_{11}a_{22}\begin{vmatrix} a_{33} & 0 \\ a_{43} & a_{44} \end{vmatrix} = a_{11}a_{22}a_{33}a_{44}$$

同理，可得
$$\begin{vmatrix} a_{11} & 0 & \cdots & 0 \\ a_{21} & a_{22} & \cdots & 0 \\ \cdots & \cdots & \cdots & \cdots \\ a_{n1} & a_{n2} & \cdots & a_{nn} \end{vmatrix} = a_{11}a_{22}\cdots a_{nn}$$

这样的行列式称作下三角形行列式，它的值等于主对角线（从左上角到右下角）上元素的积. 有时也可将给定的行列式化为下三角形行列式去计算，较方便.

例3 计算 n 行列式

$$A_n = \begin{vmatrix} a & b & b & \cdots & b \\ b & a & b & \cdots & b \\ b & b & a & \cdots & b \\ \cdots & \cdots & \cdots & \cdots & \cdots \\ b & b & b & \cdots & a \end{vmatrix}$$

这个行列式的特点：每一列元素之和是 $a+(n-1)b$，然后利用性质 4 和性质 6，将第一列乘 -1，分别加到其他列，即可化简.

解

$$A_n=\begin{vmatrix} a & b & b & \cdots & b \\ b & a & b & \cdots & b \\ b & b & a & \cdots & b \\ \cdots & \cdots & \cdots & \cdots & \cdots \\ b & b & b & \cdots & a \end{vmatrix}=[a+(n-1)b]\begin{vmatrix} 1 & 1 & 1 & \cdots & 1 \\ b & a & b & \cdots & b \\ b & b & a & \cdots & b \\ \cdots & \cdots & \cdots & \cdots & \cdots \\ b & b & b & \cdots & a \end{vmatrix}$$

$$=[a+(n-1)b]\begin{vmatrix} 1 & 0 & 0 & \cdots & 0 \\ b & a-b & 0 & \cdots & 0 \\ b & 0 & a-b & \cdots & 0 \\ \cdots & \cdots & \cdots & \cdots & \cdots \\ b & 0 & 0 & \cdots & a-b \end{vmatrix}$$

$$=[a+(n-1)b](a-b)^{n-1}$$

例 4　试证明

$$\begin{vmatrix} 1 & 1 & 1 & 1 \\ a & b & c & d \\ b & c & d & a \\ c+d & d+a & a+b & b+c \end{vmatrix}=0$$

证明　先将第 2 行,第 3 行的元素分别加到第 4 行相应元素上,然后应用性质 3 和性质 4 化简.

$$\begin{vmatrix} 1 & 1 & 1 & 1 \\ a & b & c & d \\ b & c & d & a \\ c+d & d+a & a+b & b+c \end{vmatrix}$$

$$=\begin{vmatrix} 1 & 1 & 1 & 1 \\ a & b & c & d \\ b & c & d & a \\ a+b+c+d & a+b+c+d & a+b+c+d & a+b+c+d \end{vmatrix}$$

$$=(a+b+c+d)\begin{vmatrix} 1 & 1 & 1 & 1 \\ a & b & c & d \\ b & c & d & a \\ 1 & 1 & 1 & 1 \end{vmatrix}=0$$

例 5　计算行列式,请自行找出规律.

$$D=\begin{vmatrix} 1 & 1 & 1 & 1 \\ a & b & c & d \\ a^2 & b^2 & c^2 & d^2 \\ a^3 & b^3 & c^3 & d^3 \end{vmatrix}$$

解

$$D=\begin{vmatrix} 1 & 1 & 1 & 1 \\ a & b & c & d \\ a^2 & b^2 & c^2 & d^2 \\ a^3 & b^3 & c^3 & d^3 \end{vmatrix}=\begin{vmatrix} 1 & 1 & 1 & 1 \\ a & b & c & d \\ a^2 & b^2 & c^2 & d^2 \\ 0 & b^2(b-a) & c^2(c-a) & d^2(d-a) \end{vmatrix}$$

$$=\begin{vmatrix}1 & 1 & 1 & 1\\ a & b & c & d\\ 0 & b(b-a) & c(c-a) & d(d-a)\\ 0 & b^2(b-a) & c^2(c-a) & d^2(d-a)\end{vmatrix}$$

$$=\begin{vmatrix}1 & 1 & 1 & 1\\ 0 & b-a & c-a & d-a\\ 0 & b(b-a) & c(c-a) & d(d-a)\\ 0 & b^2(b-a) & c^2(c-a) & d^2(d-a)\end{vmatrix}$$

$$=1\times(-1)^{1+1}\begin{vmatrix}b-a & c-a & d-a\\ b(b-a) & c(c-a) & d(d-a)\\ b^2(b-a) & c^2(c-a) & d^2(d-a)\end{vmatrix}$$

$$=(b-a)(c-a)(d-a)\begin{vmatrix}1 & 1 & 1\\ b & c & d\\ b^2 & c^2 & d^2\end{vmatrix}$$

$$=(b-a)(c-a)(d-a)\begin{vmatrix}1 & 1 & 1\\ b & c & d\\ 0 & c(c-b) & d(d-b)\end{vmatrix}$$

$$=(b-a)(c-a)(d-a)\begin{vmatrix}1 & 1 & 1\\ 0 & c-b & d-b\\ 0 & c(c-b) & d(d-b)\end{vmatrix}$$

$$=(b-a)(c-a)(d-a)\times1\times(-1)^{1+1}\begin{vmatrix}c-b & d-b\\ c(c-b) & d(d-b)\end{vmatrix}$$

$$=(b-a)(c-a)(d-a)(c-b)(d-b)\begin{vmatrix}1 & 1\\ c & d\end{vmatrix}$$

$$=(b-a)(c-a)(d-a)(c-b)(d-b)(d-c)$$

上述类型的行列式叫四阶范德蒙(Vandermonde)行列式.

习题 9.4

A 组

计算下列行列式.

(1) $\begin{vmatrix}0 & -1 & -1 & 2\\ 1 & -1 & 0 & 2\\ -1 & 2 & -1 & 0\\ 2 & 1 & 1 & 0\end{vmatrix}$　　(2) $\begin{vmatrix}2 & 0 & 1 & 1\\ 3 & 0 & 4 & 2\\ 1 & 6 & 1 & -1\\ -2 & 0 & 1 & -1\end{vmatrix}$

(3) $\begin{vmatrix} 1 & 2 & 3 & 4 \\ 2 & 3 & 4 & 1 \\ 3 & 4 & 1 & 2 \\ 4 & 1 & 2 & 3 \end{vmatrix}$　　(4) $\begin{vmatrix} 1+a & 1 & 1 & 1 \\ 1 & 1+a & 1 & 1 \\ 1 & 1 & 1-a & 1 \\ 1 & 1 & 1 & 1-a \end{vmatrix}$

(5) $\begin{vmatrix} 1 & 3 & 3 & 3 & \cdots & 3 \\ 3 & 2 & 3 & 3 & \cdots & 3 \\ 3 & 3 & 3 & 3 & \cdots & 3 \\ \cdots & \cdots & \cdots & \cdots & \cdots & \cdots \\ 3 & 3 & 3 & 3 & \cdots & n \end{vmatrix}$

B组

1. 计算下列行列式.

(1) $\begin{vmatrix} a & 0 & 0 & \cdots & 1 \\ 0 & a & 0 & \cdots & 0 \\ 0 & 0 & a & \cdots & 0 \\ \cdots & \cdots & \cdots & \cdots & \cdots \\ 1 & 0 & 0 & \cdots & a \end{vmatrix}$　　(2) $\begin{vmatrix} x+a_1 & a_2 & a_3 & \cdots & a_n \\ a_1 & x+a_2 & a_3 & \cdots & a_n \\ a_1 & a_2 & x+a_3 & \cdots & a_n \\ \cdots & \cdots & \cdots & \cdots & \cdots \\ a_1 & a_2 & a_3 & \cdots & x+a_n \end{vmatrix}$

2. 证明 n 阶行列式.

$$\begin{vmatrix} a+b & ab & 0 & \cdots & 0 & 0 \\ 1 & a+b & ab & \cdots & 0 & 0 \\ 0 & 1 & a+b & \cdots & 0 & 0 \\ \cdots & \cdots & \cdots & \cdots & \cdots & \cdots \\ 0 & 0 & 0 & \cdots & 1 & a+b \end{vmatrix} = \frac{a^{n-1}-b^{n-1}}{a-b},\text{其中 } a \neq b.$$

3. 计算下列 n 阶行列式.

(1) $\begin{vmatrix} 2a & a^2 & 0 & \cdots & 0 & 0 \\ 1 & 2a & a^2 & \cdots & 0 & 0 \\ 0 & 1 & 2a & \cdots & 0 & 0 \\ \cdots & \cdots & \cdots & \cdots & \cdots & \cdots \\ 0 & 0 & 0 & \cdots & 2a & a^2 \\ 0 & 0 & 0 & \cdots & 1 & 2a \end{vmatrix}$　　(2) $\begin{vmatrix} 1+a & 1 & 1 & 1 \\ 1 & 1-a & 1 & 1 \\ 1 & 1 & 1+b & 1 \\ 1 & 1 & 1 & 1-b \end{vmatrix}$

(3) $\begin{vmatrix} x & a & b & 0 & c \\ 0 & y & 0 & 0 & d \\ 0 & c & z & 0 & f \\ g & h & k & u & l \\ 0 & 0 & 0 & 0 & v \end{vmatrix}$

4. 关于未知量的多项式.

$$f(x)=\begin{vmatrix} 1 & a_1 & a_2 & \cdots & a_{n-1} \\ 1 & x & a_2 & \cdots & a_{n-1} \\ 1 & a_1 & x & \cdots & a_{n-1} \\ \cdots & \cdots & \cdots & \cdots & \cdots \\ 1 & a_1 & a_2 & \cdots & a_{n-1} \end{vmatrix}$$

证明:$f(x)=0$ 的根为 a_1、a_2、$\cdots$、a_n.

9.5 克莱姆(Cramer)法则

线性方程组是线性代数中的一个基本问题. 在 9.1 中已提到,若二元线性方程组

$$\begin{cases} a_{11}x+a_{12}y=b_1 \\ a_{21}x+a_{22}y=b_2 \end{cases}$$

的系数行列式 $D=\begin{vmatrix} a_{11} & a_{12} \\ a_{21} & a_{22} \end{vmatrix}\neq 0$,那么方程组有唯一解.

$$x=\frac{\begin{vmatrix} b_1 & a_{12} \\ b_2 & a_{22} \end{vmatrix}}{\begin{vmatrix} a_{11} & a_{12} \\ a_{21} & a_{22} \end{vmatrix}} \qquad y=\frac{\begin{vmatrix} a_{11} & b_1 \\ a_{21} & b_2 \end{vmatrix}}{\begin{vmatrix} a_{11} & a_{12} \\ a_{21} & a_{22} \end{vmatrix}}$$

一般对于 n 元线性方程组亦有相同的结论.

定理 9.1(Cramer 克莱姆法则) 若 n 个方程组成的 n 元线性方程组的

$$\begin{cases} a_{11}x_1+a_{12}x_2+\cdots+a_{1n}x_n=b_1 \\ a_{21}x_1+a_{22}x_2+\cdots+a_{2n}x_n=b_2 \\ \cdots \\ a_{n1}x_1+a_{n2}x_2+\cdots+a_{nn}x_n=b_n \end{cases} \tag{1}$$

系数行列式

$$D=\begin{vmatrix} a_{11} & a_{12} & \cdots & a_{1n} \\ a_{21} & a_{22} & \cdots & a_{2n} \\ \cdots & \cdots & \cdots & \cdots \\ a_{n1} & a_{n2} & \cdots & a_{nn} \end{vmatrix}\neq 0$$

则方程组(1)有唯一解

$$x_k=\frac{D_k}{D}(k=1,2,\cdots,n) \tag{2}$$

其中 D_k 是以方程组(1)右端常数项 $b_1,b_2,\cdots,b_n$ 替换系数行列式 D 第 k 列所得的行列式.

定理的结论表明:当 $D\neq 0$ 时,方程组有且仅有唯一解,这个唯一解可通过(2)式来计算. 因此用克莱姆法则解线性方程组时,应注意两个关键条件:其一,方程组的个数与未知数的个数

要相等;其二,系数行列式不等于零.此时,方程组有唯一解,这个解与方程组的系数、常数项均有着密切的关系.

若方程组(1)的常数项 $b_1,b_2,\cdots,b_n$ 全是 0 时,得

$$\begin{cases}a_{11}x_1+a_{12}x_2+\cdots+a_{1n}x_n=0\\a_{21}x_1+a_{22}x_2+\cdots+a_{2n}x_n=0\\\cdots\\a_{n1}x_1+a_{n2}x_2+\cdots+a_{nn}x_n=0\end{cases}\tag{3}$$

方程(3)称作 n 元齐次线性方程组.若方程组(1)的常数项 $b_1,b_2,\cdots,b_n$ 不全为 0 时,相应地称作 n 元非齐次线性方程组.

推论 1　对于方程组(3),若系数行列式 $D\neq0$,则方程组只有零解.即

$$x_1=x_2=\cdots=x_n=0$$

推论 2　对于方程组(3),若有非零解时(不全为 0 的一组解),则它的系数行列式 $D=0$.

例 1　解四元齐次方程组

$$\begin{cases}2x_1+x_2-5x_3+x_4=0\\x_1-3x_2-6x_4=0\\2x_2-x_3+2x_4=0\\x_1+4x_2-7x_3+6x_4=0\end{cases}$$

解
$$\begin{vmatrix}2&1&-5&1\\1&-3&0&-6\\0&2&-1&2\\1&4&-7&6\end{vmatrix}=\begin{vmatrix}0&7&-5&13\\1&-3&0&-6\\0&2&-1&2\\0&7&-7&12\end{vmatrix}=-\begin{vmatrix}7&-5&13\\2&-1&2\\7&-7&12\end{vmatrix}$$

$$=-\begin{vmatrix}-3&-5&3\\0&-1&0\\-7&-7&-2\end{vmatrix}=\begin{vmatrix}-3&3\\-7&-2\end{vmatrix}=27\neq0$$

根据推论 1 知,方程组只有零解

$$x_1=x_2=x_3=x_4=0$$

例 2　解线性方程组

$$\begin{cases}2x_1+x_2-5x_3+x_4=8\\x_1-3x_2-6x_4=9\\2x_2-x_3+2x_4=-5\\x_1+4x_2-7x_3+6x_4=0\end{cases}$$

解
$$D=\begin{vmatrix}2&1&-5&1\\1&-3&0&-6\\0&2&-1&2\\1&4&-7&6\end{vmatrix}=27$$

$$D_1=\begin{vmatrix}8&1&-5&1\\9&-3&0&-6\\-5&2&-1&2\\0&4&-7&6\end{vmatrix}=81$$

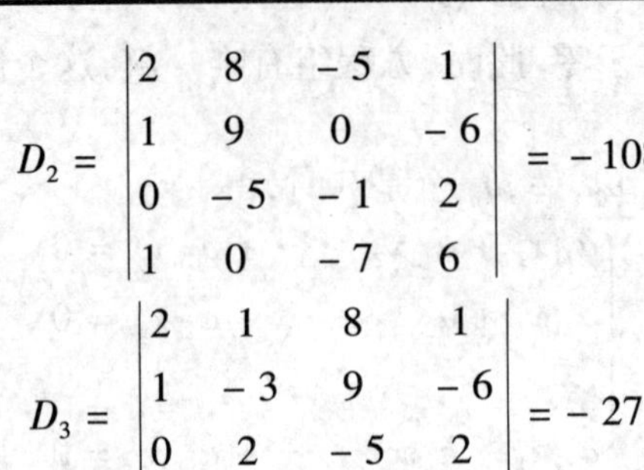

$$D_2=\begin{vmatrix}2 & 8 & -5 & 1\\1 & 9 & 0 & -6\\0 & -5 & -1 & 2\\1 & 0 & -7 & 6\end{vmatrix}=-108$$

$$D_3=\begin{vmatrix}2 & 1 & 8 & 1\\1 & -3 & 9 & -6\\0 & 2 & -5 & 2\\1 & 4 & 0 & 6\end{vmatrix}=-27$$

$$D_4=\begin{vmatrix}2 & 1 & -5 & 8\\1 & -3 & 0 & 9\\0 & 2 & -1 & -5\\1 & 4 & -7 & 0\end{vmatrix}=27$$

根据克莱姆法则,方程组的解是

$$x_1=\frac{D_1}{D}=\frac{81}{27}=3 \qquad x_2=\frac{D_2}{D}=\frac{-108}{27}=-4$$

$$x_3=\frac{D_3}{D}=\frac{-27}{27}=-1 \qquad x_4=\frac{D_4}{D}=\frac{27}{27}=1$$

即

$$\begin{cases}x_1=3\\x_2=-4\\x_3=-1\\x_4=1\end{cases}$$

习 题 9.5

A 组

1. 用克莱姆法则解下列线性方程组.

(1) $\begin{cases}2x+5y=1\\3x+7y=2\end{cases}$　　(2) $\begin{cases}6x_1-4x_2=10\\5x_1+7x_2=29\end{cases}$

(3) $\begin{cases}5x_1-7x_2=1\\x_1-2x_2=0\end{cases}$　　(4) $\begin{cases}4x_1+5x_2=0\\3x_1-7x_2=0\end{cases}$

(5) $\begin{cases}x+y-2z=-3\\5x-2y+7z=22\\2x-5y+4z=4\end{cases}$　　(6) $\begin{cases}x_1+2x_2+4x_3=31\\5x_1+x_2+2x_3=29\\3x_1-x_2+x_3=10\end{cases}$

(7) $\begin{cases}bx-ay+2ab=0\\-2cy+3bz-bc=0\\cx+az=0\end{cases}$ (其中 $a,b,c\neq 0$)

(8) $\begin{cases} 2x_1 + x_2 - 5x_3 + x_4 = 8 \\ x_1 - 3x_2 - 6x_4 = 9 \\ 2x_2 - x_3 + 2x_4 = -5 \\ x_1 + 4x_2 - 7x_3 + 6x_4 = 0 \end{cases}$　(9) $\begin{cases} x_1 + x_2 + x_3 + x_4 = 0 \\ x_2 + x_3 + x_4 + x_5 = 0 \\ x_1 + 2x_2 + 3x_3 = 2 \\ x_2 + 2x_3 + 3x_4 = -2 \\ x_3 + 2x_4 + 3x_5 = 2 \end{cases}$

2. 设 a、b、c、d 是不全为 0 的实数,证明:方程组

$$\begin{cases} ax_1 + bx_2 + cx_3 + dx_4 = 0 \\ bx_1 - ax_2 + dx_3 + cx_4 = 0 \\ cx_1 - dx_2 - ax_3 + bx_4 = 0 \\ dx_1 + cx_2 - bx_3 - ax_4 = 0 \end{cases}$$

只有零解.

3. 判断齐次线性方程组

$$\begin{cases} 2x_1 + 2x_2 - x_3 = 0 \\ x_1 - 2x_2 + 4x_3 = 0 \\ 5x_1 + 8x_2 - 2x_3 = 0 \end{cases}$$

是否仅有零解.

4. 如果齐次线性方程组有非零解,k 应取什么值?

$$\begin{cases} kx + y - z = 0 \\ x + ky - z = 0 \\ 2x - y + z = 0 \end{cases}$$

5. k 取什么值时,齐次线性方程组

$$\begin{cases} kx + y - z = 0 \\ x + ky - z = 0 \\ 2x - y + z = 0 \end{cases}$$

仅有零解.

B 组

1. 用克莱姆法则解下列线性方程组.

(1) $\begin{cases} x_1 = 0.5x_1 + 0.3x_2 + 0.4x_3 + 10 \\ x_2 = 0.4x_1 + 0.5x_3 + 20 \\ x_3 = 0.2x_1 + 0.1x_2 + 12 \end{cases}$　(2) $\begin{cases} 2x_1 + 2x_2 - x_3 + x_4 = 4 \\ 4x_1 + 3x_2 - x_3 + 2x_4 = 6 \\ 8x_1 + 3x_2 - 3x_3 + 4x_4 = 12 \\ 3x_1 + 3x_2 - 2x_3 - 2x_4 = 6 \end{cases}$

(3) $\begin{cases} 2x_1 + 3x_2 + 11x_3 + 5x_4 = 2 \\ x_1 + x_2 + 5x_3 + 2x_4 = 1 \\ 2x_1 + x_2 + 3x_3 + 4x_4 = -3 \\ x_1 + x_2 + 3x_3 + 4x_4 = -3 \end{cases}$　(4) $\begin{cases} 2x_1 + 3x_2 + 11x_3 + 5x_4 = 6 \\ x_1 + x_2 + 5x_3 + 2x_4 = 2 \\ 2x_1 + x_2 + 3x_3 + 4x_4 = 2 \\ x_1 + x_2 + 3x_3 + 4x_4 = 2 \end{cases}$

2. 某工厂有 3 个车间,各车间互相提供产品(或劳务). 今年各车间出厂产量及对其他

车间的消耗如表 9－1 所示. 表中第一列消耗系数 0.1,0.2,0.5 表示第一车间生产 1 万元的产品需分别消耗第一、第二、第三车间 0.1 万元、0.2 万元、0.5 万元的产品,第二列、第三列类同,求今年各车间的总产量.

表 9－1

消耗系数 车间 / 车间	1	2	3	出厂产量/万元	总产量/万元
1	0.1	0.2	0.45	22	X_1
2	0.2	0.2	0.3	0	X_2
3	0.5	0	0.12	55.6	X_3

9.6 矩阵的概念

在前几节,已学习了对于 n 个方程的 n 元线性方程组,在系数行列式是非零的条件下,据克莱姆法则,方程组有唯一解. 但是,在方程组的个数与未知数个数不相等的时候,又如何去求解方程组? 仅有行列式的知识还不够,还需要学习矩阵. 因此,矩阵是一个非常有用的数学工具. 下面将介绍矩阵的有关知识.

首先,来看两个例子.

引例 9.1 在研究方程组 $\begin{cases} x_1 + x_2 - 2x_3 - x_4 + x_5 = 1 \\ 3x_1 - x_2 + x_3 + 4x_4 + 3x_5 = 4 \\ x_1 + 5x_2 + 9x_3 - 8x_4 + x_5 = 0 \end{cases}$ 的解时,可以将方程组的系数和常数项组成一个有序数表

$$\begin{pmatrix} 1 & 1 & -2 & -1 & 1 & 1 \\ 3 & -1 & 1 & 4 & 3 & 4 \\ 1 & 5 & 9 & -8 & 1 & 0 \end{pmatrix}$$

此数表完全确定了上述方程组. 以后我们可以看到:要研究方程组的解,只要对这张表进行分析研究,就可达到我们的目的.

引例 9.2 某企业生产 5 种产品,各种产品的季度产值(单位:万元)如表 9－2 所示.

表 9－2

产值 产品 / 季度	A	B	C	D	E
1	70	65	45	40	70
2	80	70	75	65	80
3	65	50	80	90	75
4	70	80	75	65	90

将四行五列的产值按顺序排成表

$$\begin{pmatrix} 70 & 65 & 45 & 40 & 70 \\ 80 & 70 & 75 & 65 & 80 \\ 65 & 50 & 80 & 90 & 75 \\ 70 & 80 & 75 & 65 & 90 \end{pmatrix}$$

从这张表不难看出，企业产值“分布”及产值的变化情况.

在工程技术中，常常会碰到这样的有序数表. 通过对有序数表的研究来解决相关问题. 为此，有下列定义：

定义 9.4　由 $m\times n$ 个数 a_{ij} ($i=1,2\cdots,m;j=1,2\cdots,n$) 按照一定的顺序排成 m 行，n 列的表

$$\begin{pmatrix} a_{11} & a_{12} & \cdots & a_{1n} \\ a_{21} & a_{22} & \cdots & a_{2n} \\ \cdots & \cdots & \cdots & \cdots \\ a_{m1} & a_{m2} & \cdots & a_{mn} \end{pmatrix} \tag{1}$$

这个表称作 m 行，n 列矩阵，或 $m\times n$ 矩阵，简称矩阵，常用字母 $A,B,\cdots$，表示矩阵. 上述矩阵可记作 $A_{m\times n}$ 或 $A=(a_{ij})_{m\times n}$. 位于矩阵第 i 行，第 j 列的元素称作矩阵 (i,j) 元，如矩阵的 $(2,1)$ 元是指 a_{21}，$(3,4)$ 元是指 a_{34}，依次类同.

下面介绍几种特殊矩阵，这些矩阵在作矩阵运算时，有一定的理论价值.

(1) 如果 $m=n$，称作 n 阶方阵(简称方阵). 若 A 是 n 阶方阵，它对应的行列式常记作 $|A|$.

(2) 如果 $m=1$，矩阵(1)仅有一行，记作 $(a_{11}\ a_{12}\cdots a_{1n})$，称作行矩阵，简称行阵.

(3) 如果 $n=1$，矩阵(1)仅有一列，记作 $\begin{pmatrix} a_{11} \\ a_{21} \\ \cdots \\ a_{m1} \end{pmatrix}$，称作列矩阵，简称列阵.

(4)(零矩阵)当矩阵中的元素全为 0 时，称为零矩阵，记为 $O_{m\times n}$. 在不发生混淆时就记为 O.

$$O_{m\times n}=\begin{pmatrix} 0 & 0 & \cdots & 0 \\ 0 & 0 & \cdots & 0 \\ & & \cdots & \\ 0 & 0 & \cdots & 0 \end{pmatrix}_{m\times n}$$

(5)(对角阵)当方阵除主对角线外的元素全为 0，则称为对角阵.

$$\Lambda=\begin{pmatrix} \lambda_1 & 0 & \cdots & 0 \\ 0 & \lambda_2 & \cdots & 0 \\ & & \cdots & \\ 0 & 0 & \cdots & \lambda_n \end{pmatrix}$$

(6)(数量矩阵)当对角阵的主对角线上的元素均为同一元素时，称为数量矩阵.

$$\lambda I=\begin{pmatrix}\lambda & 0 & \cdots & 0\\ 0 & \lambda & \cdots & 0\\ & & \cdots & \\ 0 & 0 & \cdots & \lambda\end{pmatrix}$$

(7)(单位矩阵 E)当数量矩阵中的 $\lambda=1$ 时,称为 n 阶单位阵,记为 E.

$$E=\begin{pmatrix}1 & 0 & \cdots & 0\\ 0 & 1 & \cdots & 0\\ & & \cdots & \\ 0 & 0 & \cdots & 1\end{pmatrix}$$

在研究矩阵运算之前,我们需先指出:两个矩阵 $A_{m\times n}$ 和 $B_{s\times r}$ 是相等的,仅当下列 3 个条件同时满足:

(1)行数相同,即 $m=s$.

(2)列数相同,即 $n=r$.

(3)对应的元素相等,即 $A_{m\times n}$ 的 (i,j) 元与 $B_{s\times r}$ 的 (i,j) 元相等.

例 3 若矩阵 $\begin{pmatrix}x-1 & 2\\ 0 & y+1\end{pmatrix}=\begin{pmatrix}0 & 2\\ 0 & 3\end{pmatrix}$,求 x 和 y 的值.

解 根据矩阵相等的条件知

$$\begin{cases}x-1=0\\ y+1=3\end{cases}$$

得

$$\begin{cases}x=1\\ y=2\end{cases}$$

习题 9.6

A 组

1. 什么叫 $m\times n$ 矩阵?
2. 什么叫 n 阶方阵?
3. 写出由 0,1,2,3,4 五个数为元素排列成的行矩阵和列矩阵.
4. 形如 $\begin{pmatrix}1 & 0 & 0\\ 0 & 2 & 0\\ 0 & 0 & 3\end{pmatrix}$ 和 $\begin{pmatrix}m & 0 & 0\\ 0 & m & 0\\ 0 & 0 & m\end{pmatrix}$ 的矩阵分别叫什么矩阵?
5. 设矩阵 $\begin{pmatrix}x^2-x & 0\\ 0 & y^2+y\end{pmatrix}=\begin{pmatrix}0 & 0\\ 0 & y\end{pmatrix}$,求 x 和 y 的值.

B 组

若矩阵 $\begin{pmatrix}0 & x^2+15x+56\\ 0 & 0\end{pmatrix}=\begin{pmatrix}0 & 0\\ y^2-9y+14 & 0\end{pmatrix}$,求 x 和 y 的值.

9.7　矩阵的运算

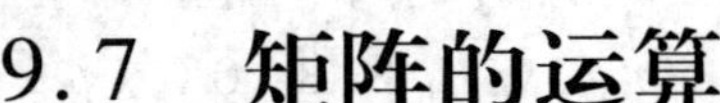

9.7.1　矩阵的加法与减法

定义 9.5　设矩阵

$$A=\begin{pmatrix}a_{11} & a_{12} & \cdots & a_{1n}\\ a_{21} & a_{22} & \cdots & a_{2n}\\ & & \cdots & \\ a_{s1} & a_{s2} & \cdots & a_{sn}\end{pmatrix}\qquad B=\begin{pmatrix}b_{11} & b_{12} & \cdots & b_{1n}\\ b_{21} & b_{22} & \cdots & b_{2n}\\ & & \cdots & \\ b_{s1} & b_{s2} & \cdots & b_{sn}\end{pmatrix}$$

是两个 $s\times n$ 矩阵,它的和是

$$A+B=\begin{pmatrix}a_{11}+b_{11} & a_{12}+b_{12} & \cdots & a_{1n}+b_{1n}\\ a_{21}+b_{21} & a_{22}+b_{22} & \cdots & a_{2n}+b_{2n}\\ & & \cdots & \\ a_{s1}+b_{s1} & a_{s2}+b_{s2} & \cdots & a_{sn}+b_{sn}\end{pmatrix}$$

称这个矩阵是矩阵 A 和矩阵 B 的和. 显见,只有矩阵的行数相同,矩阵的列数也相同的矩阵才能相加.

例 1

$$\begin{pmatrix}3 & 1 & 0 & 0\\ 2 & 0 & -1 & 1\\ 1 & 5 & 3 & -2\end{pmatrix}+\begin{pmatrix}0 & 0 & 3 & 1\\ 0 & 2 & 1 & -1\\ 3 & 1 & 0 & 3\end{pmatrix}$$

$$=\begin{pmatrix}3+0 & 1+0 & 0+3 & 0+1\\ 2+0 & 0+2 & (-1)+1 & 1+(-1)\\ 1+3 & 5+1 & 3+0 & (-2)+3\end{pmatrix}=\begin{pmatrix}3 & 1 & 3 & 1\\ 2 & 2 & 0 & 0\\ 4 & 6 & 3 & 1\end{pmatrix}$$

矩阵的加法有下列运算律

(1) $A+B=B+A$（交换律).

(2) $(A+B)+C=A+(B+C)$（结合律).

(3) $A+O=A$(O 表示与 A 同形的零矩阵).

(4) $A+(-A)=O$.

其中 $-A$ 表示矩阵 $A=(a_{ij})_{s\times n}$ 的负矩阵. 它的形式是

$$\begin{pmatrix}-a_{11} & -a_{12} & \cdots & -a_{1n}\\ -a_{21} & -a_{22} & \cdots & -a_{2n}\\ & & \cdots & \\ -a_{s1} & -a_{s2} & \cdots & -a_{sn}\end{pmatrix}$$

例 2　若设 $A=\begin{pmatrix}1 & 3 & 5\\ 0 & 1 & 4\end{pmatrix}$, $B=\begin{pmatrix}0 & 8 & 1\\ 4 & 0 & 1\end{pmatrix}$,

请验证 $A+B=B+A$ 成立.

设有同维的两个矩阵 A 和 B,矩阵的减法定义为

$$A-B=A+(-B)$$

例 3 $\begin{pmatrix}4&8&0\\0&5&0\\3&8&4\end{pmatrix}-\begin{pmatrix}1&3&4\\1&5&-3\\1&-7&6\end{pmatrix}=\begin{pmatrix}4&8&0\\0&5&0\\3&8&4\end{pmatrix}+\begin{pmatrix}-1&-3&-4\\-1&-5&3\\-1&7&-6\end{pmatrix}$

$$=\begin{pmatrix}4+(-1)&8+(-3)&0+(-4)\\0+(-1)&5+(-5)&0+3\\3+(-1)&8+7&4+(-6)\end{pmatrix}$$

$$=\begin{pmatrix}3&5&-4\\-1&0&3\\2&15&-2\end{pmatrix}$$

9.7.2 矩阵的乘法

定义 9.6 设 A 是一个 $s\times n$ 矩阵

$$A=\begin{pmatrix}a_{11}&a_{12}&\cdots&a_{1n}\\a_{21}&a_{22}&\cdots&a_{2n}\\&&\cdots&\\a_{s1}&a_{s2}&\cdots&a_{sn}\end{pmatrix}$$

B 是一个 $n\times m$ 的矩阵

$$B=\begin{pmatrix}b_{11}&b_{12}&\cdots&b_{1m}\\b_{21}&b_{22}&\cdots&b_{2m}\\&&\cdots&\\b_{n1}&b_{n2}&\cdots&b_{nm}\end{pmatrix}$$

规定

$$AB=\begin{pmatrix}c_{11}&c_{12}&\cdots&c_{1n}\\c_{21}&c_{22}&\cdots&c_{2n}\\&&\cdots&\\c_{s1}&c_{s2}&\cdots&c_{sm}\end{pmatrix}$$

其中,AB 的(i,j)元为 $c_{ij}=a_{i1}b_{1j}+a_{i2}b_{2j}+\cdots+a_{in}b_{nj}=\sum\limits_{k=1}^{n}(a_{ik}b_{kj})$.

由于 A 是 s 行,因此 i 取 $1,2,\cdots,s$,B 则是 m 列,因此 j 取 $1,2,\cdots,m$,显见,AB 是一个 $s\times m$ 矩阵.

由定义知,两个矩阵相乘必须要前一个矩阵 A 的列数要和后一个矩阵 B 的行数相等才可以.

例 4 设 $A=\begin{pmatrix}2&-1\\-4&0\\3&1\end{pmatrix}_{3\times2}$,$B=\begin{pmatrix}7&-9\\-8&10\end{pmatrix}_{2\times2}$,求 AB.

解 由于 A 是 2 列,B 是 2 行,“列 = 行”可作乘法运算,即

$$AB=\begin{pmatrix}2 & -1\\ -4 & 0\\ 3 & 1\end{pmatrix}\begin{pmatrix}7 & -9\\ -8 & -10\end{pmatrix}$$

$$=\begin{pmatrix}2\times7+(-1)\times(-8) & 2\times(-9)+(-1)\times10\\ (-4)\times7+0\times(-8) & (-4)\times(-9)+0\times10\\ 3\times7+1\times(-8) & 3\times(-9)+1\times10\end{pmatrix}$$

$$=\begin{pmatrix}22 & -28\\ -28 & 36\\ 13 & -17\end{pmatrix}_{3\times2}$$

另外，由于 B 是 2 列，A 是 3 行，若作 BA 运算是无意义的. 由此说明矩阵乘法不满足交换律.

例 5　若 $A=\begin{pmatrix}a_1\\ a_2\\ \cdots\\ a_n\end{pmatrix}$，$B=(b_1\ b_2\cdots\ b_n)$，求 AB，BA.

解

$$AB=\begin{pmatrix}a_1\\ a_2\\ \cdots\\ a_n\end{pmatrix}(b_1\ b_2\ \cdots\ b_n)=\begin{pmatrix}a_1b_1 & a_1b_2 & \cdots & a_1b_n\\ a_2b_1 & a_2b_2 & \cdots & a_2b_n\\ & & \cdots & \\ a_nb_1 & a_nb_2 & \cdots & a_nb_n\end{pmatrix}$$

$$BA=(b_1\ b_2\cdots\ b_n)\begin{pmatrix}a_1\\ a_2\\ \cdots\\ a_n\end{pmatrix}$$

$$=b_1a_1+b_2a_2+\cdots+b_na_n$$

由例 5 看出，AB 是一个 n 阶矩阵，而 BA 是一个一阶矩阵. 通过此例再一次说明矩阵乘法不适合交换律. 特别若矩阵 A 和 B 有 $AB=BA$ 成立，则称 A 和 B 是可交换的.

例 6　设 $A=\begin{pmatrix}2 & 1\\ 3 & 4\end{pmatrix}$，$B=\begin{pmatrix}5 & 0\\ 0 & 5\end{pmatrix}$，可验证：$AB=BA$.

解　事实上

$$\begin{pmatrix}2 & 1\\ 3 & 4\end{pmatrix}\begin{pmatrix}5 & 0\\ 0 & 5\end{pmatrix}=\begin{pmatrix}10 & 5\\ 15 & 20\end{pmatrix}=\begin{pmatrix}5 & 0\\ 0 & 5\end{pmatrix}\begin{pmatrix}2 & 1\\ 3 & 4\end{pmatrix}$$

所以，A，B 是可交换的矩阵.

例 7　若 $A=\begin{pmatrix}1 & 1\\ -1 & -1\end{pmatrix}$，$B=\begin{pmatrix}1 & -1\\ -1 & 1\end{pmatrix}$，求 AB，BA

解

$$AB=\begin{pmatrix}1 & 1\\ -1 & -1\end{pmatrix}\begin{pmatrix}1 & -1\\ -1 & 1\end{pmatrix}=\begin{pmatrix}0 & 0\\ 0 & 0\end{pmatrix}$$

$$BA=\begin{pmatrix}1 & -1\\ -1 & 1\end{pmatrix}\begin{pmatrix}1 & 1\\ -1 & -1\end{pmatrix}=\begin{pmatrix}2 & 2\\ -2 & -2\end{pmatrix}$$

由例 7 我们看到矩阵乘法的一种“奇特”现象:矩阵 $A\neq0$,矩阵 $B\neq0$,但是 $AB=0$,即两个非零矩阵的乘积可能是零矩阵,这与数的乘法不同. 同时,我们还应注意到,若 $AC=BC$,且 $C\neq 0$,一般地推不出:$A=B$.

例 8 不难验证,$\begin{pmatrix}3&1\\4&6\end{pmatrix}\begin{pmatrix}0&0\\1&1\end{pmatrix}=\begin{pmatrix}2&1\\4&6\end{pmatrix}\begin{pmatrix}0&0\\1&1\end{pmatrix}$,但是矩阵 $\begin{pmatrix}3&1\\4&6\end{pmatrix}$ 和矩阵 $\begin{pmatrix}2&1\\4&6\end{pmatrix}$ 不相等.

乘法有下列运算法则

(1) $(AB)C=A(BC)$(结合律).

(2) $A(B+C)=AB+AC$(右分配律).

(3) $(B+C)A=BA+CA$(左分配律).

总之,矩阵乘法不适合交换律,消去律,两个非零矩阵相乘可能得到的是零矩阵.

9.7.3 矩阵的数量乘法

定义 9.7 k 是任意一个数,$A=\begin{pmatrix}a_{11}&a_{12}&\cdots&a_{1n}\\a_{21}&a_{22}&\cdots&a_{2n}\\&&\cdots&\\a_{m1}&a_{m2}&\cdots&a_{mn}\end{pmatrix}$,规定

$$kA=\begin{pmatrix}ka_{11}&ka_{12}&\cdots&ka_{1n}\\ka_{21}&ka_{22}&\cdots&ka_{2n}\\&&\cdots&\\ka_{m1}&ka_{m2}&\cdots&ka_{mn}\end{pmatrix}$$

简记就是,$kA=(ka_{ij})_{m\times n}$,显见:数 k 乘一矩阵 A,需要用 k 遍乘矩阵 A 的每一个元素,这与行列式的数乘是有区别的.

例 9 设 $A=\begin{pmatrix}a&1\\1&b\end{pmatrix}$,求 $5A$.

解
$$5A=5\begin{pmatrix}a&1\\1&b\end{pmatrix}=\begin{pmatrix}5a&5\\5&5b\end{pmatrix}$$

矩阵的数量乘法有以下运算法则(其中 k,l 是任意的数)

(1) $k(A+B)=kA+kB$.

(2) $(k+l)A=kA+lA$.

(3) $(kl)A=k(lA)=l(kA)$.

(4) $k(AB)=(kA)B=A(kB)$.

同学们不难举例说明这些法则是显然成立的.

(5) 若 A 是 n 阶方阵,则 $EA=AE=A$.

显见,单位矩阵起着数 1 那样的作用.

读者们自行验证:若矩阵 $A=\begin{pmatrix}2&0&5\\1&3&8\\4&0&3\end{pmatrix}$,$E=\begin{pmatrix}1&0&0\\0&1&0\\0&0&1\end{pmatrix}$. 验证 $AE=EA$ 成立.

例 10　设矩阵 $A=\begin{pmatrix}3&-1&2\\1&5&7\\2&4&6\end{pmatrix}$，$B=\begin{pmatrix}7&5&-2\\5&1&3\\3&2&-1\end{pmatrix}$，求满足关系式的矩阵 $A+2X=B$ 的矩阵 X.

解　由于 $A+2X=B$，则

$$X=\frac{1}{2}(B-A)$$

于是

$$X=\frac{1}{2}\left[\begin{pmatrix}7&5&-2\\5&1&3\\3&2&-1\end{pmatrix}-\begin{pmatrix}3&-1&2\\1&5&7\\2&4&6\end{pmatrix}\right]$$

$$=\frac{1}{2}\begin{pmatrix}4&6&-4\\4&-4&-4\\1&-2&-7\end{pmatrix}=\begin{pmatrix}2&3&-2\\2&-2&-2\\\frac{1}{2}&-1&-\frac{7}{2}\end{pmatrix}$$

例 11　计算 $A^2=\begin{pmatrix}1&2\\0&1\end{pmatrix}^2$.

解

$$A^2=\begin{pmatrix}1&2\\0&1\end{pmatrix}\begin{pmatrix}1&2\\0&1\end{pmatrix}=\begin{pmatrix}1&4\\0&1\end{pmatrix}$$

习题 9.7

A 组

1. 已知矩阵 $A=\begin{pmatrix}2&-1\\4&3\end{pmatrix}$，$B=\begin{pmatrix}-1&1\\2&-4\end{pmatrix}$，$C=\begin{pmatrix}1&4\\-2&-1\end{pmatrix}$，试求：

(1) $3A+2B-4C$　　(2) AB 和 BA

(3) $(AB)C$ 与 $A(BC)$

2. 计算：

(1) $(-1\quad 3\quad 2\quad 5)\begin{pmatrix}4\\0\\7\\-8\end{pmatrix}$　　(2) $\begin{pmatrix}4\\0\\7\\-8\end{pmatrix}(-1\quad 3\quad 2\quad 5)$

(3) $(x_1\quad x_2\quad x_3)\begin{pmatrix}a_{11}&a_{12}&a_{13}\\a_{21}&a_{22}&a_{23}\\a_{31}&a_{32}&a_{33}\end{pmatrix}\begin{pmatrix}x_1\\x_2\\x_3\end{pmatrix}$

3. 计算：

(1) $\begin{pmatrix}0&1\\1&0\end{pmatrix}^2$　　(2) $\begin{pmatrix}1&-1\\1&-1\end{pmatrix}^2$

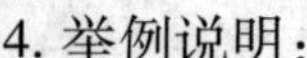

4. 举例说明：

(1)当 $AB=AC$，未必有 $B=C$.

(2)当 $AB=O$，未必有 $A=O,B=O$.

5. 若矩阵 $A=\begin{pmatrix}1&2&5\\0&7&5\\3&1&2\end{pmatrix}$，$B=\begin{pmatrix}0&4&3\\1&5&0\\0&7&5\end{pmatrix}$，求满足关系式 $2A+X=B$ 的矩阵 X.

6. 已知 $A=\begin{pmatrix}3&1&0\\-1&2&1\\3&4&2\end{pmatrix}$，$B=\begin{pmatrix}1&0&2\\-1&1&1\\2&1&1\end{pmatrix}$，求满足关系 $3A-2X=B$ 的矩阵 X.

7. 已知 $A=\begin{pmatrix}1&2\\3&x\\4&y\end{pmatrix}$，$B=\begin{pmatrix}u&1\\v&3\\2&5\end{pmatrix}$，$C=\begin{pmatrix}2&w\\1&3\\t&2\end{pmatrix}$，求满足 $A+B=C$ 时的 x,y,u,v,w,t.

B 组

1. 已知 $A=\begin{pmatrix}1&\sqrt{3}\\-\sqrt{3}&1\end{pmatrix}$，求 A^3.

2. 已知 $A=\begin{pmatrix}a_{11}&a_{12}&a_{13}\\a_{21}&a_{22}&a_{23}\\a_{31}&a_{32}&a_{33}\end{pmatrix}$，$E=\begin{pmatrix}1&0&0\\0&1&0\\0&0&1\end{pmatrix}$ 求 AE 和 EA.

9.8 方阵的行列式及逆方阵

若 A 是 n 阶方阵，即

$$A=\begin{pmatrix}a_{11}&a_{12}&\cdots&a_{1n}\\a_{21}&a_{22}&\cdots&a_{2n}\\&&\cdots&\\a_{n1}&a_{n2}&\cdots&a_{nn}\end{pmatrix}$$

则与之对应的 n 阶行列式 $|A|$

$$|A|=\begin{vmatrix}a_{11}&a_{12}&\cdots&a_{1n}\\a_{21}&a_{22}&\cdots&a_{2n}\\&&\cdots&\\a_{n1}&a_{n2}&\cdots&a_{nn}\end{vmatrix}$$

称为 n 阶方阵 A 的行列式.

例如，方阵 $A=\begin{pmatrix}3&2\\1&0\end{pmatrix}$ 的行列式是

$$|A|=\begin{vmatrix}3&2\\1&0\end{vmatrix}=-2$$

又如,方阵 $B=\begin{pmatrix}0&1&2\\-1&0&-3\\-2&3&0\end{pmatrix}$ 的行列式是

$$|B|=\begin{vmatrix}0&1&2\\-1&0&-3\\-2&3&0\end{vmatrix}=0.$$

根据方阵的行列式是否为零,我们把方阵分为两类:奇异方阵和非奇异方阵.

定义9.8　行列式等于零的方阵称为奇异方阵,又叫降秩方阵.反之,行列式不等于零的方阵称为非奇异方阵,又叫满秩方阵.

如上述例中,方阵 A 是非奇异方阵,方阵 B 是奇异方阵,单位矩阵 E 是非奇异方阵.

方阵乘积的行列式有如下重要性质:

定理9.2　若 A,B 是两个 n 阶方阵,它们之积的行列式等于它们行列式之积.即 $|AB|=|A|\cdot|B|$.(证略)

例1　若 $A=\begin{pmatrix}2&0&3\\1&-1&0\\0&2&1\end{pmatrix}$,$B=\begin{pmatrix}-1&0&-1\\3&2&0\\2&1&2\end{pmatrix}$.验证 $|AB|=|A||B|$.

解

$$AB=\begin{pmatrix}4&3&4\\-4&-2&1\\8&5&2\end{pmatrix}$$

由于

$$|A|=\begin{vmatrix}2&0&3\\1&-1&0\\0&2&1\end{vmatrix}=4$$

$$|B|=\begin{vmatrix}-1&0&-1\\3&2&0\\2&1&2\end{vmatrix}=-3$$

$$|AB|=\begin{vmatrix}4&3&4\\-4&-2&-1\\8&5&2\end{vmatrix}=-12$$

$$|A|\cdot|B|=-12$$

这就验证了 $|AB|=|A|\cdot|B|$.

推论1　两个非奇异方阵之积仍为非奇异方阵.

推论2　两个方阵之积为奇异方阵,则其中至少有一个是奇异方阵.

推论3　奇异方阵与任何同阶方阵之积仍为奇异方阵.

定义9.9　对于方阵 A,若存在这样的方阵 B,使 $AB=BA=E$ 成立,则称 B 是 A 的逆方阵或逆矩阵,记作 A^{-1},即 $AA^{-1}=A^{-1}A=E$.

从此式看出,E 可用 AA^{-1} 或 $A^{-1}A$ 表出.若 A 有逆矩阵,则称 A 为可逆矩阵.

从定义知,若 B 是 A 的逆矩阵,则 A 亦是 B 的逆矩阵.请看下例:

例2

$$A=\begin{pmatrix}\cos\theta&-\sin\theta\\\sin\theta&\cos\theta\end{pmatrix},B=\begin{pmatrix}\cos\theta&\sin\theta\\-\sin\theta&\cos\theta\end{pmatrix}$$

解 $$AB=\begin{pmatrix}\cos\theta & -\sin\theta\\ \sin\theta & \cos\theta\end{pmatrix}\begin{pmatrix}\cos\theta & \sin\theta\\ -\sin\theta & \cos\theta\end{pmatrix}=\begin{pmatrix}1 & 0\\ 0 & 1\end{pmatrix}$$

$$BA=\begin{pmatrix}\cos\theta & \sin\theta\\ -\sin\theta & \cos\theta\end{pmatrix}\begin{pmatrix}\cos\theta & -\sin\theta\\ -\sin\theta & \cos\theta\end{pmatrix}=\begin{pmatrix}1 & 0\\ 0 & 1\end{pmatrix}$$

显见,A 与 B 互为逆矩阵.

定理 9.3 若 A 为非奇异方阵,则 A 有唯一的逆矩阵

$$A^{-1}=\frac{1}{|A|}\begin{pmatrix}A_{11} & A_{21} & \cdots & A_{n1}\\ A_{12} & A_{22} & \cdots & A_{n2}\\ & & \cdots & \\ A_{1n} & A_{2n} & \cdots & A_{nn}\end{pmatrix}$$

其中 A_{ij} 为行列式 A 中元素的代数余子式($i,j=1,2,\cdots,n$).

若引进 $A^*=\begin{pmatrix}A_{11} & A_{21} & \cdots & A_{n1}\\ A_{12} & A_{22} & \cdots & A_{n2}\\ & & \cdots & \\ A_{1n} & A_{2n} & \cdots & A_{nn}\end{pmatrix}$,称 A^* 为 A 的附加方阵或伴随矩阵,则

$$A^{-1}=\frac{1}{|A|}A^*$$

证明 先证 $\frac{1}{|A|}A^*$ 是 A 的逆矩阵,事实上由定义并注意到行列式性质 7.

$$\left(\frac{1}{|A|}A^*\right)A=\frac{1}{|A|}\begin{pmatrix}A_{11} & A_{21} & \cdots & A_{n1}\\ A_{12} & A_{22} & \cdots & A_{n2}\\ & & \cdots & \\ A_{1n} & A_{2n} & \cdots & A_{nn}\end{pmatrix}\begin{pmatrix}a_{11} & a_{12} & \cdots & a_{1n}\\ a_{21} & a_{22} & \cdots & a_{2n}\\ & & \cdots & \\ a_{n1} & a_{n2} & \cdots & a_{nn}\end{pmatrix}$$

$$=\frac{1}{|A|}\begin{pmatrix}|A| & \cdots & 0\\ \vdots & |A| & \vdots\\ 0 & \cdots & |A|\end{pmatrix}=\begin{pmatrix}1 & \cdots & 0\\ \vdots & 1 & \vdots\\ 0 & \cdots & 1\end{pmatrix}=E$$

同理可证,$A(\frac{1}{|A|}A^*)=E$,即 $\frac{1}{|A|}A^*$ 是 A 的逆矩阵.

再证:唯一性.

若 B_1 和 B_2 是 A 的逆矩阵,即

$$AB_1=B_1A=E,AB_2=B_2A=E$$

但 $$B_1=B_1E=B_1(AB_2)=(B_1A)B_2=B_2$$

这说明一个方阵可逆,其逆矩阵是唯一的.

定理 9.3 给出了求逆矩阵的方法:若 A 是非奇异方阵,先求 $|A|$,后求 A^*,再求 $A^{-1}=\frac{A^*}{|A|}$.

例3　判别矩阵$A=\begin{pmatrix}1&0&1\\2&1&0\\-3&2&-5\end{pmatrix}$是否可逆,如果$A$可逆,求$A^{-1}$.

解　$|A|=\begin{vmatrix}1&0&1\\2&1&0\\-3&2&-5\end{vmatrix}=2\neq0$,故矩阵$A$可逆.

$$A^*=\begin{pmatrix}A_{11}&A_{21}&A_{31}\\A_{12}&A_{22}&A_{32}\\A_{13}&A_{23}&A_{33}\end{pmatrix}$$

$$=\begin{pmatrix}\begin{vmatrix}1&0\\2&-5\end{vmatrix}&-\begin{vmatrix}0&1\\2&-5\end{vmatrix}&\begin{vmatrix}0&1\\1&0\end{vmatrix}\\-\begin{vmatrix}2&0\\-3&-5\end{vmatrix}&\begin{vmatrix}1&1\\-3&-5\end{vmatrix}&-\begin{vmatrix}1&1\\2&0\end{vmatrix}\\\begin{vmatrix}2&1\\-3&2\end{vmatrix}&-\begin{vmatrix}1&0\\-3&2\end{vmatrix}&\begin{vmatrix}1&0\\2&1\end{vmatrix}\end{pmatrix}=\begin{pmatrix}-5&2&-1\\10&-2&2\\7&-2&1\end{pmatrix}$$

因此

$$A^{-1}=\frac{1}{|A|}A^*=\frac{1}{2}\begin{pmatrix}-5&2&-1\\10&-2&2\\7&-2&1\end{pmatrix}=\begin{pmatrix}-\frac{5}{2}&1&-\frac{1}{2}\\5&-1&1\\\frac{7}{2}&-1&\frac{1}{2}\end{pmatrix}$$

例4　求方阵$A=\begin{pmatrix}1&2&3\\2&2&1\\3&4&3\end{pmatrix}$的逆矩阵$A^{-1}$.

解　由于$|A|=2\neq0$存在逆矩阵,可先求$A_{ij}(i=1,2,3,j=1,2,3)$

$$A_{11}=2,A_{12}=-3,A_{13}=2,$$

$$A_{21}=6,A_{22}=-6,A_{23}=2,A_{31}=-4,A_{32}=5,A_{33}=-2$$

$$A^*=\begin{pmatrix}2&6&-4\\-3&-6&5\\2&2&-2\end{pmatrix},A^{-1}=\frac{1}{|A|}A^*=\begin{pmatrix}1&3&-2\\-\frac{3}{2}&-3&\frac{5}{2}\\1&1&-1\end{pmatrix}$$

逆方阵有下列一些性质:

性质1　若A可逆,A^{-1}也可逆,且$(A^{-1})^{-1}=A$.

性质2　若A可逆,A'也可逆,且$(A')^{-1}=(A^{-1})'$.

其中A'是A的转置矩阵,即若

$$A=\begin{pmatrix}a_{11}&a_{12}&\cdots&a_{1n}\\a_{21}&a_{22}&\cdots&a_{2n}\\&&\cdots&\\a_{n1}&a_{n2}&\cdots&a_{nn}\end{pmatrix},$$

则

$$A' = \begin{pmatrix} a_{11} & a_{21} & \cdots & a_{1n} \\ a_{12} & a_{22} & \cdots & a_{2n} \\ & \cdots & & \\ a_{1n} & a_{2n} & \cdots & a_{nn} \end{pmatrix}$$

性质 3　若 A、B 皆是同阶可逆矩阵，则 $(AB)^{-1} = B^{-1}A^{-1}$.

习 题 9.8

A 组

1. 求下列矩阵的逆矩阵.

(1) $A = \begin{pmatrix} 2 & 5 \\ 1 & 3 \end{pmatrix}$　　(2) $B = \begin{pmatrix} 1 & 0 & 0 \\ 0 & -2 & 0 \\ 0 & 0 & 3 \end{pmatrix}$

(3) $C = \begin{pmatrix} 0 & 1 & -1 \\ 2 & 1 & 0 \\ 1 & -1 & 1 \end{pmatrix}$　　(4) $D = \begin{pmatrix} 1 & 2 & 3 \\ 2 & 2 & 1 \\ 3 & 4 & 3 \end{pmatrix}$

(5) $F = \begin{pmatrix} 1 & 3 & -5 & 7 \\ 0 & 1 & 2 & 3 \\ 0 & 0 & 1 & 2 \\ 0 & 0 & 0 & 1 \end{pmatrix}$

2. 下列矩阵是否可逆，若可逆，求其逆矩阵.

(1) $\begin{pmatrix} 1 & 0 \\ 1 & 0 \end{pmatrix}$　　(2) $\begin{pmatrix} 1 & 1 \\ 1 & 1 \end{pmatrix}$

(3) $\begin{pmatrix} 5 & 7 \\ 8 & 11 \end{pmatrix}$　　(4) $\begin{pmatrix} 1 & -2 & -1 \\ -3 & 4 & 5 \\ 2 & 0 & 3 \end{pmatrix}$

3. $A = \begin{pmatrix} 1 & 0 \\ 2 & 4 \end{pmatrix}$ 是否可逆？若可逆，求 A^{-1} 并验证以下两式：

(1) $(A^{-1})^{-1} = A$　　(2) $(A')^{-1} = (A^{-1})'$

4. 若 $A = \begin{pmatrix} 1 & 3 \\ 0 & 2 \end{pmatrix}$，$B = \begin{pmatrix} 2 & 8 \\ 1 & 5 \end{pmatrix}$，$A$，$B$ 是否可逆？若可逆，验证 $(AB)^{-1} = B^{-1}A^{-1}$ 成立.

B 组

1. 设 $A = \begin{pmatrix} 1 & 0 & 1 \\ 2 & 1 & 2 \\ 0 & 4 & 6 \end{pmatrix}$，求 A^* 和 AA^*.

2. 设 $A=\begin{pmatrix} a_{11} & a_{12} \\ a_{21} & a_{22} \end{pmatrix}$,$A$ 何时可逆？在可逆的情况下求其逆矩阵.

9.9　用逆矩阵解线性方程组

在 $D\neq 0$ 的情况下,依照克莱姆法则,方程组

$$\begin{cases} a_{11}x_1 + a_{12}x_2 + \cdots + a_{1n}x_n = b_1 \\ a_{21}x_1 + a_{22}x_2 + \cdots + a_{2n}x_n = b_2 \\ \cdots \\ a_{n1}x_1 + a_{n2}x_2 + \cdots + a_{nn}x_n = b_n \end{cases} \tag{1}$$

有形如 $x_k=\dfrac{D_k}{D}(k=1,2,\cdots,n)$ 的唯一解. (1)式可用矩阵写成下式：

$$\begin{pmatrix} a_{11} & a_{12} & \cdots & a_{1n} \\ a_{21} & a_{22} & \cdots & a_{2n} \\ & \cdots & & \\ a_{n1} & a_{n2} & \cdots & a_{nn} \end{pmatrix}\begin{pmatrix} x_1 \\ x_2 \\ \vdots \\ x_n \end{pmatrix}=\begin{pmatrix} b_1 \\ b_2 \\ \vdots \\ b_n \end{pmatrix}$$

我们分别用 A,X,B 依次记上述三个矩阵,那么方程组就化为“矩阵方程”：

$$AX=B \tag{2}$$

其中 A 为系数矩阵,X 为未知数矩阵,B 为常数项矩阵,用方阵 A 的逆方阵左乘(2)式两边,即得解

$$X=A^{-1}B \tag{3}$$

这就是说,只要方程组(1)的系数矩阵 A 是非奇异的,即 $|A|\neq 0$,方程组(1)除可用克莱姆法则求解之外,还可以通过求系数矩阵 A 的逆矩阵 A^{-1} 和常数项矩阵之积来求解.

例 1　解线性方程组

$$\begin{cases} x_1+2x_2+3x_3=1 \\ 2x_1+2x_2+x_3=1 \\ 3x_1+4x_2+3x_3=2 \end{cases}$$

解　第一步:将方程组改写为矩阵形式

$$\begin{pmatrix} 1 & 2 & 3 \\ 2 & 2 & 1 \\ 3 & 4 & 3 \end{pmatrix}\begin{pmatrix} x_1 \\ x_2 \\ x_3 \end{pmatrix}=\begin{pmatrix} 1 \\ 1 \\ 2 \end{pmatrix}$$

第二步:求系数矩阵的逆矩阵并左乘得

$$\begin{pmatrix} x_1 \\ x_2 \\ x_3 \end{pmatrix}=\begin{pmatrix} 1 & 2 & 3 \\ 2 & 2 & 1 \\ 3 & 4 & 3 \end{pmatrix}^{-1}\begin{pmatrix} 1 \\ 1 \\ 2 \end{pmatrix}=\begin{pmatrix} 1 & 3 & -2 \\ -\dfrac{3}{2} & -3 & \dfrac{5}{2} \\ 1 & 1 & -1 \end{pmatrix}\begin{pmatrix} 1 \\ 1 \\ 2 \end{pmatrix}=\begin{pmatrix} 0 \\ \dfrac{1}{2} \\ 0 \end{pmatrix}$$

其中

$$\begin{pmatrix}1 & 2 & 3\\2 & 2 & 1\\3 & 4 & 3\end{pmatrix}^{-1}=\begin{pmatrix}1 & 3 & -2\\-\frac{3}{2} & -3 & \frac{5}{2}\\1 & 1 & -1\end{pmatrix}$$

注:这里省去计算过程,可自行补上.

最后,得到方程组的解

$$x_1=0,x_2=\frac{1}{2},x_3=0.$$

习题 9.9

A 组

1. 求下列各题中的 X.

(1) $\begin{pmatrix}2 & 5\\1 & 3\end{pmatrix}X=\begin{pmatrix}4 & -6\\2 & 1\end{pmatrix}$

(2) $X\begin{pmatrix}0 & 1 & -1\\2 & 1 & 0\\1 & -1 & 1\end{pmatrix}=\begin{pmatrix}1 & -1 & 3\\4 & 3 & 2\\1 & -2 & 5\end{pmatrix}$

2. 利用逆矩阵求下列方程组的解.

(1) $\begin{pmatrix}2 & 5\\1 & 3\end{pmatrix}\begin{pmatrix}x_1\\x_2\end{pmatrix}=\begin{pmatrix}4\\2\end{pmatrix}$

(2) $\begin{pmatrix}1 & 2 & 3\\2 & 2 & 1\\3 & 4 & 3\end{pmatrix}\begin{pmatrix}x_1\\x_2\\x_3\end{pmatrix}=\begin{pmatrix}1\\1\\3\end{pmatrix}$

(3) $\begin{cases}x_1+2x_2+3x_3=0\\2x_1+2x_2+x_3=1\\3x_1+4x_2+3x_3=2\end{cases}$

(4) $\begin{cases}x_1+2x_2+3x_3=1\\2x_1+2x_2+5x_3=2\\3x_1+5x_2+x_3=3\end{cases}$

B 组

利用逆矩阵求下列方程组的解.

(1) $\begin{cases}x_1+3x_2+2x_3=1\\2x_1-x_2+3x_3=0\\3x_1+2x_2-x_3=2\end{cases}$

(2) $\begin{cases}x_1+2x_2+3x_3=1\\2x_1+2x_2+x_3=2\\3x_1+4x_2+3x_3=3\end{cases}$

9.10　矩阵的秩与初等变换

对于 n 个未知数和 n 个方程的线性方程组，对它的求解过程，在前几节中已作过初步的介绍. 在下面几节中，利用行列式、矩阵的知识，将更深入地学习一般线性方程组的求解问题. 它包含3个方面的内容：

(1)如何判别方程组是否有解？

(2)如果有解，有多少解？

(3)方程组求解方法.

为了回答上述问题，我们依次学习下面的内容.

定义9.10　设 A 是一个 $m\times n$ 矩阵，在 A 中任取 K 行、K 列，位于这些交叉处的元素保持它们原来的相对位置构成一个 K 阶行列式，称此行列式为矩阵 A 的一个 K 阶子式，其中$K\leqslant\min(m,n)$.

例1　若已知矩阵

$$A=\begin{pmatrix}2&-1&3&6\\0&5&1&7\\0&0&4&-2\\0&0&0&0\\0&0&0&0\end{pmatrix}$$

求 A 的一个三阶子式、一个四阶子式.

解　若我们任取 A 的3行，3列. 例如，第1，2，3行，第1，2，4列，可得 A 的一个三阶子式

$$\begin{vmatrix}2&-1&6\\0&5&7\\0&0&-2\end{vmatrix}$$

同理又任取 A 的第1，2，3，5行，第1，2，3，4列，可得 A 的一个四阶子式

$$\begin{vmatrix}2&-1&3&6\\0&5&1&7\\0&0&4&-2\\0&0&0&0\end{vmatrix}$$

由于 A 只有3个非零行，因此 A 的任意一个四阶子式必定有一行是零元素，从而 A 的任意一个四阶子式是零. 由于存在 A 的一个三阶子式不等于零，因此，矩阵 A 的不等于零的子式的最高阶行列式是3，于是引进以下定义：

定义9.11　矩阵 A 的不等于零的子式的最高阶数称为矩阵 A 的秩，记作秩 A. 在上例中，秩 $A=3$.

显见，零矩阵的秩是0.

现在的问题是，若知矩阵 A，如何求 A 的秩呢？根据定义求矩阵的秩，当 m,n 较大时，要计算较多行列式，其计算量是相当大的. 为此，要学习矩阵的初等变换.

定义9.12　下面3种矩阵的变换，称作矩阵的初等变换：

(1)对调两行(列)的位置.

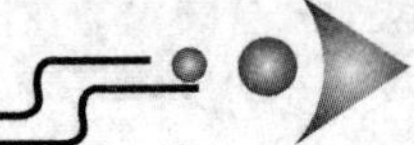

(2)把矩阵的某行(列)元素的 $K(K\neq 0)$ 倍加到另一行(列)对应元素之上.

(3)用非零数 K 乘矩阵的某行(列)的每一个元素.

对矩阵进行初等变换,会不会改变行列式的秩?下面的定理给出了肯定的回答.

定理 9.4 矩阵进行初等变换,矩阵的秩不变.

根据上述定理就可以对给定的矩阵 A 进行多次初等变换,使矩阵 A 中许多元素变为零,变为最简单形式的矩阵,即变成如下形式的矩阵 B,再求矩阵 A 的秩.

$$B=\begin{pmatrix} a_1 & \cdots & \cdots & \cdots & \cdots \\ 0 & a_2 & \cdots & \cdots & \cdots \\ 0 & 0 & a_3 & \cdots & \cdots \\ \cdots & \cdots & \cdots & \cdots & \cdots \\ 0 & 0 & \cdots & a_r & \cdots \\ 0 & \cdots & \cdots & 0 & \cdots \\ \cdots & \cdots & \cdots & \cdots & \cdots \\ 0 & 0 & 0 & \cdots & 0 \end{pmatrix}$$

所谓矩阵的"最简单形式"是指零行在下方,各行第一个非零元素的列标随着行标的增加而增加,这样的矩阵 B 称为阶梯形矩阵. 由定理知:秩 A = 秩 B,同时秩 A 等于非零行的行数 r. 同理可定义上阶梯形矩阵. 这样一来,矩阵秩的计算方法有.

方法一 用计算矩阵的子式(即定义)来确定秩.

例 2 若矩阵

$$A=\begin{pmatrix} 1 & 0 & 1 & 0 \\ 1 & 0 & 1 & 0 \\ 0 & 0 & 0 & 1 \end{pmatrix}$$

求 A 的秩.

解 显见,其中一个二阶子式 $\begin{vmatrix} 1 & 0 \\ 0 & 1 \end{vmatrix}\neq 0$,全部三阶子式为零,矩阵 A 的秩 $A=2$.

一般而言,一个矩阵的零元素较多时,可采用计算矩阵的子式来确定秩.

方法二 把给定矩阵进行初等变换,化为阶梯形矩阵,根据秩 A 等于阶梯形矩阵的非零行行数来确定矩阵的秩.

例 3 设矩阵

$$A=\begin{pmatrix} 4 & -2 & 1 \\ 1 & 2 & -2 \\ -1 & 8 & -7 \\ 2 & 14 & -13 \end{pmatrix}$$

求 A 的秩.

首先需说明:在进行初等变换时,每一次变换用箭头"→"表示,当进行行变时,将变换写在箭头上面;进行列变时,变换写在箭头下面,当对调行(列)时用箭头"↔"表示,以后不再说明.

解
$$A=\begin{pmatrix}4&-2&1\\1&2&-2\\-1&8&-7\\2&14&-13\end{pmatrix}\xrightarrow{①\leftrightarrow②}\begin{pmatrix}1&2&-2\\4&-2&1\\-1&8&-7\\2&14&-13\end{pmatrix}$$

$$\xrightarrow[\substack{①\times(-2)+④\\①\times(-4)+②}]{①+③}\begin{pmatrix}1&2&-2\\0&-10&9\\0&10&-9\\0&10&-9\end{pmatrix}\xrightarrow[②+④]{②+③}\begin{pmatrix}1&2&-2\\0&-10&9\\0&0&0\\0&0&0\end{pmatrix}$$

即得阶梯形矩阵.由于阶梯形矩阵的非零行的行数为2,因此秩$A=2$.

例4 设已知矩阵

$$A=\begin{pmatrix}1&2&-1&0&3\\2&-1&0&1&-1\\3&1&-1&1&2\\0&-5&2&1&-7\end{pmatrix}$$

求A的秩.

解 省去变换过程,可以自行查对.

$$A\rightarrow\begin{pmatrix}1&2&-1&0&3\\0&-5&2&1&-7\\0&-5&2&1&-7\\0&-5&2&1&-7\end{pmatrix}\rightarrow\begin{pmatrix}1&2&-1&0&3\\0&-5&2&1&-7\\0&0&0&0&0\\0&0&0&0&0\end{pmatrix}$$

阶梯形矩阵的非零行的行数是2.因此,秩$A=2$.在求矩阵的秩时,到底采用哪一个方法,应视矩阵形式而灵活确定.

习题9.10

A组

1. 用两种方法求矩阵的秩.

(1) $\begin{pmatrix}1&0&1&0&0\\1&1&0&0&0\\0&1&1&0&0\\0&1&0&1&1\end{pmatrix}$ (2) $\begin{pmatrix}2&-1&3&0\\0&5&1&7\\0&0&4&-2\\0&0&0&0\\0&0&0&0\end{pmatrix}$

2. 用初等变换求秩A.

(1) $A=\begin{pmatrix}3&1&0&2\\1&-1&2&-1\\1&3&-4&4\end{pmatrix}$ (2) $A=\begin{pmatrix}1&2&-1&0&3\\2&-1&0&1&-1\\3&1&-1&1&2\\0&-5&2&1&-7\end{pmatrix}$

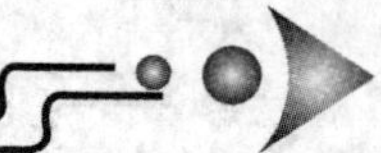

B 组

求下列矩阵的秩.

(1)$A=\begin{pmatrix}1&0&0&0&0\\1&2&-1&0&0\\0&1&3&0&0\\0&0&1&4&0\\0&1&0&1&5\end{pmatrix}$　　(2)$A=\begin{pmatrix}1&-2&-1&0&2\\-2&4&2&6&-6\\2&-1&0&2&3\\3&3&3&3&4\end{pmatrix}$

9.11　线性方程组解的判定

我们有了矩阵秩和初等变换的知识后,现在来学习一般线性方程组的求解问题中的第一个问题,即如何判别线性方程组是否有解.

一般线性方程组形如:

$$\begin{cases}a_{11}x_1+a_{12}x_2+\cdots+a_{1n}x_n=b_1\\a_{21}x_1+a_{22}x_2+\cdots+a_{2n}x_n=b_2\\\qquad\cdots\\a_{m1}x_1+a_{m2}x_2+\cdots+a_{mn}x_n=b_m\end{cases}\tag{1}$$

它是 n 个未知数,m 个方程的方程组.用矩阵记之,即得矩阵方程

$$AX=B$$

其中 A 为系数矩阵,即

$$A=\begin{pmatrix}a_{11}&a_{12}&\cdots&a_{1n}\\a_{21}&a_{22}&\cdots&a_{2n}\\\cdots&\cdots&\cdots&\cdots\\a_{m1}&a_{m2}&\cdots&a_{mn}\end{pmatrix}$$

X 是未知数列阵,B 是常数列阵,

$$X=\begin{pmatrix}x_1\\x_2\\\cdots\\x_n\end{pmatrix},B=\begin{pmatrix}b_1\\b_2\\\cdots\\b_m\end{pmatrix}$$

若把方程组的系数和常数项排成的 m 行,$n+1$ 列的矩阵,记为 $\overline{A}$,即

$$\overline{A}=\begin{pmatrix}a_{11}&a_{12}&\cdots&a_{1n}&b_1\\a_{21}&a_{22}&\cdots&a_{2n}&b_2\\\cdots&\cdots&\cdots&\cdots&\cdots\\a_{m1}&a_{m2}&\cdots&a_{mn}&b_m\end{pmatrix}$$

则称 $\overline{A}$ 为线性方程组的增广矩阵.

一般线性方程组,存在解还是没有解?系数矩阵和增广矩阵的秩有何联系?下列的定理给出了明确的回答.

定理9.5　一般线性方程组有解的充要条件是

$$\text{秩}\,A=\text{秩}\,\overline{A}$$

根据定理9.5,在方程的系数矩阵的秩和增广矩阵的秩相等的情形下,方程组肯定是有解的.

现在,我们就来回答第二个问题,即方程组如果有解,那么有多少解?

定理9.6　如果方程组有解,且设秩 $A=K$:

(1)当 $K<n$,方程组有无穷多个解.

(2)当 $K=n$,方程组有唯一解.

特别,如把定理9.6用于齐次线性方程组我们有如下推论:

推论　齐次线性方程组

$$\begin{cases}a_{11}x_1+a_{12}x_2+\cdots+a_nx_n=0\\a_{21}x_1+a_{22}x_2+\cdots+a_{2n}x_n=0\\\cdots\\a_{m1}x_1+a_{m2}x_2+\cdots+a_{mn}x_n=0\end{cases}$$

$$A=\begin{pmatrix}a_{11}&a_{12}&\cdots&a_{1n}\\a_{21}&a_{22}&\cdots&a_{2n}\\\cdots&\cdots&\cdots&\cdots\\a_{m1}&a_{m2}&\cdots&a_{mn}\end{pmatrix}$$

有非零解的充要条件是秩 $A<n$.

例1　判别下列方程组 $\begin{cases}-x_2+3x_3=2\\2x_1-4x_2+x_3+5x_4=3\\-4x_1+5x_2+7x_3-10x_4=0\end{cases}$ 是否有解?

解　由于

$$A=\begin{pmatrix}0&-1&3&0\\2&-4&1&5\\-4&5&7&-10\end{pmatrix}\xrightarrow{①\leftrightarrow②}\begin{pmatrix}2&-4&1&5\\0&-1&3&0\\-4&5&7&-10\end{pmatrix}$$

$$\xrightarrow{①\times2+③}\begin{pmatrix}2&-4&1&5\\0&-1&3&0\\0&-3&9&0\end{pmatrix}\xrightarrow{②\times(-3)+③}\begin{pmatrix}2&-4&1&5\\0&-1&3&0\\0&0&0&0\end{pmatrix}$$

非零行的行数是2,因此,秩 $A=2$,又由于

$$\overline{A}=\begin{pmatrix}0&-1&3&0&2\\2&-4&1&5&3\\-4&5&7&-10&0\end{pmatrix}\xrightarrow{①\leftrightarrow②}\begin{pmatrix}2&-4&1&5&3\\0&-1&3&0&2\\-4&5&7&-10&0\end{pmatrix}$$

$$\xrightarrow{①\times2+③}\begin{pmatrix}2&-4&1&5&3\\0&-1&3&0&2\\0&-3&9&0&6\end{pmatrix}\xrightarrow{②\times(-3)+③}\begin{pmatrix}2&-4&1&5&3\\0&-1&3&0&2\\0&0&0&0&0\end{pmatrix}$$

非零行的行数亦是2,因此秩 $\overline{A}=2$,据定理9.5,由于秩 $A=$ 秩 $\overline{A}=2$,于是方程组有解.又由定理9.6知,此时 $n=4$,秩 $A=2$,秩 $A<n$,方程组有无穷多个解.

例2 判别下列方程组有无解.

$$\begin{cases}x_1-2x_2+3x_3-x_4+2x_5=2\\3x_1-x_2+5x_3-3x_4-x_5=6\\2x_1+x_2+2x_3-2x_4-3x_5=9\end{cases}$$

解 容易对系数矩阵 A 和增广矩阵 $\overline{A}$ 求出它们的秩分别是2和3. 据定理9.5知,秩 $A\neq$ 秩 $\overline{A}$,方程组无解. 其实我们若将第二个方程减去第三个方程得 $x_1-2x_2+3x_3-x_4+2x_5=-3$. 这与第一个方程矛盾. 即方程组无解.

为简便起见,我们在计算时,可合并计算. 请见下例.

例3 下列齐次方程是否有解.

$$\begin{cases}x_1+x_2-x_3+x_4=0\\x_1-x_2+2x_3-x_4=0\\3x_1+x_2+x_4=0\end{cases}$$

解 增广矩阵

$$\overline{A}=\begin{pmatrix}1&1&-1&1&0\\1&-1&2&-1&0\\3&1&0&1&0\end{pmatrix}$$

经过几次初等行变换,得

$$\overline{A}=\begin{pmatrix}1&0&\frac{1}{2}&0&0\\0&1&-\frac{3}{2}&1&0\\0&0&0&0&0\end{pmatrix}$$

由秩 $A=$ 秩 $\overline{A}=2$,方程组有解,据定理9.5和推论知,由于秩 $A=2$ 小于未知数的个数 $n=4$,方程组有无穷多个解.

$$\begin{cases}x_1+\frac{1}{2}x_3=0\\x_2-\frac{3}{2}x_3+x_4=0\end{cases}$$

即

$$\begin{cases}x_1=-\frac{1}{2}x_3\\x_2=\frac{3}{2}x_3-x_4\end{cases}$$

由于 x_3 和 x_4 可取任何值,从而得到方程组的无穷组解.

例4 判断下述线性方程组有没有解.

$$\begin{cases}x_1+x_2+x_3=1\\ax_1+bx_2+cx_3=d\\a^2x_1+b^2x_2+c^2x_3=d^2\\a^3x_1+b^3x_2+c^3x_3=d^3\end{cases}$$

其中 a,b,c,d 各不相同.

解　它的增广矩阵 $\overline{A}$ 的 4 级子式是范德蒙行列式

$$\begin{vmatrix} 1 & 1 & 1 & 1 \\ a & b & c & d \\ a^2 & b^2 & c^2 & d^2 \\ a^3 & b^3 & c^3 & d^3 \end{vmatrix} = (b-a)(c-a)(d-a)(c-b)(d-b)(d-c)$$

已知 a,b,c,d 各不相同,所以此行列式不等于零. 因此

$$秩\,\overline{A}=4$$

而系数矩阵只有 3 列,所以秩 $A\leqslant 3$. 因此 A 与 $\overline{A}$ 的秩不相同,从而此线性方程组无解.

现在将一般线性方程组是否有解归纳如表 9 - 3 所示.

表 9 - 3

线性方程组	矩阵的秩	是否有解	解得个数
$AX=B$	秩 $A=$ 秩 $\overline{A}$	有	秩 $A<n$,无穷个,秩 $A=n$,唯一解
$AX=B$	秩 $A\neq$ 秩 $\overline{A}$	无	

习题 9.11

A 组

判别下列方程是否有解,若有解求其解.

(1) $\begin{cases} 4x_1+2x_2-x_3=2 \\ 3x_1-x_2+3x_3=10 \\ x_1+3x_2=8 \end{cases}$

(2) $\begin{cases} x_1+5x_2-x_3-x_4=1 \\ x_1-2x_2+x_3+3x_4=3 \\ 3x_1-8x_2-x_3+x_4=1 \\ x_1-9x_2+3x_3+7x_4=7 \end{cases}$

(3) $\begin{cases} x_1-x_2-x_3+x_4=0 \\ x_1-x_2+x_3-3x_4=1 \\ x_1-x_2-2x_3+3x_4=-\dfrac{1}{2} \end{cases}$

(4) $\begin{cases} x_1+x_2+x_3=1 \\ 3x_1+5x_2+2x_3=4 \\ 9x_1+25x_2+4x_3=16 \\ 27x_1+125x_2+8x_3=64 \end{cases}$

B 组

1. 若线性方程组 $\begin{cases} x_1+x_2=a_1 \\ x_3+x_4=a_2 \\ x_1+x_3=b_1 \\ x_2+x_4=b_2 \end{cases}$,其中 $a_1+a_2=b_1+b_2$,证明:方程组有解,并且它的系数矩阵的秩等于 3.

2. 讨论 a 为何值时，下列方程组有解.

$$\begin{cases}ax_1+x_2+x_3=1\\x_1+ax_2+x_3=a\\x_1+x_2+ax_3=a^2\end{cases}$$

9.12 线性方程组的解法

现在，我们来研究求解问题中的第三个问题，即线性方程组的求解方法. 对于 n 个方程、n 个未知数的线性方程组的求解，用克莱姆法则是有效的，克莱姆法则在研究线性方程组理论上有很大的价值，但是用它来求解未知数个数较多的方程组时，行列式的计算量是很大的. 因此，就需要学习一些比较简单有效的方法. 在此，仅介绍消元法. 通过下面的实例来说明线性方程组的消元解法.

例 1 解方程组

$$\begin{cases}x_1+2x_2-3x_3=-1 & ①\\3x_1-2x_2+2x_3=10 & ②\\4x_1-8x_2+2x_3=30 & ③\end{cases}$$

解 ①×(−3)+②和①×(−4)+③得

$$\begin{cases}x_1+2x_2-3x_3=-1 & ④\\-8x_2+11x_3=13 & ⑤\\-16x_2+14x_3=34 & ⑥\end{cases}$$

⑤×(−2)+⑥得

$$\begin{cases}x_1+2x_2-3x_3=-1 & ⑦\\-8x_2+11x_3=13 & ⑧\\-8x_3=8 & ⑨\end{cases}$$

由⑨得：$x_3=-1$，代入⑧得：$x_2=-3$，又代 x_2,x_3 入⑦得：$x_1=2$，于是原方程组的解为

$$\begin{cases}x_1=2\\x_2=-3\\x_3=-1\end{cases}$$

这种求解方法称作高斯消去法，消元过程分为两步：第一步用初等运算，依次消去未知的 x_1,x_2，最后得到一个只含 x_3 的方程，这一步叫消去过程；第二步，依次求出 $x_3\longrightarrow x_2\longrightarrow x_1$，这一步叫做回代过程. 归纳起来就是：

(1)消去过程. 写出增广矩阵，进行初等行变换

$$\begin{pmatrix}1&2&-3&-1\\3&-2&2&10\\4&-8&2&30\end{pmatrix}\xrightarrow[①\times(-4)+③]{①\times(-3)+②}\begin{pmatrix}1&2&-3&-1\\0&-8&11&13\\0&-16&14&34\end{pmatrix}$$

$$\xrightarrow{②\times(-2)+③}\begin{pmatrix}1&2&-3&-1\\0&-8&11&13\\0&0&-8&8\end{pmatrix}\xrightarrow{③\times\frac{1}{8}}\begin{pmatrix}1&2&-3&-1\\0&-8&11&13\\0&0&-1&1\end{pmatrix}$$

也就是说，消去过程实际上就是把增广矩阵变成一个阶梯形矩阵.

(2)回代过程. 写出原方程组的同解方程组

$$\begin{cases} x_1 + 2x_2 - 3x_3 = -1 \\ -8x_2 + 11x_3 = 13 \\ -x_3 = 1 \end{cases}$$

由下往上回代写出全部未知数得

$$\begin{cases} x_1 = 2 \\ x_2 = -3 \\ x_3 = -1 \end{cases}$$

例 2　解线性方程组

$$\begin{cases} x_1 - 2x_2 + 3x_3 + x_4 + x_5 = 7 \\ x_1 + x_2 - x_3 - x_4 - 2x_5 = 2 \\ 2x_1 - x_2 + x_3 - 2x_5 = 7 \\ 2x_1 + 2x_2 + 5x_3 - x_4 + x_5 = 18 \end{cases}$$

解　写出增广矩阵，进行初等行变换

$$\begin{pmatrix} 1 & -2 & 3 & 1 & 1 & 7 \\ 1 & 1 & -1 & -1 & -2 & 2 \\ 2 & -1 & 1 & 0 & -2 & 7 \\ 2 & 2 & 5 & -1 & 1 & 18 \end{pmatrix} \longrightarrow \begin{pmatrix} 1 & -2 & 3 & 1 & 1 & 7 \\ 0 & 3 & -4 & -2 & -3 & -5 \\ 0 & 0 & 1 & 0 & 1 & 2 \\ 0 & 0 & 0 & 1 & -2 & 0 \end{pmatrix}$$

于是得到方程组

$$\begin{cases} x_1 - 2x_2 + 3x_3 + x_4 + x_5 = 7 \\ 3x_2 - 4x_3 - 2x_4 - 3x_5 = -5 \\ x_3 + x_5 = 2 \\ x_4 - 2x_5 = 0 \end{cases}$$

用 x_5 表示 x_1, x_2, x_3, x_4，即由下往上回代解出

$$\begin{cases} x_1 = 3 + 2x_5 \\ x_2 = 1 + x_5 \\ x_3 = 2 - x_5 \\ x_4 = 2x_5 \end{cases}$$

x_5 取不同的数值，得到方程组的无穷多个解，如取 $x_5 = 0$，方程组的一组解是

$$\begin{cases} x_1 = 3 \\ x_2 = 1 \\ x_3 = 2 \\ x_4 = 0 \\ x_5 = 0 \end{cases}$$

若 x_5 再取另一些值，可得方程组另一些解等.

总之，解线性方程组的步骤是用初等行变换化方程组的增广矩阵为阶梯形矩阵. 如果秩

A 等于秩 $\overline{A}$,则方程组有解,当秩 A 等于未知数 n 时,方程组有唯一解;当秩 A 小于 n 时,方程组有无穷多个解. 如果秩 A 不等于秩 $\overline{A}$ 时,方程组无解.

习题 9.12

A 组

解方程组

(1) $\begin{cases} x_1+x_2+2x_3+3x_4=1 \\ x_1+2x_2+3x_3-x_4=-4 \\ 3x_1-x_2-x_3-2x_4=-4 \\ 2x_1+3x_2-x_3-x_4=-6 \end{cases}$

(2) $\begin{cases} x_1+5x_2-x_3-x_4=-1 \\ x_1-2x_2+x_3+3x_4=3 \\ 3x_1+8x_2-x_3+x_4=1 \\ x_1-9x_2+3x_3+7x_4=7 \end{cases}$

(3) $\begin{cases} x_1+x_2+2x_3+3x_4=1 \\ x_2+x_3-4x_4=1 \\ x_1+2x_2+3x_3-x_4=4 \\ 2x_1+3x_2-x_3-x_4=-6 \end{cases}$

(4) $\begin{cases} x_1-x_2-3x_3+x_4=1 \\ x_1-x_2+2x_3-x_4=3 \\ 4x_1-4x_2+3x_3-2x_4=10 \\ 2x_1-2x_2-11x_3+4x_4=0 \end{cases}$

B 组

当 a 为何值时,方程组 $\begin{cases} x_1+x_2+x_3+x_4=1 \\ 3x_1+2x_2+x_3-3x_4=a \\ x_2+2x_3+6x_4=3 \end{cases}$ 有解? 求出方程组的解.

习题参考答案

第1章　函数

习题1.1

A 组

1. 略

2. 略

3. 略

4. 面积：$S=\frac{\sqrt{3}}{4}$；周长：$L=3x$

5. $L=\frac{\sqrt{2}}{2}d$

6. $V=\pi x^2(L-x)$

7. 略

8. 略

9. (1) $-2\leqslant x\leqslant 2$；(2) $x\neq 1, x\neq -1$ 且 $x\geqslant -2$；(3) $-1\leqslant x\leqslant 3$；(4) $x\neq 0$ 且 $x\neq 1$；(5) $x\geqslant 0$；(6) $x>-1$；(7) $x\neq 1$ 且 $x\neq 2$

10. $f(0)=0$；$f(-1)=-\frac{\pi}{2}$；$f(\frac{\sqrt{3}}{2})=\frac{\pi}{3}$；$f(\frac{\sqrt{2}}{2})=\frac{\pi}{4}$；$f(1)=\frac{\pi}{2}$

11. $f(0)=3$；$f(2)=1$；$f(a)=\frac{2a-3}{a-1}$；$f(\frac{1}{a})=\frac{2-3a}{1-a}$；$f(a+1)=\frac{2a-1}{a}$

12. $f(e)-f(1)=1$；$f(e^2)-f(\frac{1}{e})=3$

13. 略

B 组

1. $f(\frac{\pi}{3})=0$；$f(\frac{\pi}{4})=\frac{\sqrt{2}}{2}$；$f(-\frac{\pi}{4})=\frac{\sqrt{2}}{2}$；$f(2)=0$

2. 略

3. $f(2+x)=\frac{1}{3+x}$；$f(2x)=\frac{1}{1+2x}$；$f(x^2)=\frac{1}{1+x^2}$；$f(f(x))=\frac{1+x}{2+x}$；

$f\left(\frac{1}{f(x)}\right)=\frac{1}{2+x}$

4. (1)$x\in[1,100]$；(2)$x\in(0,10]$

习题 1.2

A 组

1. 略

2. 略

3. (1)$y=\frac{x-4}{3}$；(2)$y=\frac{1-x}{1+x}$；(3)$y=x^2-2$；(4)$y=\ln x-1$

4. 略

5. 略

6. 略

7. (1)$\frac{1}{4}$和$\frac{3}{4}$；(2)$\frac{\sqrt{2}}{2}$和 1；(3)$\sqrt{2}$和$\sqrt{5}$；(4)2e 和 $2e^2$；(5)0 和 ln10

B 组

1. $a=-d$ 时成立

2. 略

3. (1)$2\sin\alpha$；(2)$2\tan\alpha$

第 2 章　极限与连续

习题 2.1

A 组

1. 略

2. (1)收敛；(2)收敛；(3)发散；(4)收敛

B 组

(1)1；(2)$\frac{2}{5}$

习题 2.2

A 组

1. 略

2. (1)存在；(2)不存在；

3. $\lim\limits_{x\to1^+}f(x)=2$；$\lim\limits_{x\to1^-}f(x)=3$；当在 $x\to1$ 时，极限不存在

B 组

1. (1) $a+b$; (2) 1; (3) -1

2. 右极限是 1；左极限 -1；在 $x\to 0$ 时，极限不存在

习题 2.3

A 组

略

B 组

(1) $x\to 1$ 时为无穷小；$x\to +\infty$ 时为无穷大；

(2) $x\to 0$ 时为无穷小；

(3) $x\to 2$ 时为无穷小；$x\to +\infty$ 时为无穷小；

(4) $x\to -\infty$ 时为无穷小；$x\to +\infty$ 时为无穷大

习题 2.4

A 组

1. (1) 至 (3) 略；(4) 5；(5) 27；(6) 1；(7) $\frac{1}{2}$；(8) 0；(9) ∞；(10) $\frac{1}{2}$；(11) $\frac{1}{4}$；(12) 1

2. (1) $\frac{n}{m}$；(2) 1；(3) 1；(4) $(-1)^n$

3. (1) e^{-4}；(2) e^{-2}；(3) $e^{\frac{1}{2}}$；(4) e^3

B 组

1. (1) 1；(2) 0；(3) 1；(4) 2；(5) e；(6) 1

习题 2.5

A 组

1. 略；2. 略；3. 略

4. (1) $x=3$ 处为第二类间断点；

(2) $x=k\pi(\pi=1,2,\cdots)$ 处为第二类间断点；

(3) $x=2, x=1$ 处为第二类间断点

5. (1) 至 (4) 略；(5) $\sqrt{2}$；(6) 2；(7) 0；(8) 1

6. 略

7. 略

B 组

1. (1) $x=0$ 处为第一类间断点；

(2) $x=0$ 处为第一类间断点；

(3) $x=-7$ 处为第二类间断点，$x=1$ 处为第一类间断点

2. (1) 1；(2) 6；(3) $\frac{1}{2}$；(4) 1

第3章　导数与微分

习题3.1

*A*组

1. 略

2. $y'\Big|_{x=4}=\frac{1}{4},y'\Big|_{x=16}=\frac{1}{8}$

3. $k=-4;y=-4x+4;2x-8y+15=0$

4. 略

5. 连续,不可导

*B*组

(1)$f(x)=10^x\ln10;f'(-2)=\frac{\ln10}{100};f'(0)=\ln10$;

(2)$5x^4;\frac{3}{4}x^{-\frac{1}{4}};0.7x^{-0.3};-\frac{1}{x^2};(a+b)x^{a+b-1}$;

(3)$\frac{1}{x\ln10};\frac{1}{x\ln5}$;

(4)$2^x\ln2;-10^{-x}\ln10;a^x\mathrm{e}^x(\ln a+1)$

习题3.2

*A*组

1. 略

2. (1)$2x\cos x-x^2\sin x$;

(2)$\tan x+x\sec^2x-2\tan x\sec x$;

(3)$\frac{x\cos x-2\sin x}{x^3}$;

(4)$\frac{\sin x+\cos x+1}{(1+\cos x)^2}$;

3. (1)0;(2)$-\frac{1}{18}$;

*B*组

1. (1)$\frac{-\csc^2x(2\sqrt{x}+2x)-\cot x}{2\sqrt{x}(1+\sqrt{x})^2}$;(2)$-\frac{1+2x}{(1+x+x^2)^2}$;

(3)$-\frac{1+x}{(1-x)^2\sqrt{x}}$; (4)$\frac{(\sin x+x\cos x)(1+\tan x)-x\sin x\sec^2x}{(1+\tan x)^2}$

习题 3.3

A 组

(1) $2^{x^2+2}\cdot x\cdot\ln 2$；(2) $2x\cos(x^2+1)$；(3) $\sin 2x$；(4) $2x\cos x^2$；

(5) $12(3x+1)^3$；(6) $\frac{3}{2}(x^2+x+2)^{\frac{1}{2}}(2x+1)$；

(7) $-\frac{1}{x^2}\sec^2\frac{1}{x}$；(8) $-\frac{1}{2\sqrt{x}}\csc^2\sqrt{x}$；

(9) $\sec x\csc x$；(10) $\dfrac{\cos\frac{x}{2}}{4\sqrt{\sin\frac{x}{2}}}$；

(11) $3\cos 3x-\frac{1}{3}\sin\frac{x}{3}+3x^2\sec^2 x^3$；

(12) $-(x^2-4)^{\frac{3}{2}}x$；(13) $\frac{e^{\sqrt{x}}}{2\sqrt{x}}$；(14) $2x+2\cot x$；

B 组

(1) $\frac{2x}{(x+1)^3}$；(2) $-3e^{-3x}\cos 5x-5e^{-3x}\sin 5x$；

(3) $\frac{3x^3+2x}{x^2(1+x^2)}$；(4) $\frac{1}{x\ln(\ln x)\ln x}$；

(5) $\frac{1}{\sqrt{1-x^2}+1-x^2}$；(6) $4(x+\sin^2 x)^3(1+\sin 2x)$

习题 3.4

A 组

1. (1) $\frac{-1}{2\sqrt{x-x^2}}$；(2) $\frac{-\sqrt{1+x}}{2\sqrt{x}(1-x^2)}+\frac{x\arccos x}{(1-x^2)\sqrt{1-x^2}}$；

(3) $\frac{1}{(2t-4)\sqrt{1-t}}$；(4) 0

2. (1) $\frac{e^y}{1-xe^y}$；(2) $\frac{\cos(x+y)}{e^y-\cos(x+y)}$；(3) $\frac{\sin y}{1-x\cos y}$；

(4) $\frac{-y\sin(xy)-\cot y}{x\csc^2 y+x\sin(xy)}$；(5) $\frac{ay-x^2}{y^2-ax}$

3. (1) $y'=(1+x)^{2x}\left[2\ln(1+x)+\frac{2x}{1+x}\right]$；

(2) $y'=y\left[\cos x\ln\tan x+\frac{1}{\cos x}\right]$，其中 $y=\tan x^{\sin x}$；

(3) $y'=\frac{y}{x}\cos x-y\sin\ln x$，其中 $y=(2x)^{\cos x}$；

(4) $y' = y\ln(\ln x) + \frac{y}{\ln x}$，其中 $y = (\ln x)^x$

B 组

1. (1) $y' = \frac{y}{3}\left(\frac{1}{x-1} + \frac{1}{x-2} - \frac{1}{x-3} - \frac{1}{x-4}\right)$，其中 $y = \sqrt[3]{\frac{(x-1)(x-2)}{(x-3)(x-4)}}$；

(2) $y' = y\left(\frac{8}{2x-1} + \frac{1}{2(x-2)} - \frac{1}{2(x+1)}\right)$，其中 $y = \frac{(2x+1)^4\sqrt{x-2}}{\sqrt{x+1}}$

2. 略

习题 3.5

A 组

1. 略

2. (1) $\frac{3}{4}x^{-\frac{1}{2}}$；(2) $-4x^{-5}$；(3) $\frac{1}{x\ln 10}$；(4) $10 \cdot 10^{10x}\ln 10$；

(5) $(2e)^x\ln 2e$；(6) $x^x(1+\ln x)$

3. (1) $6x-1$；(2) $\frac{3}{2\sqrt{x}} + \frac{1}{x^2}$；(3) $-\frac{1}{2}x^{-\frac{3}{2}} - \frac{1}{2}x^{-\frac{1}{2}}$；(4) $4x^3 - 2x$；

(5) $(x-b)(x-c) + (x-a)(x-c) + (x-a)(x-b)$；(6) $x^{n-1}(n\ln x + 1)$；

(7) $\frac{8(1-x^2)}{(1+x^2)^2}$；(8) $x^2 - 9x^{-4}$

4. (1) $(1+x^2)(1+4x+5x^2)$；(2) $\frac{(1+x)(x+3)}{(x+2)^2}$；(3) $\frac{4x^3}{(1+x^2)\ln a}$；

(4) $\frac{1}{\sqrt{x}(1-x)}$；(5) $\csc x$；(6) $\frac{1}{\sqrt{x^2-a^2}}$；(7) $e^{\arccos x}\frac{1}{\sqrt{1-x^2}}$；

(8) $\frac{x(1+\arcsin x)}{(1-x^2)\sqrt{1-x^2}}$；(9) $\frac{4}{4+x^2}\arctan\frac{x}{2}$；(10) $2\sqrt{1-x^2}$

5. (1) $y' = 1$；(2) $y' = \frac{4ay}{2y-4ax}$；(3) $y' = \frac{2xy}{y-1}$；(4) $y' = \frac{e^{x+y}}{2y - e^{x+y}}$

6. (1) $y\left(\frac{2}{x} + \frac{1}{2(x-1)} - \frac{1}{2(x+1)}\right)$，其中 $y = x^2 \cdot \sqrt{\frac{x-1}{x+1}}$；

(2) $\frac{1}{x^2-9}\sqrt{\frac{3-x}{3+x}}$；(3) $6(\ln 6x + 1)(6x)^{6x}$；

(4) $4x(x^2-a_1)(x^2-a_2)(2x-a_1-a_2)$

7. (1) $6 - \frac{1}{x^2}$；(2) $12x^2 - 6$；(3) $\frac{2}{x^2}(1-\ln x)$；(4) $2\arctan x + \frac{2x}{1+x^2}$

B 组

1. (1) $\cos\left(x + n\frac{\pi}{2}\right)$；(2) $(-1)^{n-1}\frac{(n-1)}{(1+x)^n}$

2. 略

3. $y=-\frac{x_0}{y_0}(x-x_0)+y_0$

4. (0,1)

习题 3.6

A 组

1. 略

2. (1) $\mathrm{d}y=(6x+4)\mathrm{d}x$；(2) $\mathrm{d}y=\left(\frac{1}{\sqrt{x}}+\frac{1}{x^2}\right)\mathrm{d}x$；

(3) $\mathrm{d}y=-\frac{2}{(x-1)^2}\mathrm{d}x$；(4) $\mathrm{d}y=-\frac{2x}{(x^2-1)^2}\mathrm{d}x$

B 组

(1) $\mathrm{d}y=(3\cos x-3x\sin x+2x\tan x+x^2\sec^2x)\mathrm{d}x$

(2) $\mathrm{d}y=-2\sin 4x\mathrm{d}x$；(3) $\mathrm{d}y=\frac{1}{a^2+x^2}\mathrm{d}x$；

(4) $\mathrm{d}y=\frac{2-\ln x}{2\pi\sqrt{x}}\mathrm{d}x$

习题 3.7

A 组

1. (1)1.00667；(2)0.01；(3)0.7194；(4)1.04

2. 略

B 组

1. 略

2. 略

第4章　导数的应用

习题 4.1

A 组

1. 略

2. (1)2；(2)∞；(3)1；(4)2；(5)1；(6)1；

(7)1；(8)1；(9)e^{-1}；(10)$\frac{1}{2}$；(11)1

B 组

(1)0；(2)e^4；(3)e；(4)e

习题4.2

*A*组

(1)和(2)略;

(3) $\left(-\infty,\frac{3}{4}\right)$为单调增加区间,$\left(\frac{3}{4},1\right)$为单调减少区间;

(4)$(\frac{1-\sqrt{5}}{2},+\infty)$为单调增加区间;

(5) $\left(-\infty,\frac{1}{2}\right]$为单调减少区间,$\left(\frac{1}{2},+\infty\right)$为单调增加区间;

(6)$[0,n]$为单调增加区间,$(n,+\infty)$为单调减少区间;

(7) $(-1,1)$为单调增加区间,$(-\infty,-1)$,$(1,+\infty)$为单调减少区间;

(8) $(-\infty,0]$为单调增加区间,$(0,+\infty)$为单调减少区间

*B*组

(1)$(-\infty,0)$,$(\frac{2}{5},+\infty)$为单调增加区间,$(0,\frac{2}{5})$为单调减少区间;

(2) $\left[\frac{1}{2},1\right]$为单调增加区间,$(-\infty,0)$,$\left(0,\frac{1}{2}\right]$,$(1,+\infty)$为单调减少区间;

(3) $(e,+\infty)$为单调增加区间,$(0,e)$为单调减少区间;

(4) $\left(\frac{1}{2},+\infty\right)$为单调增加区间,$\left(0,\frac{1}{2}\right)$为单调减少区间

习题4.3

*A*组

略

*B*组

1. (1)极大值$y(0)=0$,极小值$y(1)=-\frac{1}{2}$;

(2)极大值$y(0)=2$,极小值$y(-1)=y(1)=1$;

(3)极大值$y(1)=\frac{\pi}{4}-\frac{\ln 2}{2}$

2. $a=2$;$f(\frac{\pi}{3})=\sqrt{3}$极大值

习题4.4

*A*组

1. (1)至(4)略

(5)当$x=4$时函数最大值为8;当$x=0$时,函数最小值为0

(6)当$x=2$时函数最大值为4;当$x=0$时,函数最小值为0

2. 宽为1m,长为$\frac{3}{2}$m时,窗户面积最大,最大面积为$S(1)=\frac{3}{2}\text{m}^2$

3. D 点选在距 A 为 15km 处.

B 组

1. 当 $x=0$ 时函数最小值为 0；当 $x=1$，$x=\frac{5}{2}$时，函数最大值为 5

2. 比为$\frac{1}{2}$

习题 4.5

A 组

1. (1)边际成本；$MC=2-4x+3x^2$；

(2)当 $x=8$ 时的平均成本 $\overline{C}=50$；边际成本 $MC=162$，不应再提高产量

2. 当 $x=50$ 时，

(1)总收入为 $R(50)=9975$；

(2)平均单位产品收入 $\overline{R}=199.5$；

(3)边际收入 $MR=199$

3. $\frac{EQ}{EP}=-p\ln 4$

4. (1)总成本为 130；平均成本为 13；边际成本为 3；

(2)$Q=55$ 时，利润最大，最大利润为 505.

B 组

(1)$\eta(p)=\frac{-2p^2}{100-p^2}$；

(2) $-\frac{8}{21}$；

(3)收益约增加 0.62%

第5章　不定积分

习题 5.1

A 组

1. 略

2. 略

3. 略

4. (1)$y=\ln|x|+2$；(2)$R(q)=50q-q^2$

B 组

(1)$\frac{90^t}{\ln 90}+C$；(2)$2\arcsin x+C$；(3)$\frac{1}{2}\left(\sin x+\frac{1}{3}\sin 3x+C\right)$；

(4) $-\tan x-\cot x+C$

习题 5.2

A 组

1. 略

2. 略

3. (1) $\frac{1}{26}(2x-1)^{13}+C$；(2) $\arcsin\frac{x}{3}+C$；

(3) $-\frac{3^{2-5x}}{5\ln 3}+C$；(4) $\frac{1}{2}\ln\left|\frac{1+x}{1-x}\right|+C$；

(5) $\frac{1}{\omega}\sin(\omega x+\varphi)+C$；(6) $\frac{2}{3}(x+a)^{\frac{3}{2}}+C$；

(7) $\ln(3+2x)+C$；(8) $-\frac{1}{4m}\cos\alpha mx+C$；

(9) $\frac{1}{2a}\ln\left|\frac{x-a}{x+a}\right|+C$

4. (1) $2[\sqrt{x}-\ln(1+\sqrt{x})]+C$；

(2) $x-2\sqrt{2x+1}+\ln(\sqrt{2x+1}+1)+C$；

(3) $\frac{1}{2}\arcsin x-\frac{1}{2}x\sqrt{1-x^2}+C$；

(4) $\sqrt{x^2-9}-3\arccos\frac{3}{x}+C$

B 组

1. (1) $-\frac{1}{2}e^{-x^2}+C$；(2) $\frac{1}{2}\ln(1+2\ln x)+C$；

(3) $-\frac{\cos^4 x}{4}+C$；(4) $\frac{1}{2\ln 10}(10^{2x}-10^{-2x})-2x+C$

习题 5.3

A 组

1. (1) $xf'(x)-f(x)+C$；(2) $xf(x)+C$；

(3) $x\cos x-\sin x+C$

2. (1) $-x\cos x+\sin x+C$；(2) $\frac{1}{2}x^2\arctan x-\frac{1}{2}x+\frac{1}{2}\arctan x+C$；

(3) $\frac{1}{2}e^x(\sin x+\cos x)+C$；(4) $-x(e^{-x}+1)+C$；

(5) $x^2\sin x+2x\cos x-2\sin x+C$；

(6) $x\tan x+\ln|\cos x|-\frac{1}{2}x^2+C$

3. $\cos x-\frac{2\sin x}{x}+C$

B 组

(1) $\frac{x^4}{16}(4\ln x-1)+C$;　　(2) $-\frac{1}{4x^2}(2\ln x-1)+C$

(3) $\ln\left|\frac{x}{1+x}\right|+C$; (4) $-(1-x^2)^{\frac{1}{2}}+\frac{2}{3}(1-x^2)^{\frac{3}{2}}-\frac{1}{5}(1-x^2)^{\frac{5}{2}}+C$;

(5) $-\frac{6}{7}x^{\frac{7}{6}}-\frac{6}{5}x^{\frac{5}{6}}-2x^{\frac{1}{2}}-6x^{\frac{1}{6}}-3\ln\left|\frac{x^{\frac{1}{6}}-1}{x^{\frac{1}{6}}+1}\right|+C$;

(6) $x\ln(\ln x)+C$

习题 5.4

略

第 6 章　定积分

习题 6.3

A 组

1. 略
2. 略
3. 略
4. (1)24; (2)略

B 组

1. 略
2. (1)略; (2)2

习题 6.4

A 组

1. (1) $\frac{29}{6}$; (2)2; (3) $\frac{\pi}{3}$; (4) $\frac{\pi}{6}$;

(5) $\frac{1}{2}e^2-\frac{1}{2}$; (6) $\frac{\pi}{2}$; (7) $\frac{14}{3}$

2. $-\frac{1}{3}$

3. $\frac{7}{3}$

B 组

1. (1) $\frac{1}{n+1}(b^{n+1}-a^{n+1})$; (2) $\frac{1}{a}-\frac{1}{b}$

2. (1)4; (2) $-\frac{1}{3}$; (3) $\frac{e+\frac{1}{e}}{2}-1$

习题 6.5

A 组

1. (1) $\frac{1}{5}$；(2) $\frac{2}{3}$；(3) π；(4) $\frac{1}{2}\ln 2$；

(5) $\frac{3}{2}$；(6) $\frac{20}{3}$；(7) $\frac{\pi^2}{32}$；(8) $\arctan e-\frac{\pi}{4}$

2. (1) $-\frac{1}{2}$；(2) $e^{\frac{\pi}{2}}$；(3) $\frac{\pi}{12}+\frac{\sqrt{3}}{2}-1$；(4) $1-\frac{2}{e}$；(5) $\frac{\pi}{\omega^2}$

3. 略

4. 4

B 组

1. 略

2. $\frac{\pi}{8}\ln 2$

3. $\frac{\pi}{4}$

第 7 章　定积分的应用

习题 7.2

A 组

1. (1) $\frac{32}{3}$；(2) $\frac{1}{6}$；(3) 1；(4) $\frac{32}{3}$

2. $\frac{2}{3}$

3. (1) 2；(2) $\frac{1}{2}$

B 组

1. $e+e^{-1}-2$

2. πab

习题 7.3

A 组

1. $\frac{28\pi}{15}$

2. (1) 2π；(2) $\pi(e-2)$；(3) $\frac{3}{10}\pi$

B 组

1. $\frac{\pi}{2}(e^2+1)$

2. 绕 x 轴：$\frac{4}{3}\pi ab^2$；绕 y 轴：$\frac{4}{3}\pi a^2 b$

习题 7.4

1. 300 台，5 万元
2. 1500，4000
3. (1)1000 台；(2)0.5 万元

第 8 章　微分方程

习题 8.1

A 组

1. (1)(2)(4)(5)(6)是微分方程；(1)(5)(6)是二阶；
(4)是一阶；(2)是三阶
2. (1)是通解；(2)是特解；(3)不是；(4)是通解；(5)是通解

B 组

1. 是通解
2. $y=\frac{1}{5}x^5-\frac{1}{5}$

习题 8.2

A 组

1. (1)$y=Ce^{x^2}(C=\ln C_1)$；(2)$\frac{1}{2}\ln(1+y^2)=\arctan x+C$；(3)$y=x^8$；
(4)$y=\tan(\frac{1}{2}x^2+x+C)$
2. (1)$y=Cx-2x\ln x$；(2)$\ln|\sin\frac{y}{x}|=\ln x$；(3)$\ln|y|=\frac{y}{x}+C$；
(4)$y=Ce^{\frac{1}{x}}$；(5)$\ln|x|+\frac{y^2}{2x^2}=C$
3. (1)$y=(x+1)^2+C(x+1)^2$；(2)$y=e^{x^2}(x+C)$；(3) $y=C(x+1)$；
(4)$y=\frac{1}{x}(-\cos x+C)$；(5)$y=\frac{4x^2+3C}{3(x^4+1)}$；(6)$y=3-\frac{3}{x}$

B 组

(1)$\cos y=C\cos x$；(2)$y=e^{x^2}(\frac{x^2}{2}+C)$；
(3)$y=x^2(e^x-e)$；(4)$y+\sqrt{y^2-x^2}=Cx^2$

习题 8.3

A 组

(1)$\frac{1}{16}e^{4x}+C_1x+C_2$;(2)$\frac{1}{12}x^4+\frac{1}{2}x^2+C_1x+C_2$;

(3)$y=\frac{1}{2}xe^{2x}-\frac{3}{4}e^{2x}+C_1e^x+e_2$;(4)$y=C_1\ln x+C_2$;

(5)$\ln|C_1y-1|=C_1x+C$;(6)$y=\left(\frac{1}{2}x+1\right)^4$

B 组

(1)$y=\arcsin(C_1e^x)+C$;(2)$y=\frac{4}{(x-5^2)}$

习题 8.4

A 组

1. (1)$y=C_1e^{-x}+C_2e^{3x}$;(2)$y=(C_1+C_2x)e^{2x}$;(3)$y=C_1e^x+C_2e^{-2x}$;
(4)$y=C_1e^{-x}+C_2e^{-3x}$;(5)$y=(C_1\cos x+C_2\sin x)e^x$;
(6)$y=(C_1\cos 2x+C_2\sin 2x)e^x$
2. (1)$y=C_1e^x+C_2e^{-2x}-\frac{1}{2}e^{-x}$;(2)$y=C_1+C_2e^{-3x}+\frac{1}{2}x^2-\frac{1}{3}x$;(3)$y=\frac{1}{2}x^2$;
(4)$y=\frac{1}{8}e^{2x}$;(5)$y=-5e^x+\frac{7}{2}e^{2x}+\frac{5}{2}$;(6)$y=-\frac{3}{2}x\cos x$

B 组

1. $y=2\cos 5x+\sin 5x$
2. $y=2\cos x+\sin x+2(x-1)e^x$

第9章　线性代数

习题 9.1

A 组

1. (1)92;(2) −1;(3)15;(4) −22;(5) −22;(6)0
2. (1)$x=-\frac{5}{7},y=-\frac{22}{7}$;(2)$x=\cos\alpha\cos\beta,y=\cos\alpha\sin\beta$

B 组

(1)$x=0,y=1,z=0$;(2)$x=1$ 或 $x=-\frac{8}{3}$

习题 9.2

A 组

1. (1) $A=-60$; (2) $B=0$

2. $C=a_{11}a_{22}a_{33}a_{44}$

3. $M_{11}=-1, M_{21}=-1, M_{31}=2, M_{41}=-2$. $A_{11}=-1, A_{21}=1, A_{31}=2, A_{41}=2$

4. $A=-465$

B 组

1. $A=20$

2. 120

习题 9.3

A 组

(1) -726; (2) -85; (3) -22; (4) 160

B 组

(1) $x^2\cdot y^2$; (2) 1

习题 9.4

A 组

(1) 4; (2) 12; (3) 160; (4) a^4; (5) $6(n-3)!(n>3)$

B 组

1. (1) $a^{n-2}(a^2-1)$; (2) $x^n+x^{n-1}\sum_{i=1}^{n}a_i$

2. 略

3. (1) $(n+1)a^n$; (2) a^2b^2; (3) $xyzuv$

4. 略

习题 9.5

A 组

1. (1) $x=3, y=-1$; (2) $x_1=3, x_2=2$; (3) $x_1=\frac{2}{3}, x_2=\frac{1}{3}$

(4) $x_1=0, x_2=0$; (5) $x=1, y=2, z=3$; (6) $x_1=3, x_2=4, x_3=5$

(7) $x=-a, y=b, z=c$; (8) $x_1=3, x_2=-4, x_3=-1, x_4=1$

(9) $x_1=1, x_2=-1, x_3=1, x_4=-1, x_5=1$

2. 略

3. 仅有零解

4. $k=-2$, 或 $k=1$

5. $k\neq-2$ 且 $k\neq1$

B 组

1. (1) $x_1 = 100, x_2 = 80, x_3 = 40$; (2) $x_1 = \frac{9}{14}, x_2 = \frac{1}{2}, x_3 = -\frac{3}{2}, x_4 = \frac{3}{14}$

(3) $x_1 = 0, x_2 = \frac{4}{5}, x_3 = \frac{3}{5}, x_4 = -\frac{7}{5}$; (4) $x_1 = 0, x_2 = 2, x_3 = 0, x_4 = 0$

2. 100, 70, 120

习题 9.6

A 组

1. 略
2. 略
3. 略
4. 略
5. $x = 0$ 或 $x = 1, y = 0$

B 组

$x = -7$ 或 $x = -8, y = 2$ 或 $y = 7$

习题 9.7

A 组

1. (1) $\begin{pmatrix} 0 & -17 \\ 24 & 5 \end{pmatrix}$; (2) $\begin{pmatrix} -4 & 6 \\ 2 & -8 \end{pmatrix}$ 和 $\begin{pmatrix} 2 & 4 \\ -12 & -14 \end{pmatrix}$;

(3) $\begin{pmatrix} -16 & -22 \\ 18 & 16 \end{pmatrix}$ 与 $\begin{pmatrix} -16 & -22 \\ 18 & 16 \end{pmatrix}$

2. (1) -30; (2) $\begin{pmatrix} -4 & 12 & 8 & 20 \\ 0 & 0 & 0 & 0 \\ -7 & 21 & 14 & 35 \\ 8 & -24 & -16 & -40 \end{pmatrix}$;

(3) $a_{11}x_1^2 + a_{22}x_2^2 + a_{33}x_3^2 + a_{12}x_1x_2 + a_{13}x_1x_3 + a_{23}x_2x_3 + a_{21}x_1x_2 + a_{31}x_1x_3 + a_{32}x_2x_3$

3. (1) $\begin{pmatrix} 1 & 0 \\ 0 & 1 \end{pmatrix}$; (2) $\begin{pmatrix} 0 & 0 \\ 0 & 0 \end{pmatrix}$

4. 略

5. $X = \begin{pmatrix} -2 & 0 & -7 \\ 1 & -9 & -10 \\ -6 & 5 & 1 \end{pmatrix}$

6. $X = \begin{pmatrix} 4 & \frac{3}{2} & -1 \\ -1 & \frac{5}{2} & 1 \\ \frac{7}{2} & \frac{11}{2} & \frac{5}{2} \end{pmatrix}$

7. $x=0, y=-3, u=1, v=-2, w=3, t=6.$

B 组

1. $\begin{pmatrix} -8 & 0 \\ 0 & -8 \end{pmatrix}$

2. A 与 A

习题 9.8

A 组

1. (1) $\begin{pmatrix} 3 & -5 \\ -1 & 2 \end{pmatrix}$；(2) $\begin{pmatrix} 1 & 0 & 0 \\ 0 & -\frac{1}{2} & 0 \\ 0 & 0 & \frac{1}{3} \end{pmatrix}$；(3) $\begin{pmatrix} 1 & 0 & 1 \\ -2 & 1 & -2 \\ -3 & 1 & -2 \end{pmatrix}$；

(4) $\begin{pmatrix} 1 & 3 & -2 \\ -\frac{3}{2} & -3 & \frac{5}{2} \\ 1 & 1 & -1 \end{pmatrix}$；(5) $\begin{pmatrix} 1 & -3 & 11 & -20 \\ 0 & 1 & -2 & 1 \\ 0 & 0 & 1 & -2 \\ 0 & 0 & 0 & 1 \end{pmatrix}$

2. (1) 不可逆；(2) 不可逆

(3) 可逆，逆矩阵是 $\begin{pmatrix} -11 & 7 \\ 8 & -5 \end{pmatrix}$；

(4) 可逆，逆矩阵是 $\begin{pmatrix} -\frac{2}{3} & \frac{1}{3} & \frac{1}{3} \\ -\frac{19}{18} & -\frac{5}{18} & \frac{1}{9} \\ \frac{4}{9} & \frac{2}{9} & \frac{1}{9} \end{pmatrix}$

3. 略

4. 略

B 组

1. $A^* = \begin{pmatrix} -2 & 4 & -1 \\ -12 & 6 & 0 \\ 8 & -4 & 1 \end{pmatrix}$；$AA^* = \begin{pmatrix} 6 & 0 & 0 \\ 0 & 6 & 0 \\ 0 & 0 & 6 \end{pmatrix}$

2. 当 $a_{11}a_{22}-a_{12}a_{21} \neq 0$ 时可逆；$A^{-1} = \dfrac{1}{a_{11}a_{22}-a_{12}a_{21}} \begin{pmatrix} a_{22} & -a_{12} \\ -a_{21} & a_{11} \end{pmatrix}$

习题 9.9

A 组

1. (1) $\begin{pmatrix} 2 & -23 \\ 0 & 8 \end{pmatrix}$；(2) $\begin{pmatrix} -6 & 2 & -3 \\ -8 & 5 & -6 \\ -10 & 3 & -5 \end{pmatrix}$

2. (1) $x_1=2, x_2=0$; (2) $x_1=-2, x_2=3, x_3=-1$;
(3) $x_1=-1, x_2=2, x_3=-1$; (4) $x_1=1, x_2=0, x_3=0$

B 组

(1) $x_1=\frac{17}{42}, x_2=\frac{13}{42}, x_3=-\frac{7}{42}$;

(2) $x_1=1, x_2=0, x_3=0$

习题9.10

A 组

1. (1) 秩是4; (2) 秩是3
2. (1) 秩 $A=2$; (2) 秩 $A=2$

B 组

(1) 秩是5; (2) 秩是3

习题9.11

A 组

(1) 有解, $\begin{cases} x_1=0.2 \\ x_2=2.6 \\ x_3=4 \end{cases}$;

(2) 无解;

(3) 有解, $\begin{cases} x_1-x_2-x_4=\frac{1}{2} \\ x_3-2x_4=\frac{1}{2} \end{cases}$ 若取 $x_2=x_4=0$ 则 $x_1=x_3=\frac{1}{2}$;

(4) 无解

B 组

1. 略
2. 当 $a\neq 1$ 且 $a\neq -2$ 时, 有唯一解; 当 $a=-2$ 时, 无解.

习题9.12

A 组

1. (1) $\begin{cases} x_1=-1 \\ x_2=-1 \\ x_3=0 \\ x_4=1 \end{cases}$; (2) $\begin{cases} x_1=\frac{13}{7}-\frac{3}{7}C_1-\frac{13}{7}C_2 \\ x_2=-\frac{4}{7}+\frac{2}{7}C_1+\frac{4}{7}C_2 \\ x_3=C_1 \\ x_4=C_2 \end{cases}$; (3) 无解;

(4) 原方程组的解是 $\begin{cases} x_1-x_2-\frac{1}{5}x_4=\frac{11}{5} \\ x_3-\frac{2}{5}x_4=\frac{2}{5} \end{cases}$, 其中 x_2, x_4 可取任何实数, 方程组有无穷解.

如取 $x_2 = x_4 = 0$,则得其中一个解

$$\begin{cases} x_1 = \dfrac{11}{5} \\ x_2 = 0 \\ x_3 = \dfrac{2}{5} \\ x_4 = 0 \end{cases}$$

B 组

(1) 当 $a \neq 0$ 时,秩为 $A = 2, \bar{A} = 3$,方程组无解;

(2) 当 $a = 0$ 时,秩 $A = \bar{A}$,方程组有解:

$\begin{cases} x_1 = -2 + x_3 + 5x_4 \\ x_2 = 3 - 2x_3 - 6x_4 \end{cases}$ 其中 x_3, x_4 可取任意常数

附录　积分表

（一）含有 ax + b 的积分

1. $\int \frac{dx}{ax+b} = \frac{1}{a}\ln|ax+b| + C$

2. $\int (ax+b)^{a} dx = \frac{1}{a(a+1)}(ax+b)^{a+1} + C$

3. $\int \frac{x}{ax+b}dx = \frac{1}{a^2}(ax+b-b\ln|ax+b|) + C$

4. $\int \frac{x^2}{ax+b}dx = \frac{1}{a^3}\left[\frac{1}{2}(ax+b)^2 - 2b(ax+b) + b^2\ln|ax+b|\right] + C$

5. $\int \frac{dx}{x(ax+b)} = -\frac{1}{b}\ln\left|\frac{ax+b}{x}\right| + C$

6. $\int \frac{dx}{x^2(ax+b)} = -\frac{1}{bx} + \frac{a}{b^2}\ln\left|\frac{ax+b}{x}\right| + C$

7. $\int \frac{x}{(ax+b)^2}dx = \frac{1}{a^2}\left(\ln|ax+b| + \frac{b}{ax+b}\right) + C$

8. $\int \frac{x^2}{(ax+b)^2}dx = \frac{1}{a^3}\left(ax+b-2b\ln|ax+b| - \frac{b^2}{ax+b}\right) + C$

9. $\int \frac{dx}{x(ax+b)^2} = \frac{1}{b(ax+b)} - \frac{1}{b^2}\ln\left|\frac{ax+b}{x}\right| + C$

（二）含有 $\sqrt{ax+b}$ 的积分

10. $\int \sqrt{ax+b}\,dx = \frac{2}{3a}\sqrt{(ax+b)^3} + C$

11. $\int x\sqrt{ax+b}\,dx = \frac{2}{15a^2}(3ax-2b)\sqrt{(ax+b)^3} + C$

12. $\int x^3\sqrt{ax+b}\,dx = \frac{2}{105a^3}(15a^2x^2-12abx+8b^2)\sqrt{(ax+b)^3} + C$

13. $\int \frac{x}{\sqrt{ax+b}}dx = \frac{2}{3a^2}(ax-2b)\sqrt{ax+b} + C$

14. $\int \frac{x^2}{\sqrt{ax+b}}dx = \frac{2}{15a^3}(3a^2x^2-4abx+8b^2)\sqrt{ax+b} + C$

15. $\int \frac{dx}{x\sqrt{(ax+b)}} = \begin{cases} \frac{1}{\sqrt{b}}\ln\left|\frac{\sqrt{ax+b}-\sqrt{b}}{\sqrt{ax+b}+\sqrt{b}}\right| + C & (b>0) \\ \frac{2}{\sqrt{-b}}\arctan\sqrt{\frac{ax+b}{bx}} + C & (b<0) \end{cases}$

16. $\int \frac{dx}{x^2\sqrt{ax+b}} = \frac{-\sqrt{ax+b}}{bx} - \frac{a}{2b}\int \frac{dx}{x\sqrt{ax+b}}$

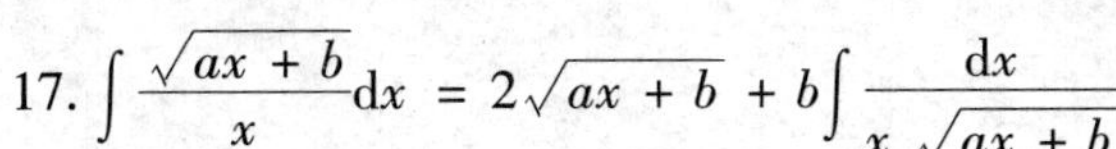

17. $\int \frac{\sqrt{ax+b}}{x}\mathrm{d}x = 2\sqrt{ax+b} + b\int \frac{\mathrm{d}x}{x\sqrt{ax+b}}$

18. $\int \frac{\sqrt{ax+b}}{x^2}\mathrm{d}x = \frac{-\sqrt{ax+b}}{x} + \frac{a}{2}\int \frac{\mathrm{d}x}{x\sqrt{ax+b}}$

（三）含有 $x^2 \pm a^2$ 的积分

19. $\int \frac{\mathrm{d}x}{x^2+a^2} = \frac{1}{a}\arctan\frac{x}{a} + C$

20. $\int \frac{\mathrm{d}x}{(x^2+a^2)^n} = \frac{x}{2(n-1)a^2(x^2+a^2)^{n-1}} + \frac{2n-3}{2(n-1)a^2}\int \frac{\mathrm{d}x}{(x^2+a^2)^{n-1}}$

21. $\int \frac{\mathrm{d}x}{x^2-a^2} = \frac{1}{2a}\ln\left|\frac{x-a}{x+a}\right| + C$

（四）含有 $ax^2+b(a>0)$ 的积分

22. $\int \frac{\mathrm{d}x}{ax^2+b} = \begin{cases} \frac{1}{\sqrt{ab}}\arctan\sqrt{\frac{a}{b}}x + C & (b>0) \\ \frac{1}{2\sqrt{-ab}}\ln\left|\frac{\sqrt{a}x-\sqrt{-b}}{\sqrt{a}x+\sqrt{-b}}\right| + C & (b<0) \end{cases}$

23. $\int \frac{x}{ax^2+b}\mathrm{d}x = \frac{1}{2a}\ln|ax^2+b| + C$

24. $\int \frac{x^2}{ax^2+b}\mathrm{d}x = \frac{x}{a} - \frac{b}{a}\int \frac{\mathrm{d}x}{ax^2+b}$

25. $\int \frac{\mathrm{d}x}{x(ax^2+b)} = \frac{1}{2b}\ln\frac{x^2}{|ax^2+b|} + C$

26. $\int \frac{\mathrm{d}x}{x^2(ax^2+b)} = -\frac{1}{bx} - \frac{a}{b}\int \frac{\mathrm{d}x}{ax^2+b}$

27. $\int \frac{\mathrm{d}x}{x^3(ax^2+b)} = \frac{a}{2b^2}\ln\frac{|ax^2+b|}{x^2} - \frac{1}{2bx^2} + C$

28. $\int \frac{\mathrm{d}x}{(ax^2+b)^2} = -\frac{x}{2b(ax^2+b)} + \frac{1}{2b}\int \frac{\mathrm{d}x}{ax^2+b}$

（五）含有 $ax^2+bx+c(a>0)$ 的积分

29. $\int \frac{\mathrm{d}x}{ax^2+bx+c} = \begin{cases} \frac{2}{\sqrt{4ac-b^2}}\arctan\frac{2ax+b}{\sqrt{4ac-b^2}} + C & (b^2<4ac) \\ \frac{1}{\sqrt{b^2-4ac}}\ln\left|\frac{2ax+b-\sqrt{b^2-4ac}}{2ax+b+\sqrt{b^2-4ac}}\right| + C & (b^2>4ac) \end{cases}$

30. $\int \frac{x}{ax^2+bx+c}\mathrm{d}x = \frac{1}{2a}\ln|ax^2+bx+c| - \frac{b}{2a}\int \frac{\mathrm{d}x}{ax^2+bx+c}$

（六）含有 $\sqrt{x^2+a^2}(a>0)$ 的积分

31. $\int \frac{\mathrm{d}x}{\sqrt{(x^2+a^2)^3}} = \frac{x}{a^2\sqrt{x^2+a^2}} + C$

32. $\int \frac{x}{\sqrt{x^2+a^2}}dx = \sqrt{x^2+a^2} + C$

33. $\int \frac{x}{\sqrt{(x^2+a^2)^3}}dx = -\frac{1}{\sqrt{x^2+a^2}} + C$

34. $\int \frac{x^2}{\sqrt{x^2+a^2}}dx = \frac{x}{2}\sqrt{x^2+a^2} - \frac{a^2}{2}\ln(x+\sqrt{x^2+a^2}) + C$

35. $\int \frac{x^2}{\sqrt{(x^2+a^2)^3}}dx = -\frac{x}{\sqrt{x^2+a^2}} + \ln(x+\sqrt{x^2+a^2}) + C$

36. $\int \frac{dx}{x\sqrt{x^2+a^2}} = \frac{1}{a}\ln\frac{\sqrt{x^2+a^2}-a}{|x|} + C$

37. $\int \frac{dx}{x^2\sqrt{(x^2+a^2)}} = -\frac{\sqrt{x^2+a^2}}{a^2x} + C$

38. $\int \sqrt{x^2+a^2}\,dx = \frac{x}{2}\sqrt{x^2+a^2} + \frac{a^2}{2}\ln(x+\sqrt{x^2+a^2}) + C$

39. $\int \sqrt{(x^2+a^2)^3}\,dx = \frac{x}{8}(2x^2+5a^2)\sqrt{x^2+a^2} + \frac{3a^4}{8}\ln(x+\sqrt{x^2+a^2}) + C$

40. $\int x\sqrt{x^2+a^2}\,dx = \frac{1}{3}\sqrt{(x^2+a^2)^3} + C$

41. $\int x^2\sqrt{x^2+a^2}\,dx = \frac{x}{8}(2x^2+a^2)\sqrt{x^2+a^2} - \frac{a^4}{8}\ln(x+\sqrt{x^2+a^2}) + C$

42. $\int \frac{\sqrt{x^2+a^2}}{x^2}dx = \sqrt{x^2+a^2} + a\ln\frac{\sqrt{x^2+a^2}-a}{|a|} + C$

43. $\int \frac{\sqrt{x^2+a^2}}{x^2}dx = -\frac{\sqrt{x^2+a^2}}{x} + \ln(x+\sqrt{x^2+a^2}) + C$

(七) 含有 $\sqrt{x^2-a^2}\,(a>0)$ 的积分

44. $\int \frac{dx}{\sqrt{(x^2-a^2)^3}} = -\frac{x}{a^2\sqrt{x^2-a^2}} + C$

45. $\int \frac{x}{\sqrt{x^2-a^2}}dx = \sqrt{x^2-a^2} + C$

46. $\int \frac{x}{\sqrt{(x^2-a^2)^3}}dx = -\frac{1}{\sqrt{x^2-a^2}} + C$

47. $\int \frac{x^2}{\sqrt{x^2-a^2}}dx = \frac{x}{2}\sqrt{x^2-a^2} + \frac{a^2}{2}\ln(x+\sqrt{x^2-a^2}) + C$

48. $\int \frac{x^2}{\sqrt{(x^2-a^2)^3}}dx = -\frac{x}{\sqrt{x^2-a^2}} + \ln(x+\sqrt{x^2-a^2}) + C$

49. $\int \frac{dx}{x\sqrt{x^2-a^2}} = \frac{1}{a}\arccos\frac{a}{|x|} + C$

50. $\int \frac{dx}{x^2\sqrt{x^2-a^2}} = \frac{\sqrt{x^2-a^2}}{a^2x} + C$

51. $\int \sqrt{x^2-a^2}\,dx = \frac{x}{2}\sqrt{x^2-a^2} - \frac{a^2}{2}\ln(x+\sqrt{x^2-a^2}) + C$

52. $\int \sqrt{(x^2-a^2)^3}\,dx = \frac{x}{8}(2x^2-5a^2)\sqrt{x^2-a^2} - \frac{a^4}{8}\ln(x+\sqrt{x^2-a^2}) + C$

53. $\int x\sqrt{x^2-a^2}\,dx = \frac{1}{3}\sqrt{(x^2-a^2)^3} + C$

54. $\int x^2\sqrt{x^2-a^2}\,dx = \frac{x}{8}(2x^2-a^2) - \frac{a^4}{8}\ln(x+\sqrt{x^2-a^2}) + C$

55. $\int \frac{\sqrt{x^2-a^2}}{x}dx = \sqrt{x^2-a^2} + \arccos\frac{a}{|x|} + C$

56. $\int \frac{\sqrt{x^2-a^2}}{x^2}dx = -\frac{\sqrt{x^2-a^2}}{x} + \ln(x+\sqrt{x^2-a^2}) + C$

（八）含有 $\sqrt{a^2-x^2}\ (a>0)$ 的积分

57. $\int \frac{dx}{\sqrt{a^2-x^2}} = \arcsin\frac{x}{a} + C$

58. $\int \frac{dx}{\sqrt{(a^2-x^2)^3}} = -\frac{x}{a^2\sqrt{a^2-x^2}} + C$

59. $\int \frac{x}{\sqrt{a^2-x^2}}dx = -\sqrt{a^2-x^2} + C$

60. $\int \frac{x}{\sqrt{(a^2-x^2)^3}}dx = \frac{1}{\sqrt{a^2-x^2}} + C$

61. $\int \frac{x^2}{\sqrt{(a^2-x^2)^3}}dx = \frac{x}{\sqrt{a^2-x^2}} - \arcsin\frac{x}{a} + C$

62. $\int \frac{x^2}{\sqrt{a^2-x^2}}dx = -\frac{x}{2}\sqrt{a^2-x^2} + \frac{a^2}{2}\arcsin\frac{x}{a} + C$

63. $\int \frac{dx}{x\sqrt{a^2-x^2}} = \frac{1}{a}\ln\frac{a-\sqrt{a^2-x^2}}{|x|} + C$

64. $\int \frac{dx}{x^2\sqrt{a^2-x^2}} = -\frac{\sqrt{a^2-x^2}}{a^2x} + C$

65. $\int \sqrt{a^2-x}\,dx = \frac{x}{2}\arcsin\frac{x}{a} + C$

66. $\int \sqrt{(a^2-x^2)^3}\,dx = \frac{x}{8}(5a^2-2x^2)\sqrt{a^2-x^2} + \frac{3a^4}{8}\arcsin\frac{x}{a} + C$

67. $\int x\sqrt{a^2-x^2}\,dx = \frac{1}{3}\sqrt{(a^2-x^2)^3} + C$

68. $\int x^2\sqrt{a^2-x^2}\mathrm{d}x = \frac{x}{8}(2x^2-a^2)\sqrt{a^2-x^2}+\frac{a^4}{8}\arcsin\frac{x}{a}+C$

69. $\int \frac{\sqrt{a^2-x^2}}{x}\mathrm{d}x = \sqrt{a^2-x^2}+a\ln\frac{a-\sqrt{a^2-x^2}}{|x|}+C$

70. $\int \frac{\sqrt{a^2-x^2}}{x^2}\mathrm{d}x = -\frac{\sqrt{a^2-x^2}}{x}-\arcsin\frac{x}{a}+C$

(九) 含有 $\sqrt{\pm ax^2+bx+c}\,(a>0)$ 的积分

71. $\int \frac{\mathrm{d}x}{\sqrt{ax^2+bx+c}} = \frac{1}{\sqrt{a}}\ln\left|2ax+b+2\sqrt{a}\sqrt{ax^2+bx+c}\right|+C$

72. $\int \sqrt{ax^2+bx+c}\,\mathrm{d}x = \frac{2ax+b}{4a}\sqrt{ax^2+bx+c}+\frac{4ac-b^2}{8\sqrt{a^3}}\ln\left|2ax+b+2\sqrt{a}\sqrt{ax^2+bx+c}\right|+C$

73. $\int \frac{\mathrm{d}x}{\sqrt{ax^2+bx+c}}\mathrm{d}x = \frac{1}{\sqrt{a}}\ln\left|2ax+b+2\sqrt{a}\sqrt{ax^2+bx+c}\right|+C$

74. $\int \frac{\mathrm{d}x}{\sqrt{c+bx-ax^2}} = -\frac{1}{\sqrt{a}}\arcsin\frac{2ax-b}{\sqrt{b^2+4ac}}+C$

75. $\int \sqrt{c+bx-ax^2}\,\mathrm{d}x = \frac{2ax-b}{4a}\sqrt{c+bx-ax^2}+\frac{b^2+4ac}{8\sqrt{a^3}}\arcsin\frac{2ax-b}{\sqrt{b^2+4ac}}+C$

76. $\int \frac{x}{\sqrt{c+bx-ax^2}}\mathrm{d}x = -\frac{1}{a}\sqrt{c+bx-ax^2}+\frac{b}{2\sqrt{a^3}}\arcsin\frac{2ax-b}{\sqrt{b^2+4ac}}+C$

(十) 含有 $\sqrt{\pm\frac{x-a}{x-b}}$ 或 $\sqrt{(x-a)(x-b)}$ 的积分

77. $\int \sqrt{\frac{x-a}{x-b}}\mathrm{d}x = (x-b)\sqrt{\frac{x-a}{x-b}}+(b-a)\ln\left(\sqrt{|x-a|}+\sqrt{|x-b|}\right)+C$

78. $\int \sqrt{\frac{x-a}{b-x}}\mathrm{d}x = (x-b)\sqrt{\frac{x-a}{b-x}}+(b-a)\arcsin\sqrt{\frac{x-a}{b-x}}+C$

79. $\int \frac{\mathrm{d}x}{\sqrt{(x-a)(b-x)}} = 2\arcsin\sqrt{\frac{x-a}{b-x}}+C \qquad (a<b)$

80. $\int \sqrt{(x-a)(b-x)}\,\mathrm{d}x = \frac{2x-a-b}{4}\sqrt{(x-a)(b-x)}+$

$\frac{(b-a)^2}{4}\arcsin\sqrt{\frac{x-a}{b-x}}+C \qquad (a<b)$

(十一) 含有三角函数的积分

81. $\int \sin x\mathrm{d}x = -\cos x+C$

82. $\int \cos x\mathrm{d}x = \sin x+C$

83. $\int \tan x\mathrm{d}x = -\ln|\cos x|+C$

84. $\int \cot x \mathrm{d}x = \ln|\sin x| + C$

85. $\int \sec x \mathrm{d}x = \ln\left|\tan\left(\frac{\pi}{4} + \frac{x}{2}\right)\right| + C = \ln|\sec x + \tan x| + C$

86. $\int \csc x \mathrm{d}x = \ln\left|\tan\frac{x}{2}\right| + C = \ln|\csc x - \cot x| + C$

87. $\int \sec^2 x \mathrm{d}x = \tan x + C$

88. $\int \csc^2 x \mathrm{d}x = -\cot x + C$

89. $\int \sec x \tan x \mathrm{d}x = \sec x + C$

90. $\int \csc x \cot x \mathrm{d}x = -\csc x + C$

91. $\int \sin^2 x \mathrm{d}x = \frac{x}{2} - \frac{1}{4}\sin 2x + C$

92. $\int \cos^2 x \mathrm{d}x = \frac{x}{2} + \frac{1}{4}\sin 2x + C$

93. $\int \sin^n x \mathrm{d}x = -\frac{1}{n}\sin^{n-1}x\cos x + \frac{n-1}{n}\int \sin^{n-2}x \mathrm{d}x$

94. $\int \cos^n x \mathrm{d}x = \frac{1}{n}\cos^{n-1}x\sin x + \frac{n-1}{n}\int \cos^{n-2}x \mathrm{d}x$

95. $\int \frac{\mathrm{d}x}{\sin^n x} = -\frac{1}{n-1} \cdot \frac{\cos x}{\sin^{n-1}x} + \frac{n-2}{n-1}\int \frac{\mathrm{d}x}{\sin^{n-2}x}$

96. $\int \frac{\mathrm{d}x}{\cos^n x} = \frac{1}{n-1} \cdot \frac{\sin x}{\cos^{n-1}x} + \frac{n-2}{n-1}\int \frac{\mathrm{d}x}{\cos^{n-2}x}$

97. $\int \cos^m x \sin^n x \mathrm{d}x = \frac{1}{m+n}\cos^{m-1}x\sin^{n+1}x + \frac{m-1}{m+n}\int \cos^{m-2}x\sin^n x \mathrm{d}x$

98. $\int \sin ax \cos bx \mathrm{d}x = -\frac{1}{2(a+b)}\cos(a+b)x - \frac{1}{2(a-b)}\cos(a-b)x + C$

99. $\int \sin ax \sin bx \mathrm{d}x = -\frac{1}{2(a+b)}\sin(a+b)x + \frac{1}{2(a-b)}\sin(a-b)x + C$

100. $\int \cos ax \cos bx \mathrm{d}x = \frac{1}{2(a+b)}\sin(a+b)x + \frac{1}{2(a-b)}\sin(a-b)x + C$

101. $\int \frac{\mathrm{d}x}{a + b\sin x} = \frac{2}{\sqrt{a^2 - b^2}}\arctan\frac{a\tan\frac{x}{2} + b}{\sqrt{a^2 - b^2}} + C \qquad (a^2 > b^2)$

102. $\int \frac{\mathrm{d}x}{a + b\sin x} = \frac{1}{\sqrt{b^2 - a^2}}\ln\left|\frac{a\tan\frac{x}{2} + b - \sqrt{b^2 - a^2}}{a\tan\frac{x}{2} + b + \sqrt{b^2 - a^2}}\right| + C \qquad (a^2 < b^2)$

103. $\int \frac{dx}{a + b\cos x} = \frac{2}{a + b}\sqrt{\frac{a + b}{a - b}}\arctan\left(\sqrt{\frac{a + b}{a - b}}\tan\frac{x}{2}\right) + C \qquad (a^2 > b^2)$

104. $\int \frac{dx}{a + b\cos x} = \frac{1}{a + b}\sqrt{\frac{a + b}{a - b}}\ln\left|\frac{\tan\frac{x}{2} + \sqrt{\frac{a + b}{a - b}}}{a\tan\frac{x}{2} - \sqrt{\frac{a + b}{a - b}}}\right| + C \qquad (a^2 < b^2)$

105. $\int \frac{dx}{a^2\cos^2 x + b^2\sin^2 x} = \frac{1}{ab}\arctan\left(\frac{b}{a}\tan x\right) + C$

106. $\int \frac{dx}{a^2\cos^2 x - b^2\sin^2 x} = \frac{1}{2ab}\ln\left|\frac{b\tan x + a}{b\tan x - a}\right| + C$

107. $\int x\sin ax\,dx = \frac{1}{a^2}\sin ax - \frac{1}{a}x\cos ax + C$

108. $\int x^2\sin ax\,dx = -\frac{1}{a}x^2\cos ax + \frac{2}{a^2}x\sin ax + \frac{2}{a^3}\cos ax + C$

109. $\int x\cos ax\,dx = \frac{1}{a^2}\cos ax + \frac{1}{a}x\sin ax + C$

110. $\int x^2\cos ax\,dx = \frac{1}{a}x^2\sin ax + \frac{2}{a^2}x\cos ax - \frac{2}{a^3}\sin ax + C$

(十二）含有反三角函数的积分（其中 a > 0）

111. $\int \arcsin\frac{x}{a}dx = x\arcsin\frac{x}{a} + \sqrt{a^2 - x^2} + C$

112. $\int x\arcsin\frac{x}{a}dx = \left(\frac{x^2}{a} - \frac{a^2}{4}\right)\arcsin\frac{x}{a} + \frac{x}{4}\sqrt{a^2 - x^2} + C$

113. $\int x^2\arcsin\frac{x}{a}dx = \frac{x^3}{3}\arcsin\frac{x}{a} + \frac{1}{9}(x^2 + 2a^2)\sqrt{a^2 - x^2} + C$

114. $\int \arccos\frac{x}{a}dx = x\arccos\frac{x}{a} - \sqrt{a^2 - x^2} + C$

115. $\int x\arccos\frac{x}{a}dx = \left(\frac{x^2}{2} - \frac{a^2}{4}\right)\arccos\frac{x}{a} - \frac{x}{4}\sqrt{a^2 - x^2} + C$

116. $\int x^2\arccos\frac{x}{a}dx = \frac{x^3}{3}\arccos\frac{x}{a} - \frac{1}{9}(x^2 + 2a^2)\sqrt{a^2 - x^2} + C$

117. $\int \arctan\frac{x}{a}dx = x\arctan\frac{x}{a} - \frac{a}{2}\ln(a^2 + x^2) + C$

118. $\int x\arctan\frac{x}{a}dx = \frac{1}{2}(a^2 + x^2)\arctan\frac{x}{a} - \frac{a}{2}x + C$

119. $\int x^2\arctan\frac{x}{a}dx = \frac{x^3}{3}\arctan\frac{x}{a} - \frac{a}{6}x^2 + \frac{a^3}{6}\ln(a^2 + x^2) + C$

(十三）含有指数函数的积分

120. $\int a^x dx = \frac{1}{\ln a}a^x + C$

121. $\int e^{ax}dx = \frac{1}{a}e^{ax} + C$

122. $\int xe^{ax}dx = \frac{1}{a^2}(ax - 1)e^{ax} + C$

123. $\int x^n e^{ax}dx = \frac{1}{a}x^n e^{ax} - \frac{n}{a}\int x^{n-1}e^{ax}dx$

124. $\int xa^x dx = \frac{x}{\ln a}a^x - \frac{x}{\ln^2 a}a^x + C$

125. $\int x^n a^x dx = \frac{1}{\ln a}x^n a^x - \frac{n}{\ln a}\int x^{n-1}a^x dx$

126. $\int e^{ax}\sin bx dx = \frac{1}{a^2 + b^2}e^{ax}(b\sin bx - a\cos bx) + C$

127. $\int e^{ax}\cos bx dx = \frac{1}{a^2 + b^2}e^{ax}(b\sin bx + a\cos bx) + C$

128. $\int e^{ax}\sin^n bx dx = \frac{1}{a^2 + b^2 n^2}e^{ax}\sin^{n-1}bx(a\sin bx - nb\cos bx) + \frac{n(n-1)b^2}{a^2 + b^2 n^2}\int e^{ax}\sin^{n-2}bx dx$

129. $\int e^{ax}\cos^n bx dx = \frac{1}{a^2 + b^2 n^2}e^{ax}\cos^{n-1}bx(a\cos bx + nb\sin bx) + \frac{n(n-1)b^2}{a^2 + b^2 n^2}\int e^{ax}\cos^{n-2}bx dx$

（十四）含有对数函数的积分

130. $\int \ln x dx = x\ln x - x + C$

131. $\int \frac{dx}{x\ln x} = \ln|\ln x| + C$

132. $\int x^n \ln x dx = \frac{1}{n+1}x^{n+1}\left(\ln x - \frac{1}{n+1}\right) + C$

133. $\int \ln^n x dx = x\ln^n x - n\int \ln^{n-1}x dx$

134. $\int x^m \ln^n x dx = \frac{1}{m+1}x^{m+1}\ln^n x - \frac{n}{m+1}\int x^m \ln^{n-1}x dx$

（十五）定积分

135. $\int_{-\pi}^{\pi} \cos nx dx = \int_{-\pi}^{\pi} \sin nx dx = 0$

136. $\int_{-\pi}^{\pi} \cos mx \sin nx dx = 0$

137. $\int_{-\pi}^{\pi} \cos mx \cos nx dx = \begin{cases} 0, m \neq n \\ \pi, m = n \end{cases}$

138. $\int_{-\pi}^{\pi} \sin mx \sin nx dx = \begin{cases} 0, m \neq n \\ \pi, m = n \end{cases}$

139. $\int_{0}^{\pi} \sin mx \sin nx dx = \int_{0}^{\pi} \cos mx \cos nx dx = \begin{cases} 0, m \neq n \\ \frac{\pi}{2}, m = n \end{cases}$

140. $I_n = \int_0^{\frac{\pi}{2}} \sin^n x dx = \int_0^{\frac{\pi}{2}} \cos^n x dx$

$I_n = \frac{n-1}{n} I_{n-2}$

$I_n = \frac{n-1}{n} \cdot \frac{n-3}{n-2} \cdot \cdots \cdot \frac{3}{4} \cdot \frac{1}{2} \cdot I_0 = \frac{n-1}{n} \cdot \frac{n-3}{n-2} \cdot \cdots \cdot \frac{3}{4} \cdot \frac{1}{2} \cdot \frac{\pi}{2}$

n 为正偶数

$I_n = \frac{n-1}{n} \cdot \frac{n-3}{n-2} \cdot \cdots \cdot \frac{4}{5} \cdot \frac{2}{3} \cdot I_1 = \frac{n-1}{n} \cdot \frac{n-3}{n-2} \cdot \cdots \cdot \frac{4}{5} \cdot \frac{2}{3} \cdot 1$,

n 为正奇数.